21世纪高等学校计算机基础实用规划教材

数据库技术与应用
——SQL Server 2012

张建国　主　编
黄庆凤　张晓芳　王　芬　副主编
黄晓涛　阙向红　编　著

清华大学出版社
北　京

内容简介

本书以一个"学生成绩管理系统"演示案例为主线，分三部分介绍数据库的基础知识和数据库系统的开发方法。第一部分(第1～2章)为基础部分，介绍现代数据管理技术的发展，大数据时代的数据的特征和处理方法，数据库的基本概念，数据库设计的方法与步骤；第二部分(第3～6章)为技术部分，选用目前流行的关系型数据库管理系统 SQL Server 2012，介绍其常用数据库对象的操作使用方法，包括数据库、表、约束、索引、视图、存储过程等，重点、详细地讲解了各种查询命令的设计方法；第三部分(第7章)为应用部分，介绍演示案例的设计实现过程以及所用到的相关知识，分别采用了 VB.NET 和VC++6.0 作为前台开发工具来实现。

本书配有相应的实验内容，且每章后面均附有大量习题。

本书针对非计算机专业的学生学习数据库编写，可作为各高等院校非计算机专业相关课程的教材，也可作为其他人员学习数据库的参考教材。

图书在版编目(CIP)数据

数据库技术与应用：SQL Server 2012/张建国主编. —北京：清华大学出版社，2019 (2021.2重印)
(21世纪高等学校计算机基础实用规划教材)
ISBN 978-7-302-51420-6

Ⅰ. ①数… Ⅱ. ①张… Ⅲ. ①关系数据库系统－高等学校－教材 Ⅳ. ①TP311.132.3

中国版本图书馆 CIP 数据核字(2018)第 242453 号

责任编辑：刘 星 薛 阳
封面设计：刘 键
责任校对：焦丽丽
责任印制：丛怀宇

出版发行：清华大学出版社
网 址：http://www.tup.com.cn，http://www.wqbook.com
地 址：北京清华大学学研大厦 A 座 **邮 编**：100084
社 总 机：010-62770175 **邮 购**：010-62786544
投稿与读者服务：010-62776969，c-service@tup.tsinghua.edu.cn
质量反馈：010-62772015，zhiliang@tup.tsinghua.edu.cn
课件下载：http://www.tup.com.cn，010-83470236
印 装 者：北京鑫海金澳胶印有限公司
经 销：全国新华书店
开 本：185mm×260mm **印 张**：18.75 **字 数**：455千字
版 次：2019年5月第1版 **印 次**：2021年2月第4次印刷
印 数：4001～5500
定 价：49.50元

产品编号：069325-01

前　言

随着"互联网＋"和信息处理技术的不断发展，大数据时代的到来，以及人工智能、机器学习的发展进步，数据库在当今计算机应用中的应用越来越广泛，已成为不可或缺的数据管理基础工具。数据库的使用以及数据库系统的开发应用是很多人必须掌握的一种技能。作为当代大学生，无论何种专业，或多或少都需要处理各种各样的大量数据，没有数据库或不会使用数据库进行数据的管理和操作是不可想象的。

"数据库技术与应用"是高等学校非计算机专业一门非常重要的计算机公共课，华中科技大学几乎所有专业（理、工、医、文、管）都开设了这门课，为了适应普通高等院校各种专业的需求，以及学时数少的现实情况，我们编写了本书。为了和前期课程相呼应，本书用两种程序设计语言来讲解和开发示例应用程序。通过对本书的学习，读者可以掌握数据库的基本概念，数据库的设计实现步骤和方法，以及数据库应用系统的开发方法，也可为后续课程的学习和提高打下良好的基础。

当今社会，数据管理技术的掌握程度和数据处理能力水平的高低，是衡量大学生计算机使用水平的一个非常重要的指标，因而"数据库技术与应用"是当今各种专业的大学生必须学习和掌握的一门公共基础技能课程。为了方便、快捷地使读者适应社会，了解社会的使用情况和需求，本书分三部分组织。

第一部分数据库理论概述（第1～2章），首先介绍当今社会"互联网＋"、大数据、数据处理技术的发展情况，再讲解数据库的一些基本概念，以及数据库设计的基本步骤和方法，最后通过学生经常使用的 HUB 系统的模拟系统"学生成绩管理系统"来讲解系统的设计开发过程，这样做是为了简单、不局限于特定专业、易于理解实现。本书通篇都是以此模拟系统为主线讲解，力求做到通俗、易懂、不枯燥、趣味性强。

第二部分是数据库技术（第3～6章），以社会上使用较普及的微软公司的 SQL Server 2012 进行讲解，主要介绍常用的数据库、表、索引、视图和存储过程等各种常用的数据库对象的操作使用方法，包括通过管理平台的操作和通过命令的操作两种方式。

第三部分是数据库应用系统的开发（第7章），本书采用 VB. NET 和 VC++6.0 Console 两种环境平台进行系统的开发，主要考虑的是不同专业的学生前期所学的程序设计语言的不同。在这部分介绍了常用的应用系统的架构，不同开发环境所使用的 API 的使用方法以及"学生成绩管理系统"的功能划分和开发。本书"学生成绩管理系统"采用 C/S 架构实现，有兴趣的读者也可改用 B/S 架构实现。

本书每章均配有大量的习题，通过这些习题的练习，可以加深和巩固所学的知识。另外，针对本书的内容，在书的附表中还附有相应的实验。为了方便读者学习和上机实践，本书例题的数据库脚本和实验用的数据库脚本、教学课件 PPT、教学大纲和部分习题答案等资料可到清华大学出版社官网本书页面下载。

本书由张建国主编。第 1 章和第 5 章由黄晓涛编写，第 2 章由王芬编写，第 3 章由张晓芳编写，第 4 章由阙向红编写，第 6 章由黄庆凤编写，第 7 章由张建国编写。

在本书的酝酿和编写过程中得到了我校网络与计算中心于俊清主任(书记)、李战春副书记、康玲副主任和计算机基础教研室胡兵主任的大力支持和帮助，在此衷心地表示感谢！

限于编者的水平有限、经验不足，加之编者过多，书中难免存在错误或不妥之处，恳请广大读者给予批评指正，有意见或建议可发送邮件到 workemail6@163.com。

编　者

2018 年 12 月于华中科技大学

目　录

第 1 章　数据管理技术及其发展 …… 1

1.1　数据与数据爆炸 …… 1

1.1.1　数据和信息 …… 1

1.1.2　数据爆炸 …… 2

1.1.3　数据分类 …… 3

1.1.4　数据处理和数据管理 …… 4

1.2　数据管理技术的发展过程 …… 4

1.2.1　人工管理 …… 4

1.2.2　文件管理 …… 4

1.2.3　数据库管理 …… 5

1.2.4　从数据库到大数据 …… 6

1.3　大数据时代 …… 7

1.3.1　大数据概念 …… 8

1.3.2　大数据特征 …… 9

1.3.3　大数据意义 …… 10

1.3.4　大数据应用 …… 10

1.4　数据科学 …… 12

1.4.1　研究目的 …… 12

1.4.2　研究内容 …… 12

1.4.3　与其他学科的关系 …… 13

1.5　数据管理典型应用 …… 13

1.5.1　医院信息管理系统 …… 13

1.5.2　地图数据库管理系统 …… 15

1.5.3　舆情监控系统 …… 15

本章小结 …… 16

习题 1 …… 17

第 2 章　数据库设计概述 …… 18

2.1　数据库系统的组成 …… 18

2.1.1　数据库和数据库管理系统 …… 18

2.1.2 数据库应用系统 …… 19
2.1.3 数据库系统 …… 20
2.2 数据库系统的三级模式结构 …… 21
2.2.1 模式 …… 22
2.2.2 外模式 …… 22
2.2.3 内模式 …… 22
2.2.4 三级模式间的关系 …… 22
2.3 数据库设计概述 …… 23
2.3.1 数据库设计的方法 …… 23
2.3.2 数据库设计的基本步骤 …… 24
2.3.3 数据建模 …… 25
2.4 数据库需求分析 …… 25
2.4.1 需求分析的任务 …… 25
2.4.2 需求分析的方法 …… 26
2.5 数据库的概念设计 …… 27
2.5.1 概念模型 …… 27
2.5.2 E-R 图 …… 30
2.6 数据库的逻辑设计 …… 31
2.6.1 数据模型的三要素 …… 31
2.6.2 层次模型和网状模型简介 …… 32
2.6.3 关系模型 …… 34
2.6.4 E-R 模型向关系模型的转换 …… 38
2.7 数据库的物理设计 …… 41
2.8 数据库的实施、运行与维护 …… 42
2.9 数据库设计案例 …… 44
2.9.1 案例需求简介 …… 44
2.9.2 案例 E-R 图 …… 44
2.9.3 案例的关系模型 …… 46
本章小结 …… 47
习题 2 …… 48

第 3 章 数据库和表的管理 …… 51

3.1 常见的关系型数据库管理系统 …… 51
3.2 初识 SQL Server 2012 …… 54
3.2.1 SQL Server 的发展与版本 …… 54
3.2.2 SQL Server 2012 的主要组件 …… 55
3.2.3 SQL Server 2012 管理平台 …… 57
3.2.4 SQL 语言和 Transact-SQL 语言 …… 59
3.3 数据库的管理 …… 61

3.3.1 SQL Server 2012 数据库组成 …… 61
3.3.2 数据库对象的标识符 …… 63
3.3.3 数据库的创建 …… 64
3.3.4 数据库的修改 …… 72
3.3.5 数据库的删除 …… 75
3.3.6 数据库的备份与还原 …… 76
3.4 表的创建与管理 …… 81
3.4.1 数据类型 …… 81
3.4.2 表的创建 …… 86
3.4.3 定义表的约束 …… 90
3.4.4 表的修改 …… 97
3.4.5 表的删除 …… 100
3.5 表中数据的维护 …… 101
3.5.1 使用 SQL Server 管理平台维护表中数据 …… 102
3.5.2 使用语句维护表中数据 …… 102
本章小结 …… 104
习题 3 …… 105

第 4 章 关系数据查询 …… 108

4.1 关系代数 …… 108
4.1.1 传统的集合运算 …… 109
4.1.2 专门的关系运算 …… 112
4.2 SQL 查询基础 …… 113
4.3 单表查询 …… 115
4.3.1 基本查询 …… 116
4.3.2 条件查询 …… 118
4.3.3 生成表查询 …… 120
4.3.4 聚合查询 …… 121
4.3.5 结果集的数据排序 …… 124
4.4 多表查询 …… 127
4.4.1 连接概述 …… 128
4.4.2 内部连接 …… 134
4.4.3 外部连接 …… 136
4.4.4 结果集的归并处理 …… 137
4.5 子查询 …… 140
4.5.1 单值子查询 …… 141
4.5.2 多值子查询 …… 144
本章小结 …… 147
习题 4 …… 149

第 5 章　索引与视图 …… 153

5.1　索引 …… 153
5.1.1　索引的基本概念 …… 153
5.1.2　索引的分类 …… 155
5.1.3　创建索引 …… 156
5.1.4　管理和使用索引 …… 160
5.1.5　删除索引 …… 162
5.2　视图 …… 163
5.2.1　视图的基本概念 …… 164
5.2.2　视图的创建 …… 165
5.2.3　视图的修改 …… 171
5.2.4　视图的删除 …… 172
5.2.5　视图的管理 …… 172
5.2.6　视图的应用 …… 174
本章小结 …… 175
习题 5 …… 175

第 6 章　Transact-SQL 程序设计 …… 178

6.1　Transact-SQL 语言程序设计基础 …… 179
6.1.1　常量与变量 …… 180
6.1.2　运算符与表达式 …… 181
6.1.3　常用系统函数 …… 182
6.2　程序控制流程语句 …… 190
6.2.1　批处理、语句块与注释 …… 190
6.2.2　顺序结构 …… 191
6.2.3　选择结构 …… 192
6.2.4　循环结构 …… 199
6.3　存储过程 …… 200
6.3.1　为什么需要存储过程 …… 200
6.3.2　系统存储过程 …… 200
6.3.3　自定义存储过程 …… 201
6.3.4　修改和删除存储过程 …… 206
本章小结 …… 208
习题 6 …… 208

第 7 章　数据库应用系统开发 …… 210

7.1　数据库应用系统的开发步骤 …… 210
7.2　数据库应用系统的体系结构和开发工具 …… 211

7.2.1 数据库应用系统的体系结构…………………………………………… 211
7.2.2 常用的数据库应用系统的开发工具…………………………………… 212
7.3 常用的数据库编程接口 ……………………………………………………… 213
7.4 数据库应用系统开发案例——学生成绩管理系统 ………………………… 216
7.4.1 后台数据库的设计………………………………………………………… 216
7.4.2 应用系统功能规划与划分………………………………………………… 219
7.4.3 数据库服务器的配置……………………………………………………… 219
7.5 VB.NET 前台应用系统程序的开发 ………………………………………… 224
7.5.1 ADO.NET 的基本操作 …………………………………………………… 224
7.5.2 数据库数据与相关控件的绑定…………………………………………… 228
7.5.3 学生成绩管理系统 VB.NET 的实现 …………………………………… 229
7.6 C++前台应用系统程序的开发 ……………………………………………… 243
7.6.1 ADO 的基本操作 ………………………………………………………… 243
7.6.2 学生成绩管理系统的 C++实现…………………………………………… 247
本章小结………………………………………………………………………………… 267
习题 7 …………………………………………………………………………………… 267

附录A 实验内容 ………………………………………………………………………… 269

A.1 实验 1 SQL Server 2012 环境和库的操作 ……………………………… 269
A.2 实验 2 SQL Server 数据表的管理……………………………………… 271
A.3 实验 3 关系数据查询语言 ……………………………………………… 275
A.4 实验 4 索引和视图 ……………………………………………………… 277
A.5 实验 5 Transact-SQL 程序设计………………………………………… 278

附录 B 数据库脚本……………………………………………………………………… 282

B.1 第 1～7 章示例中使用的不带数据的数据库脚本 ………………………… 282
B.2 附录 A 的实验内容中使用的不带数据的数据库脚本…………………… 284

参考文献…………………………………………………………………………………… 286

第1章 数据管理技术及其发展

数据库技术是从20世纪60年代末开始逐步发展起来的计算机软件技术，它的产生推动了计算机在各行各业数据处理中的应用。目前，数据处理已成为计算机应用的主要方面。在数据库系统中，通过数据库管理系统来对数据进行统一管理。为了能开发出合适的数据库应用系统，就需要熟悉和掌握数据库管理系统。SQL Server是目前广泛使用的大型数据库管理系统，本书以SQL Server 2012为背景，介绍数据库的基本操作和数据库应用系统开发方法。作为学习的理论先导，本章介绍一些数据库系统的基础知识。

1.1 数据与数据爆炸

1.1.1 数据和信息

数据(**Data**)和**信息**(**Information**)是数据处理中的两个基本概念，有时可以混用，如平时所讲的数据处理就是信息处理，但有时必须分清。一般认为，数据是事实或观察的结果，是对客观事物的逻辑归纳，是用于表示客观事物的未经加工的原始素材。数据是信息的表现形式和载体，可以是符号、文字、数字、语音、图像、视频等。

例如，王雪峰的基本工资为8350元，职称为教授，这里的“王雪峰”“8350”“教授”就是数据。在实际应用中，有两种基本形式的数据，一种是可以参与数值运算的数值型数据，如表示成绩、工资的数据；另一种是由字符组成、不能参与数值运算的字符型数据，如表示姓名、职称的数据。此外，还有图形、图像、声音等多媒体数据，如照片、商品的商标等。

信息是数据中所蕴含的意义。通俗地讲，信息是经过加工处理并对人类社会实践和生产活动的决策产生影响的数据。不经过加工处理的数据只是一种原始材料，对人类活动产生不了决策作用，它的价值只是在于记录客观世界的事实。只有经过提炼和加工，原始数据才会发生质的变化，给人们以新的知识和智慧。

数据与信息既有区别，又有联系。数据和信息是不可分离的，数据是信息的载体，是信息的表达，数据本身没有意义；信息是数据的内涵，数据只有对实体行为产生影响时才成为信息。但并非任何数据都能成为信息，只有经过加工处理之后有用的数据才能成为信息。另外，信息不随其数据形式的表示不同而改变，它是反映客观现实世界的知识，而数据则具有任意性，用不同的数据形式可以表示同样的信息。例如，一个城市的天气预报情况是一条信息，而描述该信息的数据形式可以是文字、图像或声音等。

“数据”与“信息”、“知识”和“智慧”等概念之间存在一定的区别与联系，图1.1为DIKW金字塔(from Data to Information to Knowledge to Wisdom Pyramid)。从图1.1可

以看出，从“数据”到“智慧”的认识转变过程，同时也是“从认识部分到理解整体、从描述过去（或现在）到预测未来”的过程。

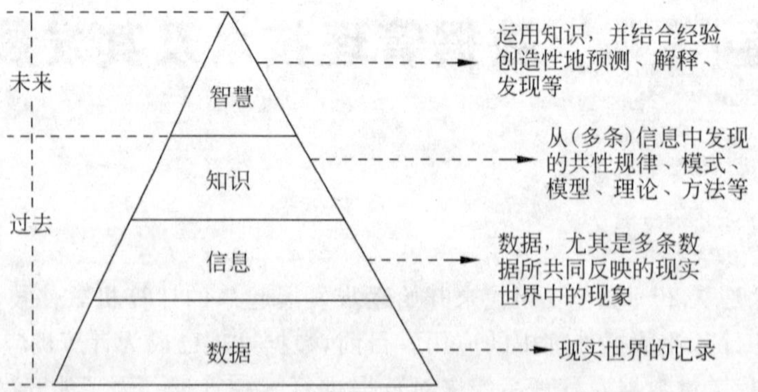

图 1.1　DIKW 金字塔

1.1.2　数据爆炸

由于网络快速发展，以及物联网时代的帷幕拉开，一场信息变革已经悄然开始。谁能在这场信息变革中领先一步，谁就能掌握新纪元的先发优势。什么是这场变革的制胜关键？既不是软件也不是硬件，而是数据。1998 年图灵奖获得者詹姆士·格雷(James Gray)曾经断言，现在每 18 个月新增的数据量等于有史以来的数据量之和。工业界每年产生的数据已达到 PB(拍字节)数量级；科学研究领域也面临相同的难题，例如欧洲核子研究中心每年产生的数据就高达 15PB。人们在信息活动中不断产生的数字化信息，如手机通信数据、出租车 GPS 数据、视频监控数据等，其总量不仅成几何级数增长，其结构也呈现连续的高维时空特性，较传统的二维关系表和< key, value >结构的万维网(Web)数据更复杂多变。“数据在，找不到”的问题日益严重，如何有效地存储和管理海量时空数据，成为这个时代的难题。

全球新产生的数据量年增长率达 40%，全球信息总量每两年就可以翻一番。2011 年全球新产生和复制的数据量达到 1.8ZB($1ZB=10^3 EB=10^6 PB=10^9 TB=10^{12} GB$)，如果用内存为 32GB 的 iPad 来存储的话，数量需要 562.5 亿个，足以砌起两座长城，由此可见大数据时代已经到来。全球的数据是由无数的数据集构成的，按照数据来源分类可分为社会数据、通过传感器收集的数据和网络数据。社会数据包括政府数据，例如国家税务总局每月收集全国数据约 4TB，已集中的结构化数据量约为 260TB。通过传感器收集的数据包括空客飞机等，空客飞机装有大量传感器，每个引擎每飞行 1 小时产生约 20TB 数据，一架飞机四个引擎，从伦敦到纽约每次飞行产生约 640TB 的数据。网络数据可细分为三类，即自媒体数据，包括在社交网络、博客、微博等应用中用户产生的数据；日志数据，包括搜索引擎、运营商、网购服务、金融服务等网络服务所产生的用户行为、交易等日志数据；富媒体数据，包括文本、音视频、图片、文字等。淘宝单日产生的日志数据量超过 50TB，存储量超过 40PB。服务行业也会累积大量的日志数据，例如国家电网公司年均产生数据 510TB(不含视频)，目前累计数据 5PB。近年来，数据规模与利用率之间的矛盾日益凸显，数据规模的“存量”和“增量”在快速增长。近年来，伴随着云计算、大数据、物联网、人工智能等信息技术的快速发展和传统产业数字化的转型，数据量呈现几何级增长。据 IDC 预测，全球数据总量预计

2020 年达到 44ZB，我国数据量将达到 8060EB，占全球数据总量的 18%。

互联网数据大爆炸，符合摩尔定律。近几年，世界基于大数据技术的人工智能学科的大发展，也适应了全球数据大爆炸的新形势。实际上，数据爆炸是无止境的。只有从大数据中提取有益人工智能(AI)、造福全人类的数据，才可以删除不必要存储的海量互联网数据，才能有效地控制数据增长、避免存储资源的浪费。

1.1.3 数据分类

数据分类是帮助人们理解数据的一个较重要的途径。一般从数据的结构化程度来分类，可以分为结构化数据、半结构化数据和非结构化数据三种，如表 1.1 所示。数据的结构化程度对于数据处理方法的选择具有重要影响，例如，结构化数据的管理可以采用传统关系型数据库技术，这是本书的主要内容，而非结构化数据的管理往往采用 NoSQL、NewSQL 或云技术等。

表 1.1 结构化数据、非结构化数据与半结构化数据对比

类型	含　义	本　质	举　例
结构化数据	直接可以用传统关系型数据库存储和管理的数据	先有结构，后有数据	关系型数据库中的数据
非结构化数据	无法用关系型数据库存储和管理的数据	没有(或难以发现)统一结构的数据	语音、图像文件等
半结构化数据	经过一定转换处理后可以用传统关系型数据库存储和管理的数据	先有数据，后有结构(或较容易发现其结构)	HTML、XML 文件等

1. 结构化数据

结构化数据是以“先有结构，后有数据”的方式生成的数据。通常，人们所说的“结构化数据”主要指的是在传统关系数据库中捕获、存储、计算和管理的数据。在关系数据库中，需要先定义数据结构(如表结构、字段的定义、完整性约束条件等)，然后严格按照预定义的结构进行数据的捕获、存储、计算和管理。当数据与数据结构不一致时，需要按照数据结构对数据进行转换处理。

2. 非结构化数据

非结构化数据是没有(或难以发现)统一结构的数据，即在未定义结构的情况下或并不按照预定义的结构捕获、存储、计算和管理的数据。非结构化数据通常指无法在传统关系型数据库中直接存储、管理和处理的数据，包括所有格式的办公文档、文本、图片、图像和音频、视频等数据。

3. 半结构化数据

半结构化数据是介于完全结构化的数据(如关系型数据库、面向对象数据库中的数据)和完全无结构的数据(如语音、图像文件等)之间的数据，例如 HTML、XML 等，其数据的结构与内容耦合度高，需要进行转换处理后才可发现其结构。

目前，非结构化数据占比最大，绝大部分数据或数据中的绝大部分属于非结构化数据，因此，非结构化数据是数据科学中的重要研究对象之一，也是与传统数据管理的主要区别之一。

1.1.4 数据处理和数据管理

数据处理(**Data Processing**)是指将数据转换成信息的过程,其基本目的是从大量的、杂乱无章的、难以理解的数据中整理出对人们有价值、有意义的数据(即信息)作为决策的依据。例如,全体考生各门课程的考试成绩记录了考生的考试情况,属于原始数据,对考试成绩进行分析和处理,如按成绩从高到低的顺序排列、统计各分数段的人数等,进而可以根据招生人数确定录取分数线。

数据管理(**Data Management**)是指数据的收集、组织、存储、检索和维护等操作,这些操作是数据处理的基本环节,是任何数据处理业务中不可缺少的部分。数据管理的基本目的是为了提高数据的独立性、降低数据的冗余度、提高数据共享性、提高数据的安全性和完整性,从而能更加有效地管理和使用数据资源。

数据管理是利用计算机硬件和软件技术对数据进行有效的收集、存储、处理和应用的过程,其目的在于充分有效地发挥数据的作用。实现有效数据管理的关键是数据组织。随着计算机技术的发展,数据管理经历了人工管理、文件系统、数据库系统三个发展阶段,每一阶段的发展以数据存储冗余不断减小、数据独立性不断增强、数据操作更加方便和简单为标志,各有各的特点。

数据库系统的核心任务是数据管理。数据库技术是一门研究如何存储、使用和管理数据的技术,是计算机数据管理技术的较新发展阶段。走进数据库应用领域,就要涉及数据、信息、数据处理和数据管理等基本概念。

1.2 数据管理技术的发展过程

在计算机发展的初期,计算机主要应用于科学计算,虽然此时同样有数据管理的问题,但这时的数据管理是以人工的方式进行的,后来发展到文件系统,再后来才是数据库。也就是说,数据库技术的产生与发展是随着数据管理技术的不断发展而逐步形成的。

1.2.1 人工管理

20 世纪 50 年代中期以前,计算机主要应用于科学计算,数据量较少,一般不需要长期保存数据。硬件方面,没有磁盘等直接存取的外存储器;软件方面,没有对数据进行管理的系统软件。在此阶段,对数据的管理是由程序员个人考虑和安排的,他们既要设计算法,又要考虑数据的逻辑结构、物理结构以及输入输出方法等问题。数据依附于处理它的应用程序,数据和应用程序一一对应、互相依赖。程序与数据是一个整体,一个程序中的数据无法被其他程序使用,因此程序与程序之间存在大量的重复数据。数据存储结构一旦有所改变,则必须修改相应的程序,应用程序的设计与维护负担繁重。

以一所学校的信息管理为例,在人工管理阶段,应用程序与数据之间的关系如图 1.2 所示。

1.2.2 文件管理

20 世纪 50 年代后期至 20 世纪 60 年代后期,计算机开始大量用于数据管理。硬件方

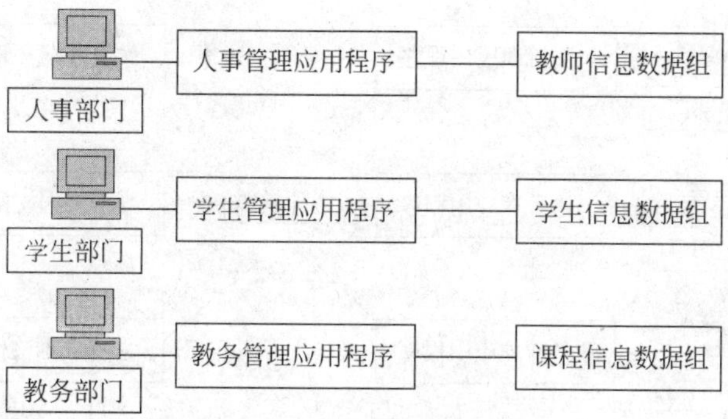

图 1.2　应用程序和数据的依赖关系

面，出现了直接存取的大容量外存储器，如磁盘、磁鼓等，这为计算机系统管理数据提供了物质基础，软件方面，出现了操作系统，其中包含文件系统，这为数据管理提供了技术支持。

数据处理应用程序利用操作系统的文件管理功能，将相关数据按一定的规则构成文件，通过文件系统对文件中的数据进行存取、管理，实现数据的文件管理方式。

文件系统为程序和数据之间提供了一个公共接口，使应用程序采用统一的存取方法来存取、操作数据，程序和数据之间不再直接对应，因而有了一定的独立性。文件的逻辑结构与存储结构有一定区别，数据的存储结构变化，不一定影响到程序，因此程序员可集中精力进行算法设计，并大大减少了维护程序的工作量。

文件管理使计算机在数据管理方面有了长足的进步。时至今日，文件系统仍是一般高级语言普遍采用的数据管理方式。然而，当数据量增加、使用数据的用户越来越多时，文件管理便不能适应更有效地使用数据的需要了，其症结表现在以下三个方面。

(1) 数据的冗余度大。

由于数据文件是根据应用程序的需要而建立的，当不同的应用程序所需要使用的数据有许多部分相同时也必须建立各自的文件，即数据不能共享，会造成大量重复。这样不仅浪费存储空间，而且使数据的修改变得非常困难，容易产生数据不一致，即同样的数据在不同的文件中所存储的数值不同，造成矛盾。

(2) 数据独立性差。

在文件系统中，数据和应用程序是互相依赖的，即程序的编写与数据组织方式有关，如果改变数据的组织方式，就必须修改有关应用程序，这无疑会增加用户的负担。此外，数据独立性差也不利于系统扩充、系统移植等开发推广工作。

(3) 缺乏对数据的统一控制管理。

在同一个应用项目中的各个数据文件没有统一的管理机构，数据完整性和安全性很难得到保证。数据的保护等均交给应用程序去解决，使得应用程序的编写相当繁琐。

在文件管理阶段，学校信息管理中应用程序与数据文件之间的关系如图 1.3 所示。

1.2.3　数据库管理

20 世纪 60 年代后期，计算机在管理中的应用规模更加庞大，数据量急剧增加，数据共享性更强。硬件价格下降，软件价格上升，编写和维护软件所需成本相对增加，其中维护成本更高，这些都成为数据管理在文件系统的基础上发展到数据库系统的原动力。

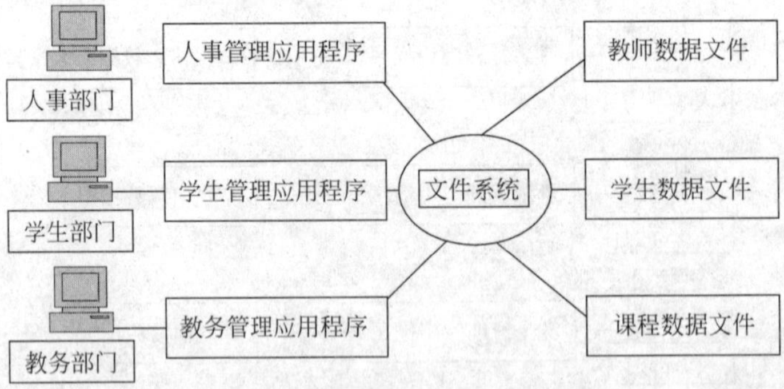

图 1.3　应用程序和数据文件的关系

数据库(**DataBase,DB**)是在数据库管理系统的集中控制之下,按一定的组织方式存储起来的、相互关联的数据集合。在数据库中集中了一个部门或单位完整的数据资源,这些数据能够为多个用户同时共享,且具有冗余度小、独立性和安全性高等特点。

在数据库管理阶段,由一种叫做**数据库管理系统**(**DataBase Management System,DBMS**)的系统软件来对数据进行统一的控制和管理,把所有应用程序中使用的相关数据汇集起来,按统一的数据模型,以记录为单位用文件方式存储在数据库中,为各个应用程序提供方便、快捷的查询和使用。在应用程序和数据库之间保持高度的独立性,数据具有完整性、一致性和安全性,并具有充分的共享性,有效地减少了数据冗余。

在数据库管理阶段,学校信息管理中应用程序与数据库之间的关系如图 1.4 所示。

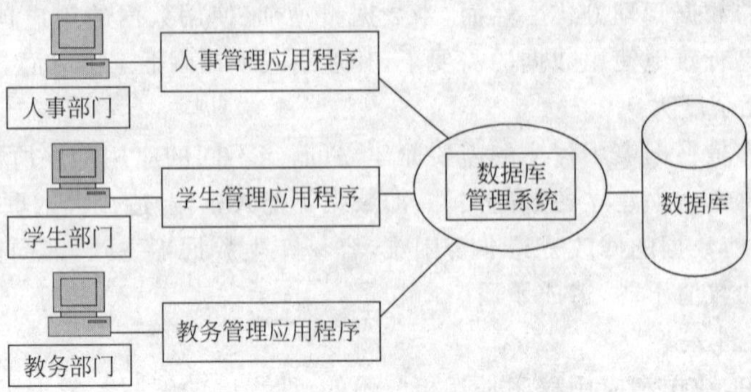

图 1.4　应用程序和数据库的关系

1.2.4　从数据库到大数据

从数据库到大数据,看似只是简单的技术演进,但细细考究不难发现两者有着本质上的差别。大数据的出现必将颠覆传统的数据管理方式。在数据来源、数据处理方式和数据思维等方面都会对其带来革命性的变化。

如果要用简单的方式来比较传统的数据库和大数据的区别,我们认为"池塘捕鱼"和"大海捕鱼"是个很好的类比。"池塘捕鱼"代表着传统数据库时代的数据管理方式,而"大海捕鱼"则对应着大数据时代的数据管理方式,"鱼"是待处理的数据。"捕鱼"环境条件的变化导致了"捕鱼"方式的根本性差异,这些差异主要体现在如下几个方面。

(1) 在数据规模上，“池塘”规模相对较小，即便是先前认为比较大的“池塘”，例如VLDB(Very Large Database)和“大海”相比仍旧偏小，“池塘”的处理对象通常以MB为基本单位，而“大海”则常常以GB，甚至是TB或PB为基本处理单位。

(2) 在数据类型上，“池塘”中的数据种类单一，往往仅有一种或少数几种，这些数据又以结构化数据为主；而在“大海”中数据种类繁多，数以千计，而这些数据又包含着结构化、半结构化以及非结构化的数据，并且半结构化和非结构化数据所占份额越来越大。

(3) 在模式(Schema)和数据的关系上，传统的数据库是先有模式，然后才会产生数据，这就好比是先选好合适的“池塘”，然后才会向其中投放适合在该“池塘”环境中生长的“鱼”；而大数据时代很多情况下难以预先确定模式，模式只有在数据出现之后才能确定，且模式随着数据量的增长处于不断的演变之中。这就好比先有少量的鱼类，随着时间推移，鱼的种类和数量都在不断地增长，鱼的变化会使大海的成分和环境处于不断的变化之中。

(4) 在处理对象上，在“池塘”中捕鱼，“鱼”仅仅是其捕捞对象；而在“大海”中，“鱼”除了是捕捞对象之外，还可以通过某些“鱼”的存在来判断其他种类的“鱼”是否存在。也就是说传统数据库中数据仅作为处理对象，而在大数据时代，要将数据作为一种资源来辅助解决其他诸多领域中的问题。

(5) 在处理工具上，捕捞“池塘”中的“鱼”，一种渔网或少数几种基本渔网就可以应对，也就是所谓的one-size-fits-all；但是在“大海”中，不可能存在一种渔网能够捕获所有的鱼类，也就是说no-size-fits-all。

从“池塘”到“大海”不仅仅是规模的变大，传统的数据库代表着数据工程(Data Engineering)的处理方式，大数据时代的数据已不仅仅只是工程处理的对象，需要采取新的数据思维来应对。图灵奖获得者、著名数据库专家James Gray博士观察并总结人类自古以来，在科学研究上先后历经了实验、理论和计算三种范式。当数据量不断增长和累积到今天，传统的三种范式在科学研究，特别是一些新的研究领域已经无法很好地发挥作用，需要有一种全新的第4种范式来指导新形势下的科学研究。基于这种考虑，James Gray提出了一种新的数据探索型研究方式，被他自己称为科学研究的“第4种范式”(The Fourth Paradigm)。第4种范式的实质就是从以计算为中心转变到以数据处理为中心，也就是我们所说的数据思维。这种方式需要从根本上转变思维，正如前面提到的“捕鱼”，在大数据时代，数据不再仅仅是“捕捞”的对象，而应当转变成一种基础资源，用数据这种资源来协同解决其他诸多领域的问题。计算社会科学基于特定社会需求，在特定的社会理论指导下收集、整理和分析数据足迹，以便进行社会解释、监控、预测与规划的过程和活动。计算社会科学是一种典型的需要采用第4种范式来作指导的科学研究领域。

1.3 大数据时代

大数据(**Big Data**)是指无法在一定时间范围内用常规软件工具进行捕捉、管理和处理的数据集合，是需要新处理模式才能具有更强的决策力、洞察发现力和流程优化能力来适应海量、高增长率和多样化的信息资产。

在维克托·迈尔-舍恩伯格及肯尼思·库克耶编写的《大数据时代》中，大数据是指不用随机分析法，如抽样调查这样的方法来分析处理，而是采用所有数据来进行分析处理的数据。

1.3.1 大数据概念

对于“大数据”，研究机构 Gartner 给出了这样的定义：“大数据”是需要新处理模式才能具有更强的决策力、洞察发现力和流程优化能力，是适应海量、高增长率和多样化的信息资产。

麦肯锡全球研究所给出的定义是：一种规模大到在获取、存储、管理、分析方面大大超出了传统数据库软件工具能力范围的数据集合，具有海量的数据规模、快速的数据流转、多样的数据类型和价值密度低四大特征。

大数据技术的战略意义不在于掌握庞大的数据信息，而在于对这些含有意义的数据进行专业化处理。换而言之，如果把大数据比作一种产业，那么这种产业实现盈利的关键，在于提高对数据的“加工”能力，通过“加工”实现数据的“增值”。

从技术上看，大数据由于数据量大、数据类型的特殊性，它与云计算的关系就像一枚硬币的正反面一样密不可分。大数据必然无法用单台计算机进行处理，必须采用分布式架构，它的特色在于对海量数据进行分布式数据挖掘，但它必须依托云计算的分布式处理、分布式数据库和云存储、虚拟化技术。

随着云时代的来临，大数据也吸引了越来越多的关注。大数据通常用来形容一个公司创造的大量非结构化数据和半结构化数据，这些数据在下载到关系型数据库进行分析时会花费过多时间和金钱。大数据分析常和云计算联系在一起，因为实时的大数据集分析需要像 MapReduce 一样的计算框架，需要数十、数百或甚至数千的计算机协同工作。大数据管理和处理需要特殊的技术，以有效地处理大量的数据。

总之，大数据的定义方法有很多种。如果仔细观察，会发现不同领域专家学者给出了不同的定义，通常所说的“大数据”往往指的是“大数据现象”。下面从不同学科来看大数据。

1. 计算机科学与技术

当数据量、数据的复杂程度、数据处理的任务要求等超出了传统数据存储与计算能力时，称为“大数据(现象)”。可见，计算机科学与技术中是从存储和计算能力视角理解“大数据”的——大数据不仅是数据存量问题，还与数据增量、复杂度和处理要求(如实时分析)有关。

2. 统计学

当能够收集足够的全部(总体中的绝大部分)个体的数据，且计算能力足够强，可以不用抽样，直接在总体上就可以进行统计分析时，称为“大数据(现象)”。由此可见，统计学主要从所处理的问题和“总体”的规模之间的相对关系视角理解“大数据”。例如，当“总体”含有1000 个“个体”时，由 960 个样本组成的样本空间就可以称为“大数据”——大数据不是“绝对概念”，而是相对于总体规模和统计分析方法选择的“相对概念”。

3. 机器学习

当训练集足够大，且计算能力足够强，只需要通过对已有的实例进行简单查询即可达到“智能计算的效果”时，称为“大数据(现象)”。可见，机器学习主要从“智能的实现方式”理解大数据——智能的实现可以通过简单的实例学习和机械学习的方式层面来实现。

4. 社会科学家

当多数人的大部分社会行为可以被记录下来时，称为"大数据（现象）"。由此可见，社会科学家眼里的"大数据"主要是从"数据规模与价值密度角度"谈的——数据规模过大导致的价值密度过低。

从上面的描述可以看出，"大数据"的概念已超出了数据本身，代表的是数据给我们带来的"机遇"与"挑战"，可以总结如下。

(1) 机遇。

原先无法（或不可能）找到的"数据"，现在可能找到；原先无法实现的计算目的（如数据的实时分析），现在可以实现。

(2) 挑战。

原先一直认为"正确"或"最佳"的理念、理论、方法、技术和工具越来越凸显出其"局限性"，在大数据时代需要改变思考模式。

1.3.2 大数据特征

通常，用4V来表示大数据的基本特征，如图1.5所示。但是，建议读者结合对大数据的概念的讨论，灵活理解大数据的特征。

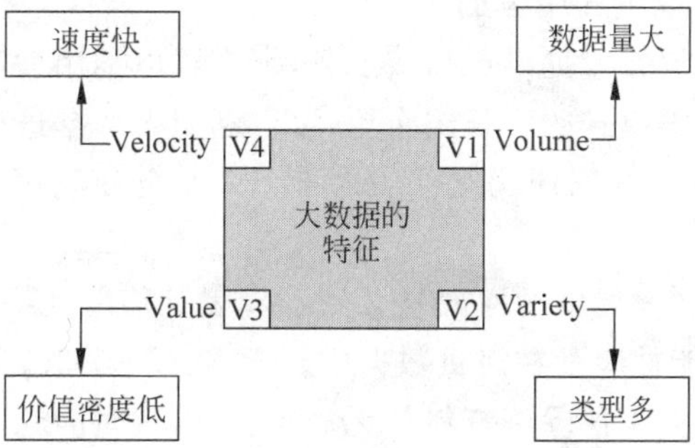

图 1.5 大数据特征

1. Volume（数据量大）

"数据量大"是一个相对于计算和存储能力的说法，就目前而言，当数据量达到PB级以上，一般称为"大"的数据。但是，应该注意到，大数据的时间分布往往不均匀，近几年生成的数据占比最高。

2. Variety（类型多）

数据类型多是指大数据存在多种类型的数据，不仅包括结构化数据，还包括非结构化数据和半结构化数据。有统计显示，在未来，非结构化数据的占比将达到90%以上。非结构化数据所包括的数据类型很多，例如网络日志、音频、视频、图片、地理位置信息等。数据类型的多样性往往导致数据的异构性，进而加大了数据处理的复杂性，对数据处理能力提出了更高要求。

3. Value（价值密度低）

在大数据中，价值密度的高低与数据总量的大小之间并不存在线性关系，有价值的数据往往被淹没在海量无用数据之中，也就是人们常说的"我们淹没在数据的海洋，却又在忍受着知识的饥渴”。例如，一段长达120分钟连续不间断的监控视频中，有用数据可能仅有几秒。因此，如何在海量数据中洞见有价值的数据成为数据科学的重要课题。

4. Velocity(速度快)

大数据中所说的“速度”包括两种——增长速度和处理速度。一方面，大数据增长速度快，有统计显示，2009—2020年的数字宇宙的年均增长率将达到41%；另一方面，对大数据处理的时间(计算速度)要求也越来越高，“大数据的实时分析”成为热门话题。

1.3.3 大数据意义

现在的社会是一个高速发展的社会，科技发达，信息流通，人们之间的交流越来越密切，生活也越来越方便，大数据就是这个高科技时代的产物。阿里巴巴创办人马云在演讲中就提到，未来的时代将不是IT时代，而是DT的时代，DT就是Data Technology，数据科技表明大数据对于阿里巴巴集团来说举足轻重。

有人把数据比喻为蕴藏能量的煤矿。煤炭按照性质有焦煤、无烟煤、肥煤、贫煤等分类，而露天煤矿、深山煤矿的挖掘成本又不一样。与此类似，大数据并不在“大”，而在于“有用”，价值含量、挖掘成本比数量更为重要。对于很多行业而言，如何利用这些大规模数据是成为赢得竞争的关键。

大数据的价值体现在以下几个方面：

(1) 如果企业对大量消费者提供产品或服务，那么可以利用大数据进行精准营销。

(2) 如果企业是小而美模式的中长尾企业，可以利用大数据进行服务转型。

(3) 如果传统企业在互联网压力之下必须转型，可充分利用大数据的价值帮助企业决策。

不过，“大数据”在经济发展中的巨大意义并不代表其能取代一切对于社会问题的理性思考，科学发展的逻辑不能被湮没在海量数据中。著名经济学家路德维希·冯·米塞斯曾提醒过：“就今日言，有很多人忙碌于资料的无益累积，以致对问题之说明与解决，丧失了其对特殊经济意义的了解。”这确实是需要警惕的。

在这个快速发展的智能硬件时代，困扰应用开发者的一个重要问题就是如何在功率、覆盖范围、传输速率和成本之间找到那个微妙的平衡点。企业组织利用相关数据和分析可以帮助它们降低成本、提高效率、开发新产品、做出更明智的业务决策等等。例如，通过结合大数据和高性能的分析，下面这些对企业有益的情况都可能会发生：

(1) 及时解析故障、问题和缺陷的根源，每年可能为企业节省数十亿美元。

(2) 为成千上万的快递车辆规划实时交通路线，躲避拥堵。

(3) 分析所有SKU，以利润最大化为目标来定价和清理库存。

(4) 根据客户的购买习惯，为其推送他可能感兴趣的优惠信息。

(5) 从大量客户中快速识别出金牌客户。

(6) 使用单击流分析和数据挖掘来规避欺诈行为。

1.3.4 大数据应用

随着以博客、社交网络、基于位置的服务为代表的新型信息发布方式的不断涌现，以及云计算、物联网等技术的兴起，数据正以前所未有的速度在不断地增长和累积，大数据时代已经来到。

下面列举一些大数据的应用例子。

(1) 大数据在宏观经济管理领域的应用。采购经理人指数(PMI)通常是由统计部门发布的,但IBM日本公司建立了一个经济指标预测系统,它从互联网新闻中搜索出影响制造业的480项经济数据,再计算出PMI预测值,这个根据网上的新闻分析出的PMI的准确度相当高。印第安纳大学学者利用谷歌提供的心情分析工具,从用户近千万条短信、微博留言中预测道琼斯工业指数。用户的短信、微博是不会直接讨论道琼斯工业指数的,但字里行间会流露出当前的心情,整个社会用户的心情与经济增长状况是相关的,用这种方法预测道琼斯工业指数的准确率高达87%。淘宝网建立了"淘宝CPI",它通过采集、编制淘宝网上成交额比重达到57.4%的390个类目的热门商品价格来反映网络购物市场整体状况,以及城市主流人群的消费态势,它比国家统计局公布的CPI还提前半个月预测经济的走势。

(2) 大数据在制造业的应用。丰田公司利用数据分析在试制样车之前避免了80%的缺陷。美国通用电气公司通过对所生产的2万台喷气引擎进行数据分析并开发算法,能够提前一个月预测其维护需求,准确率达到70%。企业通过对网上数据进行分析了解市场动向,管理采购和合理库存。华尔街对冲基金依据购物网站顾客评论分析企业销售状况。华尔街银行根据求职网站岗位数量推断就业率。百度将网民对汽车的各类搜索请求进行大数据挖掘,帮助一个汽车企业深入了解消费者需求、设计新品及资源调配。

(3) 大数据在农业领域的应用。谷歌前雇员在硅谷创办Climate公司,从美国政府获得30年的气候历史数据、60年的农作物收成历史数据和14TB的土壤历史数据,同时还利用来自250万个地点的气候测量数据和1500亿例土壤观察数据,生成10万亿个模拟气候数据点。该公司预测任意一个农场的下一年的产量,向农户提供天气变化、作物、病虫害和灾害、肥料、收获、市场价格等咨询,并出售个性化保险,承诺每英亩的玉米利润增加100美元,如果出现未能预测的恶劣天气损坏庄稼,气候公司将及时赔付。最近该公司被孟山都公司以11亿美元的价格收购。

(4) 大数据在商业领域的应用。沃尔玛基于每个月4500万的网络购物数据,结合社交网络上有关产品的大众评分,开发了机器学习语义搜索引擎"北极星",方便在线购物者浏览,使在线购物人数增加10%~15%。沃尔玛还通过对消费者的购物行为进行分析,了解顾客购物习惯,分析适合搭配售卖的商品,优化商场的布局和货架排列。美国排行第二的折扣超市Target选出孕妇常购的典型商品,建立怀孕预测指数,有针对性地派送孕妇用品的优惠广告,还将分析用到各种细分客户群。在淘宝网上买东西时,消费者会在阿里的广告交易平台上留下记录,阿里不仅从交易平台把消费记录拿来自己使用,还会把消费记录卖给其他商家。例如,某人在淘宝网上买了化妆品,销售化妆品的商家买到这个消费记录对应的顾客IP地址后,就会留意其后续的消费行为。一旦商家发现该用户浏览与自己有广告关系的网站时,马上就会弹出一个卖化妆品的广告,这样就很容易达成交易,最终结果是顾客、商家、网站、阿里集团都各有所得。

从以上例子可以看出:

(1) 大数据是资源,利用大数据所积累的信息找出网民的情绪与宏观经济的关联,利用顾客的购物行为分析顾客类型,利用企业交易行为建立诚信记录,利用历史统计的规律来预测未来。

(2) 大数据是方法，基于数据密集型科学可用类比来简化求解。总之，大数据思维可以应用到各行各业。

1.4 数据科学

数据科学(Data Science)是指以数据为中心的科学，可以从以下 4 个方面理解“以数据为中心的科学”的含义。

(1) 数据科学是一门将“现实世界”映射到“数据世界”之后，在“数据层面”上研究“现实世界”的问题，并根据“数据世界”的分析结果，对“现实世界”进行预测、洞见、解释或决策的新兴科学。

(2) 数据科学是一门以“数据”，尤其是“大数据”为研究对象，并以数据统计、机器学习、数据可视化等为理论基础，主要研究数据预处理、数据管理、数据计算等活动的交叉性学科。

(3) 数据科学是一门以实现“从数据到信息”“从数据到知识”和(或)“从数据到智慧”的转化为主要研究目的，以“数据驱动”“数据业务化”“数据洞见”“数据产品研发”和“数据生态系统的建设”为主要研究任务的独立学科。

(4) 数据科学是一门以“数据时代”，尤其是“大数据时代”面临的新挑战、新机会、新思维和新方法为核心内容的，包括新的理论、方法、模型、技术、平台、工具、应用和最佳实践在内的一整套知识体系。

1.4.1 研究目的

从资源类型角度看，数据科学的最终研究目标是实现数据、物质和能量之间的转换，即如何通过“数据的利用”的方式降低“物质/能量的消耗”或(和)提升“物质/能量的利用效果和效率”。具体来讲，数据科学的主要研究目的是将数据转化为智慧，实现从数据到信息(Information)、数据到知识(Knowledge)、数据到理解(Understanding)和数据到智慧(Wisdom)的转变。

1.4.2 研究内容

数据科学主要以统计学、机器学习、数据可视化以及某一领域知识为理论基础，其主要研究内容包括以下几方面。

(1) 基础理论研究。科学的基础是观察和逻辑推理，不光要研究数据在自然界中的观察方法，也要研究数据推理的理论和方法，包括数据的存在性、数据测度、时间、数据代数、数据相似性与簇论、数据分类与数据百科全书等。

(2) 实验和逻辑推理方法研究。需要建立数据科学的实验方法，建立许多科学假说和理论体系，并通过这些实验方法和理论体系开展数据自然界的探索研究，从而认识数据的各种类型、状态、属性以及变化形式和变化规律，揭示自然界和人类行为现象和规律。

(3) 领域数据学研究。将数据学的理论和方法应用于许多领域，从而形成专门领域的数据学，如脑数据学、行为数据学、生物数据学、气象数据学、金融数据学、地理数据学等。

(4) 数据资源的开发利用方法和技术研究。数据资源是重要的现代战略资源，其重要程度将越来越凸显，在 21 世纪有可能超过石油、煤炭、矿产，成为最重要的人类资源之一。

这是因为人类的社会、政治和经济都依赖于数据资源，而石油、煤炭、矿产等资源的勘探、开采、运输、加工、产品销售等无一不是依赖数据资源的，离开了数据资源，这些工作都将无法开展。

1.4.3 与其他学科的关系

数据一般存储于计算机中，信息是自然界、人类社会及人类思维活动中存在和发生的现象，知识是人们在实践中所获得的认识和经验。数据可以作为信息和知识的符号表示或载体，但数据本身并不是信息或知识。数据科学研究的对象是数据，而不是信息，也不是知识，通过研究数据来获取对自然、生命和行为的认识，进而获得信息和知识。数据科学的研究对象、研究目的和研究方法等都与计算机科学、信息科学和知识科学有着本质的不同。

自然科学、社会科学与数据科学的关系如图 1.6 所示。人类探索现实自然界，用计算机处理人类的发现、人类的社会以及表达自然与人的关系，在这个过程中，数据已经巨量产生，并正在经历大爆炸，人类在不知不觉中创造了一个更复杂的数据自然界。自数据爆炸以来，人们生活在现实和数据两个世界里，人、社会和宇宙的历史将变为数据的历史。人类可以通过探索数据规律来探索自然界，人类还需要探索数据特有的现象和规律，这是赋予数据科学的任务。可以期望，目前所有的科学研究领域都可能形成相应的数据科学研究。

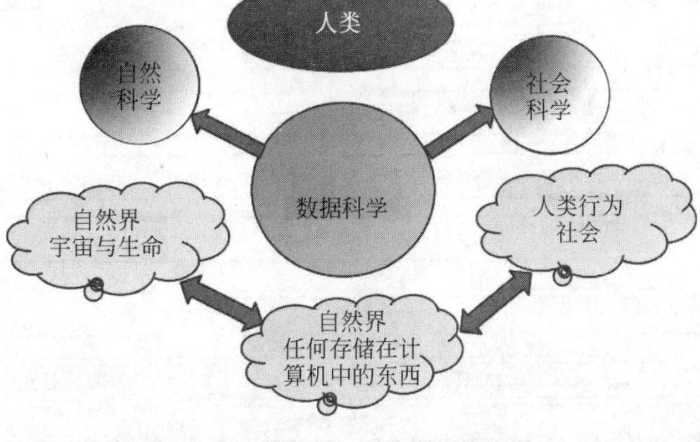

图 1.6 数据科学与其他学科的关系

数据科学研究的工作过程是：从数据自然界中获得一个数据集，对该数据集进行勘探，发现整体特性，进行数据研究分析（例如使用数据挖掘技术）或者进行数据实验，发现数据规律，将数据进行感知化等。

1.5 数据管理典型应用

1.5.1 医院信息管理系统

医院信息管理系统涉及医院的方方面面，涵盖病人信息的各个环节，各部分之间的信息联系错综复杂，它们各自的功能也是相互依存的。通过对医院管理的全面分析，可以确定两条信息主线，来集成整个医院信息系统，并据此设置各个局部的功能集和信息交换关系。

一条主线是将以发展电子化的病历为目标的病人相关信息展开，所设置的功能围绕管理病人诊治信息来开展，例如，病人挂号、建病历、入院登记、发生在病房内部的与病人护理和诊治有关的管理、检查检验管理、病案管理等。

另一条主线围绕医院的成本核算相关信息展开，主要涉及医院的收入和医疗成本的管理，如门诊收费、住院收费、药品管理、器械管理、工资人事管理、血库管理等。

医院信息管理系统是医院管理和医疗活动中进行信息管理和联机操作的计算机应用系统，该系统是覆盖医院所有业务和业务全过程的信息管理系统。按照学术界公认的MorrisF. Collen所给出的定义，医院信息管理系统是：利用电子计算机和通信设备，为医院所属各部门提供病人诊疗信息（Patient Care Information）和行政管理信息（Administration Information）的收集（Collect）、存储（Store）、处理（Process）、提取（Retrieve）及数据交换（Communicate）的能力并满足授权用户（Authorized Users）的功能需求的平台，其体系架构如图1.7所示。

图1.7　医院信息管理系统

医院管理信息系统是指与医院管理活动直接相关的信息系统，以辅助决策为主要目标，目的是为了提高医院管理和医疗工作的效率和水平。它包括以下4类系统：①行政管理系统。包括人力资源管理系统，财务管理系统，后勤管理系统，药库管理系统，医疗设备管理系统，门诊、手术及住院预约系统，病人住院管理系统等。②医疗管理系统。包括门诊、急诊管理系统，病案管理系统，医疗统计系统，血库管理系统等。③决策支持系统。包括医疗质量评价系统，医疗质量控制系统等。④各种辅助系统。如医疗情报检索系统，医疗数据库系统等。

1.5.2 地图数据库管理系统

地图数据库管理系统是建立、维护和使用地图数据库的一组软件。地图数据库是以地图数字化数据为基础的数据库，是存储在计算机中的地图内容各要素（如控制点、地貌、土地类型、居民地、水文、植被等）的数字信息文件、数据库管理系统及其他软件和硬件的集合。地图数据管理系统作为一个信息管理系统，主要由数据源管理、存储设备管理、数据提供管理、行政区图幅管理、用户权限管理五个子系统构成，结构如图 1.8 所示。地图数据库有如下基本特点：①具有复杂的数据模型，数据库中的各种数据均按照特定的数据结构进行组织、存储和管理；②确保了数据的完全独立；③确保了数据共享的并发性、安全性和完整性；④用户可以直接与数据项打交道。

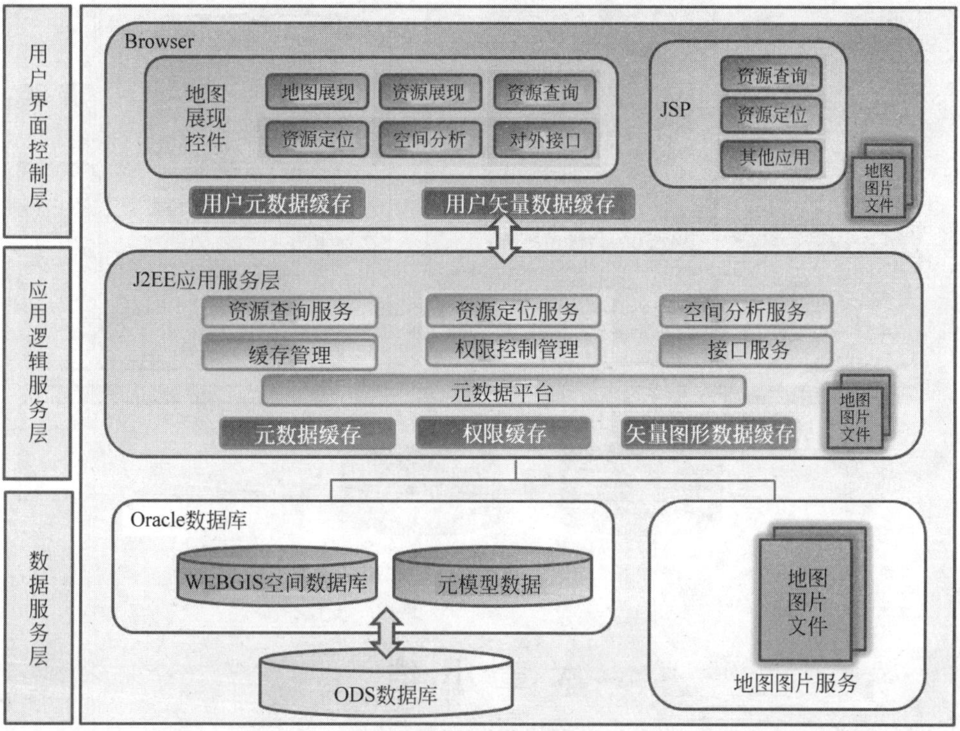

图 1.8　地图数据库管理系统架构示意图

1.5.3 舆情监控系统

舆情监控系统又被称作互联网舆情监控系统，是指通过相关的专业舆情软件按照一定的规则和方法将互联网上繁杂的信息当中关注的舆情信息抓取出来，并通过分析、过滤等方式加工处理，最终呈现出与需求相匹配的舆情信息。在互联网高速发展的今天，舆情的传播方式也发生着巨大的变化，互联网已经成为政府倾听民生民意的重要渠道，同时也成为人民群众发表言论的主要平台。在这样的形式下，如果不能正确引导舆论走向，很有可能形成从众效应使舆论走向极端，难以控制。党和国家领导人高度重视网络舆情工作，多次在会上重申建设良好畅通的网络舆情环境,这也将成为未来几年舆情工作发展的方向。

网络舆情监控系统共包括三个基本模块,即网络舆情采集系统、网络舆情分析引擎和舆情服务系统,其系统架构图如图 1.9 所示。该系统主要应用于政府机关的网络舆情监管部门(信息中心)、质量监督、企业品牌监测、公关公司、电力等行业舆情监控和高校舆情监控等。鉴于网络舆情的发展趋势,以及国家对互联网信息监管的逐渐重视,不久的将来网络舆情监控系统将会迎来一次快速发展,同时行业产品也将出现一轮更新淘汰,完善更多的实用功能、更人性化的服务以及健全的行业标准。

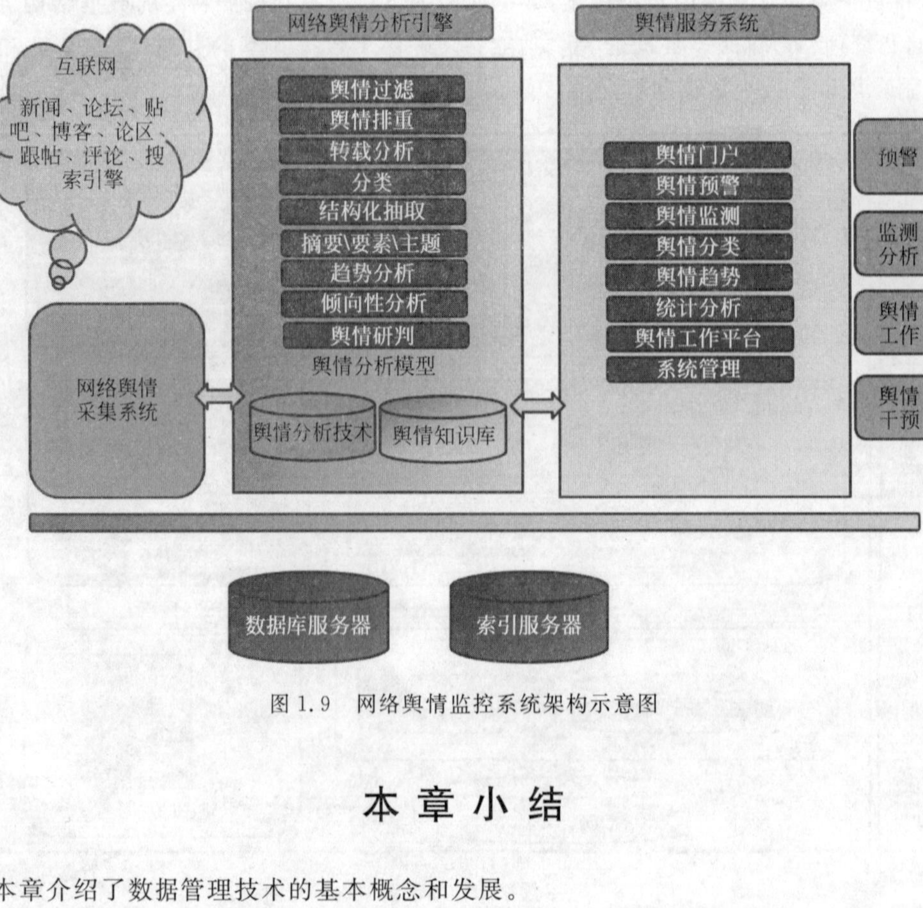

图 1.9　网络舆情监控系统架构示意图

本章小结

本章介绍了数据管理技术的基本概念和发展。

(1) 数据的基本概念,如数据、信息和知识,以及数据处理和数据管理,描述了数据通过数据处理获得信息和知识的过程。

(2) 一般数据分为结构化数据、非结构化数据和半结构化数据等类型,通过数据管理技术发展过程,了解不同类型数据的数据处理和数据管理方法,特别描述了数据管理的典型应用案例的架构。

(3) 大数据时代到来了,了解大数据的概念和特征,以及大数据的思维和应用。

(4) 数据科学变得越来越重要,了解数据科学研究的目的和内容。

习 题 1

(1) 描述数据管理的目的和任务。

(2) 找出自己专业中典型的数据管理案例。

(3) 说明数据管理发展历史和发展趋势。

(4) 什么是大数据？大数据管理与一般数据管理的区别在哪里？

(5) 大数据时代,找出本专业可能应用的场景。

第2章　数据库设计概述

第1章介绍了数据管理技术，本章将详细介绍数据库的设计过程。

本章首先介绍数据库系统组成，然后介绍数据库设计的方法和基本步骤，之后详细介绍数据库设计的各个阶段的工作过程，最后以“学生成绩管理系统”进行案例分析。本章重点是数据库设计过程中的概念设计和逻辑设计阶段，数据库的三级模式结构以及它们之间的联系。

2.1　数据库系统的组成

计算机技术已经深入到人们的工作和生活中。医院信息管理系统、影院售票系统、学籍管理系统等应用系统，通常都会提供应用界面与用户进行交互，同时系统也会管理和处理各种相关数据。这些应用的界面和相应的功能由应用程序来实现，所操作的数据则由数据库管理系统进行管理和维护。数据以文件的形式存储，操作系统直接对文件进行基本存储检索等管理，包括对文件存储器存储空间进行组织、分配和回收，对文件进行存储、检索、共享和保护等功能。从用户角度来看，操作系统对文件的管理主要是实现了“按名取存”，用户只需知道文件名，就可以存取文件中的信息，无须知道这些文件究竟存储在什么地方。

操作系统仅对文件的存储检索进行管理，文件内容的查看编辑则是由应用管理软件来实现的。对不同类型文件的查看和编辑工作通常是由不同的应用管理软件来负责的，例如.doc文件可以使用WPS或者Microsoft Office Word应用软件来查看和编辑、.jpg文件可以使用图片编辑软件进行查看和编辑。对应用系统所操作的数据库文件的查看和编辑则是由专门的数据库管理软件来实现的，例如Oracle、SQL Server、DB2等。

从安装的角度来看，往往需要先安装操作系统，例如Windows系统等，然后再安装应用管理软件，如WPS、SQL Server等。从程序执行的角度来看，使用WPS应用管理软件打开某个文件时（例如1.doc文件），它会先将该请求交给操作系统，由操作系统帮助定位该文件，然后在WPS应用程序界面上打开它，并进一步查看和编辑。使用数据库管理软件打开某个数据库文件时，过程也是类似的。

显然，应用程序、数据库管理软件、操作系统、数据库文件构成的数据库系统就形成了一个由上而下的层次结构，它们协同工作。

2.1.1　数据库和数据库管理系统

以“学生成绩管理系统”为例，系统含有教师信息、学生信息、排课信息等各种数据，这些数据各自都有自己特有的内容，而且相互之间还有一定的关联。为了能够方便地展现这些信息以及它们之间的关联，需要使用数据库这种具有能定义特定数据结构的工具去存储它们，并使用数据库管理软件对它们进行存储、编辑等管理。这些数据最终也是以文件的形式存储在硬盘等存储介质上，操作系统负责对文件进行存储检索，而数据库管理软件负责对它们进行查看和编辑等管理，它们之间的层次结构如图 2.1 所示。

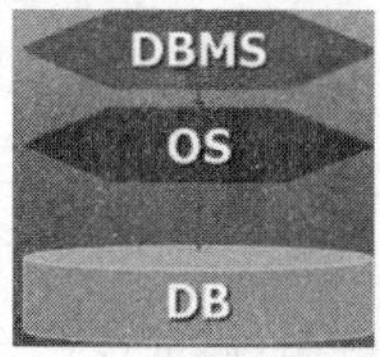

图 2.1　数据库和数据库管理系统关系图

1. 数据库

数据库(DB)是数据的载体，它以文件的形式存储在计算机存储介质上。数据库存储的数据往往具有特定的组织结构，可被多个应用程序共享、并与应用程序相互独立。

2. 数据库管理系统

数据库管理系统(DBMS)是由数据库管理软件来实现的，它的核心功能是创建、管理并维护数据库。DBMS 通过操作系统对数据库的数据文件进行创建、查看、编辑、管理等操作，应用程序通过它来对数据库中的数据进行操作。从层次关系上来说，它是位于用户程序与操作系统之间的一层数据处理软件。

总的来说，数据库管理系统对数据的管理功能主要有以下两个方面。

(1) 组织与存储数据。

DBMS 负责将数据按照一定的结构组织并存储。用户使用数据定义语言(Data Definition Language，DDL)定义数据的组织结构、存储方式以及具体的存储文件信息等内容，DBMS 根据对应的数据定义语言的定义创建相对应的组织结构及存储方式的数据库，并存储数据。

(2) 维护与获取数据。

DBMS 提供接口让应用程序可以方便地存取数据。应用程序可以通过使用 DBMS 提供的数据操纵语言(Data Manipulation Language，DML)从数据库中获取数据，并对数据进行增、删、查、改等操作。应用程序中还可以通过使用数据控制语言(Data Control Language，DCL)来设置数据库用户或角色的权限。

DBMS 能对数据进行维护，例如数据的备份、恢复、回滚等维护工作。同时，它还能实现数据库的性能监视分析、与其他软件系统的通信、异构数据库之间的互访和互操作等功能。

常用的数据库管理系统有 Oracle、DB2、Sybase、MySQL、Access、SQL Server 等。其中，Oracle、DB2 和 Sybase 是高端企业级数据库管理系统，MySQL、SQL Server 是广泛应用于中小型企事业单位的数据库系统，Access 则主要应用于小型数据库系统。本书使用 SQL Server 进行讲解。

2.1.2 数据库应用系统

在数据库领域内，通常将使用数据库的各种应用系统都称为数据库应用系统，如猫眼电影、当当书店、学生成绩管理系统等均是数据库应用系统。

数据库应用系统和数据库之间存在怎样的联系呢？以学生成绩管理系统为例进行分析。学生成绩管理系统中的教师、学生、课程、排课等各种数据信息以数据库的形式进行存储，应用系统需要能对这些数据进行访问，并能实现教师查看课堂学生名单、录入学生成绩、修改学生成绩以及学生登录后查看自己的课程成绩等操作，这些操作最终都是对数据的操作。要在学生成绩管理系统中实现这些操作，就需要使用应用开发语言开发应用程序。这些应用程序通过数据库管理系统与数据库进行连接，获取数据库的访问权限，并对数据进行增、删、查、改操作，最终将操作的结果以人机交互界面的形式展现在用户面前。这些应用程序就构成了数据库应用系统（DataBase Application System，DBAS），它是基于数据库所建立的应用，通常包含一组应用程序，这些应用程序往往会对数据库中的数据进行增、删、查、改等操作。

2.1.3 数据库系统

数据库系统（DataBase System，DBS）由数据库、数据库管理系统、数据库应用系统，支持这些系统运行的计算机软硬件，以及设计、实现、使用、维护这些系统的人员共同组成。例如，学生成绩管理系统的组成可包括部署有学生成绩管理系统的计算机软硬件、学生成绩管理系统数据库、数据库管理系统（SQL Server）、学生成绩管理系统的客户端构成的应用系统，以及数据库设计开发维护人员、应用程序员、使用学生成绩管理系统客户端的终端用户等。数据库系统的具体组成如图 2.2 所示。

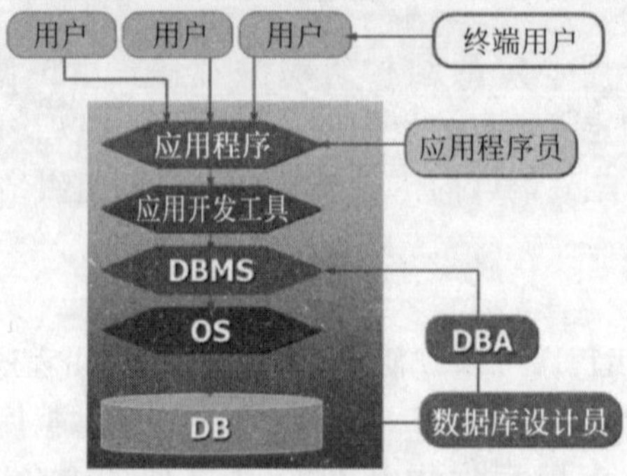

图 2.2 数据库系统的组成

总的来说，可以将数据库系统的组成分为以下 4 个部分。

（1）数据库：指长期存储在计算机内的，以一定方式进行组织、可共享的数据的集合。数据库中的数据按一定的数据模型组织、描述和存储，具有较小的冗余、较高的数据独立性和易扩展性，并可为各种用户共享。

（2）软件：包括由应用程序构成的数据库应用系统、数据库管理系统和操作系统（Operating System，OS）。数据库管理系统是数据库系统的核心软件，它是在操作系统的支持下工作，解决如何科学地组织和存储数据、如何高效获取和维护数据的系统软件。

（3）硬件：构成计算机系统的各种物理设备，包括存储所需的外部设备。数据库系统要正常运行，既离不开支撑各级软件正常运行使用的操作系统，也离不开支持所有软件运行的计算机硬件系统。硬件的配置应满足整个数据库系统的需要。

（4）人员：主要有以下 5 类。

第一类为系统分析员。系统分析员负责整个应用系统的需求分析和规范说明，他们和用户及数据库管理员一起确定系统的硬件配置，并参与数据库系统的概要设计。

第二类为应用程序员。应用程序员负责编写进行业务逻辑处理的应用程序。

第三类为数据库设计人员。数据库设计人员负责数据库的详细设计，即各级模式的具体设计。

第四类为数据库管理员(DataBase Administrator，DBA)。数据库管理员决定数据库的存储结构和存取策略，定义数据库的安全性要求和完整性约束条件，监控数据库的使用和运行，负责数据库的性能改进、数据库的重组和重构等工作。

第五类为终端用户。终端用户通过使用数据库应用系统提供的界面访问数据库并完成相应功能。

数据库管理系统通过操作系统对位于下层的数据库进行管理和维护，它还会接收来自上层数据库应用系统对数据库的操作请求，通过操作系统对位于最下层的数据库进行增、删、查、改等操作。数据库应用系统可使用 Visual Basic、C++、PHP 等程序设计语言，实现诸如选课管理、学生成绩录入等业务逻辑，通过数据库管理系统来实现对数据的增、删、查、改等操作。数据库应用系统通常会提供给终端用户进行交互的界面，终端用户通过这些界面进行各种操作，例如教务对课程进行排课、教师录入学生课程成绩、学生查询课程成绩等操作。

2.2 数据库系统的三级模式结构

1978 年，美国国家标准协会(American National Standard Institute，ANSI)的数据库管理系统研究小组提出了有关数据库结构的标准化建议，它将数据库结构分为三级，即面向终端用户或应用程序员的用户级、面向建立和维护数据库人员的概念级、面向系统程序员的物理级。该标准化建议最终形成了目前数据库领域公认的三级模式结构，如图 2.3 所示，它包括外模式、模式和内模式。用户级对应外模式，概念级对应模式，物理级对应内模式。使用三级模式结构既能够有效地组织和管理数据，又能够使数据具有较好的逻辑独立性和物理独立性。

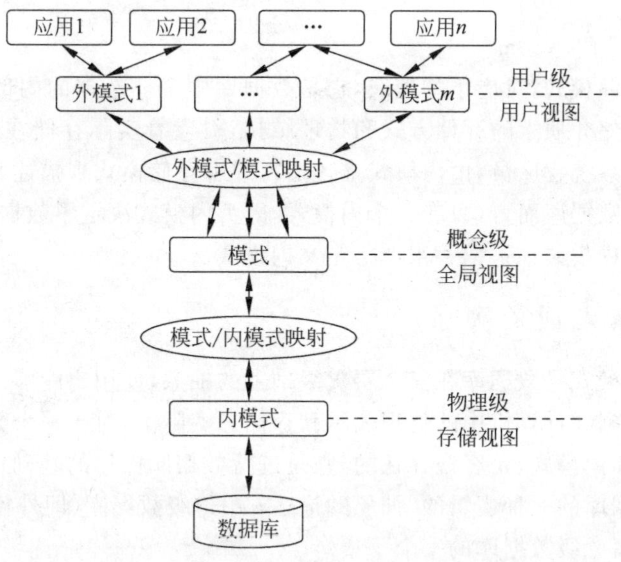

图 2.3 数据库的三级模式结构

三级模式结构使不同级别的用户对数据库形成不同的视图。所谓视图，就是指观察、认识和理解数据的范围、角度和方法，是数据库在用户“眼中”的反映。显然，不同层次级别的用户所“看到”的数据库是不相同的。

2.2.1 模式

模式又称**逻辑模式**或**概念模式**，对应于概念级，它是面向建立数据库和维护数据库的人员的。模式是由数据库设计者综合所有用户的数据，按照统一的观点构造的全局逻辑结构，是对数据库中全部数据的逻辑结构和特征的总体描述，是所有用户的公共数据视图（全局视图）。模式是由数据库管理系统提供的数据模式描述语言来描述、定义的，体现和反映了数据库系统的整体观。

模式是数据在逻辑上的视图，一个数据库只有一个模式。

2.2.2 外模式

外模式又称**子模式**或**用户模式**，对应于用户级，它是面向终端用户或应用程序员的。外模式是某个或某几个用户所看到的数据库的数据视图，是与某一应用有关的数据的逻辑表示。外模式是从模式导出的一个子集，包含模式中允许特定用户使用的那部分数据。用户可以通过外模式描述语言来描述和定义对应于用户的数据记录，也可以利用数据操纵语言对这些数据记录进行操作。外模式反映了数据库的用户观。

外模式是程序员和使用者最终看到和使用的局部数据的逻辑结构和特征的描述，是数据库用户的数据视图，是和某个应用有关的数据的逻辑表示。外模式通常是逻辑模式的子集。

在数据库系统之上的应用是非常广泛、多样的，因此一个数据库对应的外模式不是唯一的，也不可能是唯一的。一个数据库可以有多个外模式，因用户不同，故外模式的描述也不同。同一个外模式可以同时提供给多个应用系统使用。

2.2.3 内模式

内模式又称**存储模式**，对应于物理级，它是数据库中全体数据的内部表示或底层描述，它描述了数据在存储介质上的存储方式和物理结构，对应着实际存储在外存储介质上的数据库。内模式面向系统程序员，由内模式描述语言或者存储模式来描述和定义。

对某个特定的数据库而言，只有一个内模式，因为内模式决定了数据的物理结构和存储方式。DBMS 提供内模式描述语言来严格定义内模式。

2.2.4 三级模式间的关系

数据库的三级模式是数据库在三个层次级别上的抽象，使用户能够逻辑地、抽象地处理数据而不必关心数据在计算机中的物理表示和存储。实际上，对于一个数据库系统而言，只有物理级数据库（即内模式）是客观存在的，它是进行数据库操作的基础；概念级数据库（即模式）只是物理数据库的一种逻辑的、抽象的描述；用户级数据库（即外模式）则是用户与数据库的接口，它是概念级数据库的一个子集。

为了在数据库系统内部实现三个层次的联系和转化，DBMS 提供了三级模式间的两层映射(如图 2.3 所示)。它们有效组织和管理数据,提高了数据的逻辑独立性和物理独立性。

1. 外模式/模式映射

用户应用程序根据外模式进行数据操作。同一个模式可以有任意多个外模式,每一个外模式在数据库系统中都对应含有模式中的局部逻辑结构。外模式/模式映射定义数据库的局部逻辑结构和全局逻辑结构的对应关系,当修改了数据库中表的逻辑结构(如增加新关系、属性,改变数据类型等),就使得数据库的模式进行了改变,可以通过对外模式/模式映射做相应改变,使外模式不变。由于应用程序根据数据的外模式编写,因此应用程序不必修改。也就是说,模式是独立于外模式的,这样就实现了数据的逻辑独立性。

2. 模式/内模式映射

一个数据库只有一个模式,并且只有一个内模式。模式/内模式映射定义全局逻辑结构和物理存储的对应关系。若数据库的存储结构变化(例如将使用 SQL Server 管理的数据库移植到使用 Oracle 管理的数据库),即内模式变化,只需针对模式/内模式映射相应进行修改,可以保证模式不变。也就是说,内模式是独立于模式的,这样就保证了数据的物理独立性。

2.3 数据库设计概述

数据库设计(DataBase Design)是指对于一个给定的应用环境,构造最优的数据库模式,建立数据库及其应用系统,使之能够有效地存储数据,满足各种用户的应用需求,包括信息管理要求和数据处理要求。在数据库领域内,通常把使用数据库的各类系统统称为数据库应用系统。由于数据库应用系统的复杂性,为了支持相关程序运行,数据库设计就变得异常复杂,因此最佳设计往往是一种"反复探寻,逐步求精"的过程。

2.3.1 数据库设计的方法

早期数据库设计主要采用手工与经验相结合的方法,即手工试凑法。设计质量与设计人员的经验和水平有直接关系。由于缺乏科学理论和工程方法的支持,工程的质量难以保证。数据库运行一段时间后常常会不同程度地出现各种问题,需要进行修改甚至重新设计,增加了维护代价。

经过人们不断的努力探索,提出了规范设计法。该方法的基本思想是过程迭代和逐步求精,其中,新奥尔良法是目前公认的比较完整和权威的一种规范设计法。新奥尔良法是将数据库设计分成需求分析、概念设计、逻辑设计和物理设计四个主要阶段。目前,常用的规范设计方法大多起源于新奥尔良法,并在设计的每一阶段采用一些辅助方法来具体实现。

以下是两种常用的规范设计方法:

(1) 基于 E-R 模型的数据库设计方法。该方法是由 P. P. S. Chen 于 1976 年提出的数据库设计方法,其基本思想是在需求分析的基础上,用 E-R(实体-联系)图构造一个反映现实世界实体之间联系的企业模式,然后再将此企业模式转换成基于某一特定 DBMS 的概念模式。

(2) 基于 3 范式(3NF)的数据库设计方法。该方法是由 S. Atre 提出的结构化设计方法,其基本思想是在需求分析的基础上,确定数据库模式中的全部属性和属性间的依赖关系，将它们组织在一个单一的关系模式中，然后再分析模式中不符合 3NF 的约束条件，将其进行投影分解，规范成若干个 3NF 关系模式的集合。

随着技术的发展，为了支持图形结构的对象，"面向对象的数据库系统(Object-Oriented Database System)"的概念在 1985 年首次被提出。这种数据库系统采用的设计方法是 ODL (Object Definition Language)方法。该方法用面向对象的概念和术语来说明数据库结构。使用 ODL 可以描述面向对象数据库结构设计，可以直接转换为面向对象的数据库。

后面将按照第一种方法介绍数据库的设计实现。

2.3.2 数据库设计的基本步骤

按照规范设计的方法，考虑数据库及其应用系统开发全过程，数据库的设计通常分为 6 个阶段，即需求分析阶段、概念设计阶段、逻辑设计阶段、物理设计阶段、实施阶段、运行及维护阶段。

1. 需求分析阶段

在数据库的需求分析阶段，核心目的是要了解针对应用需求，哪些数据需要被存储。这个过程通常被认为是软件工程中的需求分析的一部分，并且需要数据库设计者从那些具有领域知识的人那里获取所需的信息。要存储的数据通常可以由需求说明书来确定。

在软件工程的需求分析阶段，通常需要准确了解和分析用户对数据和处理的业务需求，进行需求收集和分析，并以业务流图、数据流图、数据字典等形式加以描述。

需求分析阶段是整个数据库设计过程的基础。

2. 概念设计阶段

这一阶段是整个数据库设计的关键，它通过对数据库需求分析阶段得到的用户的数据需求进行综合、归纳与抽象，形成一个独立于具体 DBMS 的概念模型，如 E-R 模型。

3. 逻辑设计阶段

按照一组转换规则，将概念设计阶段得到的概念模型转换为某个数据库管理系统所支持的逻辑数据模型，例如 SQL Server 数据库管理软件支持的关系模型，之后还需要对其进行优化。

4. 物理设计阶段

这一步需要设计数据库的物理结构，根据逻辑数据模型来选定数据库管理系统(如 Oracle、Sybase、SQL Server 等)，并设计和实施数据库的存储结构、存取方式等。

通常数据库管理系统有其支持的存储结构和存取方法，使用 Oracle、Sybase、SQL Server 等不同的数据库管理软件生成的数据库文件的存储结构和存储方法通常是不一样的。

5. 实施阶段

设计人员运用数据库管理系统提供的数据库语言及其宿主语言，根据逻辑设计和物理设计的结果建立数据库，编制与调试应用程序，并进行试运行。

6. 运行及维护阶段

数据库试运行后，即可投入正式运行。数据库在运行期间，需要不断地对其进行评价、调整和修改。

设计一个完善的数据库系统往往是上述 6 个阶段的不断往复。需要指出的是，这个设计步骤既是数据库设计的过程，也涉及了数据库应用系统的设计过程。在设计过程中，需要把数据库的设计和对数据库中数据处理的设计紧密结合起来，相互补充和完善。事实上，如果不了解数据库应用对数据的处理要求，或者没有考虑如何去实现这些处理要求，是不可能设计一个良好的数据库结构的。

2.3.3 数据建模

模型是对现实世界的抽象和模拟。用计算机解决现实中的问题一般要经过三个层面两个阶段的抽象过程，这三个层面分别是现实世界、信息世界和计算机世界，如图 2-4 所示。

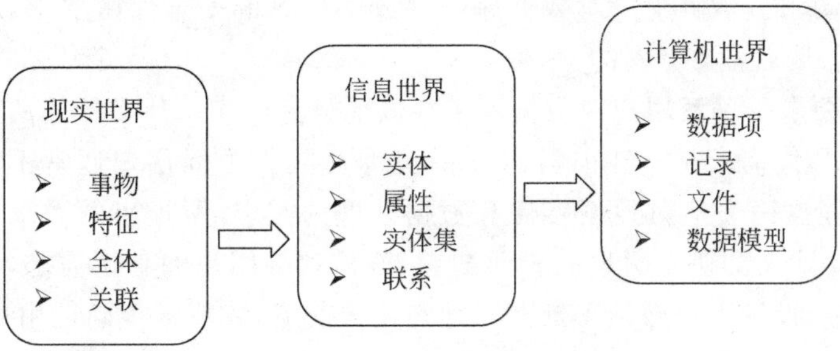

图 2.4 现实世界、信息世界、计算机世界中各个概念的一览图

由现实世界到信息世界是一个抽象的过程，这是在概念设计阶段所做的工作，在这一过程中需建立概念模型，它是按照用户的观点对数据和信息进行建模，用于描述现实世界的概念化结构。

由信息世界到计算机世界则是一个转换的过程，这是在逻辑设计阶段所做的工作，在这一过程中需建立逻辑数据模型(简称数据模型)，它是按照计算机系统的观点对数据进行建模，用于数据库管理系统的应用实现。

此外，在物理设计阶段还需建立物理数据模型(简称物理模型)，物理数据模型是数据最底层的抽象，它描述数据在物理存储介质上的组织结构，与具体的数据库管理系统、操作系统和硬件相关。

2.4 数据库需求分析

数据库需求分析是数据库设计的基础，是其他设计阶段的依据，也是最为困难、最耗费时间的阶段。

数据库需求分析的核心目的是要了解哪些数据需要被存储。在大多数情况下，设计数据库的人是在数据库设计领域具有专业知识的人，而不是在各个具体的应用领域具有专业知识的人，例如财务信息应用、生物信息应用等。因此，要确定哪些数据需要被存储就必须与在具体应用领域具有专业知识的人员合作确定，这个过程通常被看作是软件工程需求分析的一部分。

2.4.1 需求分析的任务

要了解哪些数据需要被存储，这就需要对数据库应用系统所要处理的对象进行全面分析,广泛收集支持系统目标实现的各类基础数据以及用户对数据信息的需求、对基础数据进行加工处理的需求、对数据库安全性和完整性的需求。这个过程中的重点是通过调查、收集与分析,获得用户对数据库如下方面的要求。

(1) 信息要求。了解用户需要从数据库中获得信息的内容与性质,数据库应用系统用到的所有基础信息类型及联系,用户希望从数据库中获得哪些类型的信息,数据库中需要存储哪些基础数据。

(2) 处理要求。了解用户希望数据库应用系统对数据进行什么处理,对各种数据处理的响应时间的要求,对数据处理方式(批处理还是联机处理)的要求等。

(3) 安全性要求。了解用户对数据库中存放的信息的安全保密要求,哪些信息是需要保密的,哪些信息是不需要保密的。

(4) 完整性要求。了解用户对数据库中存放的信息应满足什么样的约束条件。

确定用户的最终需求是一件很困难的事,这是因为一方面用户通常不具备数据库设计的知识,往往不能准确表达对数据存储和数据处理的需求,所提出的需求常常还会不断变化;另一方面,设计人员缺少用户的专业知识,不易理解用户的真正需求,甚至误解用户的需求。因此数据库设计人员必须不断深入地与用户交流,才能逐步确定用户的实际需求。

2.4.2 需求分析的方法

进行需求分析的第一步是调查清楚用户的实际要求,与用户达成共识,然后分析与表达这些需求。

调查用户需求的具体步骤如下:

(1) 调查组织机构情况。包括了解该组织的各部门组成情况、各部门的职能等,为分析信息流程做准备。

(2) 调查各部门的业务活动情况。包括了解各个部门输入和使用什么数据,如何加工处理这些数据,输出什么信息,输出到什么部门,输出结果的格式是什么。

(3) 在熟悉了业务活动的基础上,协助用户明确对应用系统的各种要求。包括信息要求、处理要求、安全性与完整性要求,这是调查的一个重点。

(4) 确定应用系统的边界。对前面调查的结果进行初步分析,确定哪些功能由计算机完成或将来准备让计算机完成,哪些活动由人工完成。由计算机完成的功能就是应用系统应该实现的功能。

常用的调查方法有以下几种。

(1) 跟班作业。通过亲身参加业务工作来了解业务活动的情况,这种方法可以比较准确地理解用户的需求,但比较耗费时间。

(2) 开调查会。通过与用户座谈来了解业务活动情况及用户需求,座谈时,参加者之间可以相互启发。

(3) 请专人介绍。请用户中的专业人士介绍业务流程和实际需求。

(4) 询问。对某些调查中的问题,可以找专人询问。

(5) 设计调查表请用户填写。如果调查表设计得合理,这种方法是很有效的,也很易于被用户接受。

(6) 查阅记录。即查阅与原系统有关的数据记录,包括原始单据、账簿、报表等。

做需求调查时，往往需要同时采用上述多种方法。无论使用何种调查方法，都必须有用户的积极参与和配合。

通过调查了解了用户需求后，还需要进一步分析和表达用户的需求。分析和表达用户需求的方法主要包括自顶向下和自底向上两类方法。

2.5 数据库的概念设计

数据库的概念设计就是将现实世界的事物及事物间的联系抽象至信息世界并形成概念模型的过程。

2.5.1 概念模型

概念模型是由数据库设计者按照用户观点建模实现对现实世界数据的概念抽象，它实现的是从现实世界到信息世界的抽象。

1. 实体

实体(Entity)是指现实世界中客观存在并且可以区分的事物。实体可以是人，也可以是物，例如教师、学生、电影院、影厅等。它既可以是能触及的客观对象，也可以是抽象的事件，例如课程的排课信息、影片的排片信息、用户在网站上的购买订单、客运站的发车安排信息等。

(1) **属性(Attribute)**。**每个实体都具有一定的特征，这些特征称为属性**。在现实世界中，通常使用这些特征去描述实体，并可根据不同的特征值来区分实体，例如每个学生有自己的学号、姓名、性别、出生日期、身份证号、籍贯等基本信息，影片有影片名、出版时间、票价、影片类型、导演、出版公司等基本信息。这些用于描述实体基本信息的特性被称为属性。一个实体可用多个属性来描述，例如使用('M1603010','张巧','女','1995-01-23','420111199502130016','湖北武汉')描述学生张巧，使用('奥林匹斯的陷落','2015',65,'动作片','安东尼·福奎阿','二十世纪福克斯电影公司')描述影片《奥林匹斯的陷落》。

属性不单单用于描述实体的特征，对于客观事物之间存在的联系，也可能会拥有联系自身的属性，这些属性不属于任何实体，而是当相关联的实体发生联系时才产生此属性。例如学院实体和教师实体之间的联系为聘用，聘用时要给出教师的职称、聘用时间等，因此聘用联系的属性包括职称、聘用时间等；对大学英语课程分院系安排多个授课课堂时，通常需要指定具体的开课年份和开课学期，因此课程和课堂之间具有排课联系，该联系的属性包括有开课年份和开课学期等。

(2) **域(Domain)**。**属性的取值范围称为域或值域**。例如性别的取值范围是“男”“女”两个值，要求雇员的年龄为18岁以上，课程的修课成绩为0分至100分，当天的气温取值范围为－100℃～45℃，影院名称是20个以内的字符，排片时影片的放映时间必须是当前时间之后的时间。

(3) **码(Key)**。实体往往有多个属性，这些属性中，**能够唯一标识实体的属性或属性集称为码，也称为关键字**。例如教师由教师编号唯一标识，某影院由影院ID唯一标识，某影厅由“影院ID＋影厅ID”构成的属性集共同进行唯一标识。

对某个实体而言，唯一区分它的属性或属性集可能会有多种，例如学生实体可以用学号作为关键字，也可以用身份证号作为关键字，当数据库中的学生数据可以使用“姓名＋出生日期”分辨每个实体时，则也可以使用“姓名＋出生日期”作为关键字；对于某影片既可以由影片ID唯一标识，又可以由“片名＋出品年份”构成的属性集唯一标识。

(4) **实体型(Entity Type)**和**实体值(Entity Value)**。要描述某实体时，往往需要确定实体的名字以及相关的属性。实体型就是实体的结构描述，通常是实体名和属性名的集合。实体值就是一个具体的实体，它是属性值的集合。

例如，学院的实体型是：

学院(学院编号,学院名称,学院电话,学院地址)

具体的某个实体“生命学院”，其实体值是：

('01','生命学院','027-87541111','东11-8楼')

影片的实体型是：

影片(影片名,出版年份,票价,类型,主演,出版公司)

影片《奥林匹斯的陷落》的实体值是：

('奥林匹斯的陷落','2015',65,'动作片','安东尼·福奎阿','二十世纪福克斯电影公司')

(5) **属性型(Attribute Type)**和**属性值(Attribute Value)**。每个属性都有其名字及取值的数据类型。属性型由属性名和取值类型构成。属性值是属性在其值域中取的具体值。例如，属性“学院地址”的属性名是学院地址，取值类型是字符串，而“东11-8楼”是具体的属性值；属性“影片名”的属性名是影片名，取值类型是字符串，而“奥林匹斯的陷落”是具体的属性值。

(6) **实体集(Entity Set)**。由同一类型的实体构成的集合称为实体集，如某高校的所有学院就构成了该高校学院实体集。

2. 联系(Relationship)

现实世界中的事物内部和事物之间往往存在千丝万缕的关系，这种关系在信息世界反映为实体内部或实体之间的联系。实体之间的联系通常是指不同实体集之间的联系，例如，教师和课程两个实体集之间的联系是教师可以授课，联系的名称为授课；影片和出版公司之间的联系是影片由出版公司出版，联系的名称为出版。实体内部的联系通常是指组成实体的各属性之间的联系。

实体之间的联系通常存在实体值的对应关系，例如一名教师可以讲授多门课程，一门课程可由多名教师讲授；影片和出版公司之间的出版关系是一部影片只能由一个出版公司出版，但是一个出版公司可以出版多部影片。

某个实体集的某个实体与另一个实体集中的实体相联系的实体数目称为映射基数。根据不同实体集合之间实体值对应的映射基数的不同，可以将联系分为三种类型，如图2.5所示。由于同一类型的多个具体实体使用实体型来抽象描述，故在图2.5中实体间的联系使用实体型的联系进行描述。

(1) **一对一(1∶1)联系**。如果实体集A的每一个具体的实体在实体集B中至多只有一个实体与之对应，反之亦然，则称实体集A和实体集B具有一对一的联系，记为1∶1。

例如：一个班级只有一个正班长，而一个班长只能在一个班级中任职，则班长与班级之间是一对一联系。

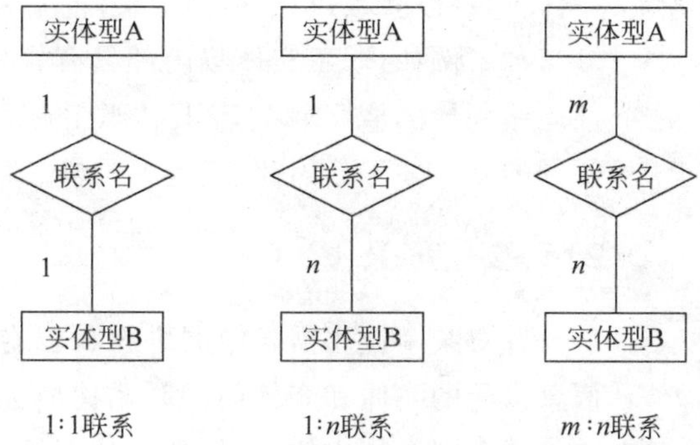

图 2.5　三种实体间的联系

(2) **一对多(1∶n)联系**。如果实体集 A 的每一个具体的实体在实体集 B 中有多个实体与之对应,但是实体集 B 中的每一个具体实体,在实体集 A 中至多只有一个实体与之对应,则称实体集 A 和实体集 B 具有一对多的联系,记为 1∶n。

例如:规定一个学院可以开设多门课程,而某门具有特定课程编号的课程只能由一个学院开设,则学院和课程之间是一对多联系;一个影院有多个影厅,而每个影厅只能属于一个影院,则影院与影厅之间是一对多联系。

(3) **多对多(m∶n)联系**。如果实体集 A 中每一个具体的实体在实体集 B 中有多个实体与之对应,反之亦然,则称实体集 A 与实体集 B 具有多对多联系,记为 m∶n。

例如:一名学生可以在高等数学、大学英语、大学物理等多门课程安排的不同课堂上课,一个课堂可以有多名学生上课,则学生和课堂之间是多对多联系;一本书可以被多名读者借阅,一名读者可以借阅多本书,因此书和读者之间的借阅联系是多对多联系。

上述的联系涉及的都是两个实体,被称为二元联系。现实环境中,很多联系会涉及多个实体,这就是多元联系。多元联系也有一对一、一对多、多对多的情况。

例如:对于教师使用参考书讲授课程的讲授联系,有课程、教师、参考书三个实体参与。假设一门课程可以由多位教师讲授,可以有多本参考书,而每一名教师只讲授一门课程,每一本参考书只供一门课程使用,则课程、教师、参考书构成的讲授联系如图 2.6 所示。

对于供应商向某项目供应零件的供应联系,存在供应商、项目、零件三个实体。假设一个供应商可以为多个项目提供多种零件,每一个项目可以使用多个供应商提供的多种零件,每种零件可以由多个供应商生产,则供应商、项目、零件三者之间构成的供应联系如图 2.7 所示。

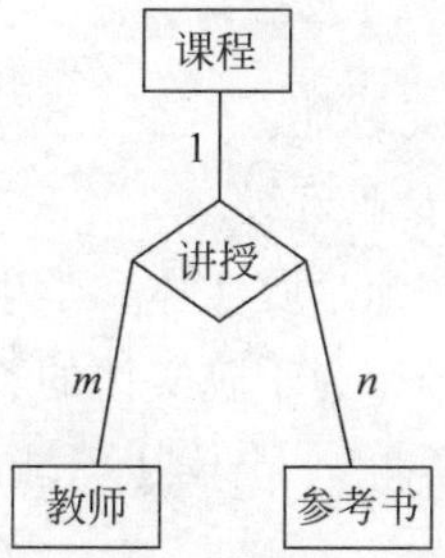

图 2.6　两个以上实体间的 1∶n 联系

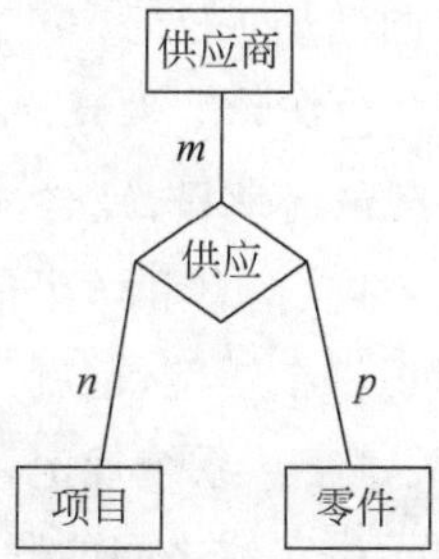

图 2.7　两个以上实体间的 m∶n 联系

同一个实体集内的各实体之间也可以联系,称为一元联系,也分为一对一、一对多、多对多三种。例如,职工实体集内部具有领导与被领导的联系,即某一做领导的职工领导若干名职工,而一个职工只被某个做领导的职工领导。因此,这是一对多的联系,如图 2.8 所示。

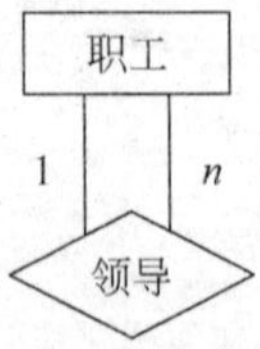

图 2.8　单个实体内部的 1∶n 联系

2.5.2　E-R 图

针对某个应用需求中的事物和事物间的联系抽象出来的信息世界的实体和实体间的联系构成了概念模型。要描述概念模型,就需要完整地描述出构成概念模型的实体、实体拥有的属性以及实体之间的联系。有多种描述方式描述概念模型,其中,最常使用的是**实体-联系图,即 E-R 图(Entity Relationship Diagram)**,它提供了表示实体类型、属性和联系的方法,用来描述信息世界的概念模型。E-R 图描绘的概念模型被称为 **E-R 模型(Entity Relationship Model, E-R Model)**。

1. E-R 图

E-R 图中的主要构成元素是实体、实体拥有的属性以及实体间的联系。

(1) 实体使用矩形框表示,矩形框内写明实体名。

(2) 实体拥有的属性用椭圆形框表示,并用无向边将属性与它所属的实体连接起来;对于构成关键字的属性,则给其属性名加下画线进行标明。

(3) 实体之间的联系用菱形框表示,在菱形框内写明联系的名称,并用无向边分别与有关实体连接起来,同时在无向边旁标上联系的类型(1∶1,1∶n 或 m∶n)。

2. 使用 E-R 图建立概念模型的一般方法

建立概念模型的一般方法主要有 5 步:

(1) 找出当前问题或应用所涉及的所有实体;

(2) 分析实体的属性;

(3) 找出实体之间的联系;

(4) 确定联系之间的映射基数,以及联系本身是否具有属性;

(5) 画 E-R 图。

3. E-R 图案例

现有某校的学生管理系统,该系统主要涉及的现实世界的具体事物为:学院、学生。数据需求经过分析归纳如下。

(1) 学院信息包括学院编号,学院名称,学院电话,学院地址。

(2) 学生信息包括学号,姓名,性别,籍贯,出生日期,专业班级。

上述信息中,学院信息和学生信息为具体的事物信息,即学院实体和学生实体。学院编号可以唯一地标识一个学院,也就是说,可以指定学院编号作为学院实体的关键字。对于学生而言,学号是关键字。系统规定,一个学院可以有多名学生,一名学生只能属于一个学院,因此学院实体与学生实体之间的联系为一对多联系。

经过上述分析过程之后,得到如图 2.9 所示的 E-R 图。

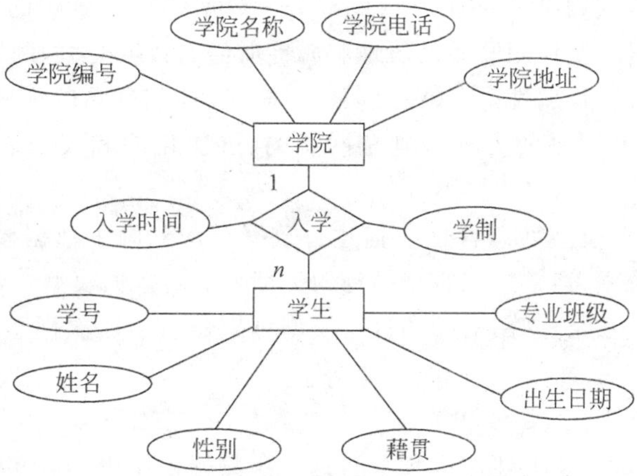

图 2.9　学生管理系统 E-R 图

2.6　数据库的逻辑设计

使用 E-R 图表述了概念模型之后，需要进一步转换为计算机世界的逻辑数据模型才能在计算机世界实现数据库。数据库逻辑设计的主要工作就是将概念设计阶段所得的 E-R 模型转换成逻辑数据模型。概念设计阶段不和具体的数据库管理系统相关联，而逻辑设计阶段则和具体的数据库管理系统相关联，现在一般都使用关系型数据库，因此逻辑设计阶段是将 E-R 模型转换成具体的关系模型的过程。

2.6.1　数据模型的三要素

在将信息世界的概念模型转换为计算机世界的数据模型时，由于涉及计算机世界的具体实现，因此需要考虑解决下列问题。

第一个问题：要解决概念模型中用于描述实体及联系的属性、属性的数据类型、实体间联系的方式等在计算机世界实现的方法。

第二个问题：在现实世界中对实体属性取值会有一定的限制。例如，某企业对雇员的年龄有要求，要求 18 岁以上；某高等院校学生实体的学号属性的属性值不能为空，要有具体的值，而且每个学生实体的学号不能重复；教师受聘于某学院，因此教师实体有属性"学院编号"，学院实体有用来唯一标识学院的学院编号属性，显然，教师实体的属性"学院编号"的取值必须在学院实体的学院编号值之中。这些例子中所展现出来的对数据取值的限制要能够在计算机世界中进行定义和体现。

第三个问题：计算机世界中对数据的展现最终是为数据处理服务的，这就要求在计算机世界中定义对数据的操作方法，即要解决数据操作方法的实现。

上述问题的解决就构成了计算机世界数据模型的三要素：**数据结构**、**数据的约束条件**和**数据操作**。

1. 数据结构

数据结构解决了上述的第一个问题。数据结构是对实体型和实体间联系在计算机世界的表达和实现，也是构成数据库的主要组成部分。数据结构要表达的内容主要有两部分：第一部分是描述了实体、实体间联系的属性和属性取值的数据类型，例如网状模型中的数据项、记录，关系模型中的域、属性等；第二部分是描述实体间联系的方式，网状模型、层次模型和关系模型中实体间联系的方式分别是网状的、层次化的和表与表之间产生关联化的联系。

数据结构是对数据模型静态特性的描述。数据结构刻画了数据模型性质最重要的方面，因此在数据库系统中，通常按照数据结构的类型来命名数据模型。常见的数据结构有层次结构、网状结构和关系结构等，对应的数据模型分别命名为层次模型、网状模型和关系模型等。

2. 数据的约束条件

数据的约束条件解决了上述的第二个问题。在数据模型中描述定义数据的约束条件，也就是数据取值的约束条件。例如，雇员实体的出生日期需小于(当前年份-18)，即雇员必须大于 18 岁；学生实体的学号需要设置为关键字，这样就可以确保它的值不能为空，且不会重复；教师实体的学院编号属性取值的限制在关系模型中表现为外键。这些约束条件是使用规则实现的，规则定义了数据模型中数据和联系所具有的制约和依存关系，以保证数据的正确性、有效性和相容性，这些规则称为完整性规则。

数据模型必须遵守基本的、通用的、完整性约束条件。在关系模型中，任何关系必须满足实体完整性和参照完整性两个条件。

3. 数据操作

数据操作解决了上述的第三个问题。它定义了对计算机世界的数据库中的数据允许执行的操作的集合，例如增、删、查、改，以及授权操作等，这些操作包括操作动作以及相应的操作规则。数据操作是对数据模型动态特性的描述。

总的来说，数据模型的任务是描述计算机世界中数据与数据之间的关系、数据存储以及数据操作处理的特征。它是按计算机系统的观点组织数据和数据结构的，是严格定义的一组概念的集合，这些概念精确地描述了系统的静态特性、完整性约束条件以及动态特性。

目前，数据库领域中常用的数据模型有层次模型(Hierarchical Model)、网状模型(Network Model)、关系模型(Relational Model)和面向对象模型(Object Oriented Model)等，其中最常用的是关系模型。

2.6.2 层次模型和网状模型简介

1. 层次模型

层次模型是数据库系统中最早出现的数据模型。层次数据库系统的典型代表是 IBM 公司的 IMS(Information Management System)数据库管理系统，曾经得到广泛的使用。

层次模型是按照层次结构的形式组织数据库数据的数据模型，用树形结构来表示各类实体以及实体间的联系。现实世界中许多实体之间的联系本来就呈现出一种很自然的层次关系，如家族关系、军队编制、行政机构等。

层次模型建立在“树”的概念基础之上，如图 2.10 所示。

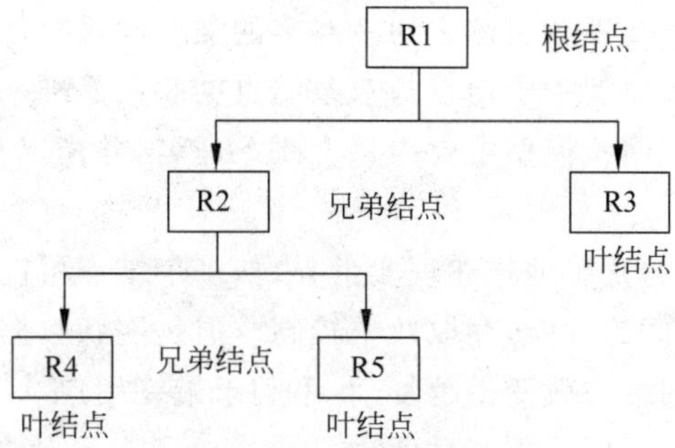

图 2.10　层次模型示例

要构建层次模型，数据结构必须满足以下两个基本条件：

(1) 有且只有一个结点没有双亲结点，这个结点称为根结点。

(2) 根结点以外的其他结点有且只有一个双亲结点。

在层次模型中，每一个结点表示一个记录类型，即概念模型中的实体。记录之间的联系用结点之间的连线(有向边)表示，这种联系只能是父子之间的一对多(包括一对一)的联系，表示"一"的记录类型是父结点，表示"多"的记录类型是子结点。每个记录类型包含若干个字段，记录类型描述的是实体，字段描述的是实体的属性。

层次模型的数据结构比较简单，并能提供良好的完整性支持，对于实体间联系是固定的且预先定义好的应用系统，采用层次模型实现，其性能优于关系模型。但是在现实世界中很多联系是非层次关系的，如多对多联系、一个结点具有多个双亲等。层次模型表示这类联系的方法很不灵活，只能通过引入冗余数据或创建非自然的数据组织来解决。而且层次模型对插入和删除操作的限制比较多，查询子结点必须要通过双亲结点。

2. 网状模型

网状模型中，一个结点可以有多于一个的双亲，允许一个以上的结点无双亲。在现实世界中，事物之间的联系更多是非层次关系，用层次模型表示非树形结构很不直接，网状模型则可以克服这一缺点。

网状数据模型的典型代表是 DBTG 系统，亦称 CODASYL 系统，是 20 世纪 70 年代数据系统语言研究会(Conference On Data System Language，CODASYL)下属的数据库任务组(DataBase Task Group，DBTG)提出的一个系统方案。

网状模型建立在连通有向图的基础之上，如图 2.11 所示。

网状模型的数据结构有以下两个特点：

(1) 允许一个以上的结点无双亲。

(2) 一个结点可以有多于一个的双亲。

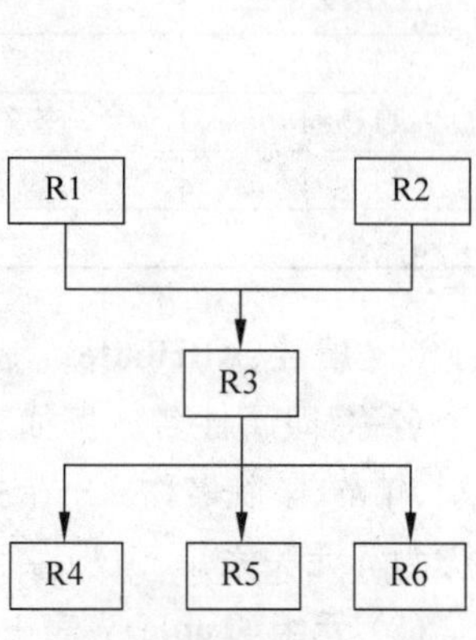

图 2.11　网状模型示例

网状模型是一种比层次模型更具普遍性的结构，它去掉了层次模型的两个基本条件限制，允许多个结点没有双亲结点，允许结点有多个双亲结点，此外它还允许两个结点之间有多种联系(即复合联系)。因此，网状模型可以更直接地去描述现实世界，而层次模型实际上是网状模型的一个特例。

与层次模型一样，网状模型中的每一个结点表示一个记录类型，即概念模型中的实体。每个记录类型可包含若干个字段，即属性。结点间的连线表示实体之间一对多的父子联系。

从定义可以看出，层次模型中子结点与双亲结点的联系是唯一的，而在网状模型中这种联系可以不唯一。因此，在网状模型中要为每个联系命名，并指出与该联系有关的双亲记录和子记录。

网状数据模型能够更为直接地描述现实世界，如一个结点可以有多个双亲，结点之间可以有多种联系。它具有良好的性能，存取效率较高。但是网状数据模型的结构比较复杂，而且应用环境越大，数据库的结构就变得越复杂，不利于最终用户掌握。而且它的数据定义语言和数据操作语言较为复杂，用户不容易使用。网状模型中记录之间的联系是通过存取路径实现的，应用程序在访问数据时必须了解并选择适当的存取路径，因此，程序员必须了解网状模型系统结构的细节，这就加重了程序员的负担。

2.6.3 关系模型

关系模型是目前最重要的、应用最广泛的一种数据模型。目前，主流的数据库管理系统大部分都是基于关系模型的关系数据库系统(Relational DataBase System，RDBS)。1970年美国 IBM 公司 San Jose 研究室的研究员 E. F. Codd 首次提出数据库系统的关系模型，开创了数据库关系方法和关系数据理论的研究，为数据库技术的发展奠定了理论基础。20 世纪 80 年代以来，计算机厂商新推出的 DBMS 几乎都支持关系模型，非关系模型的产品也大都添加了关系接口，数据库领域当前的大部分工作也都以关系方法为基础，所以本书的重点放在关系模型和关系数据库上。

1. 关系模型的数据结构

关系模型的数据结构建立在集合论中"关系"数学概念的基础之上，有着严格的数学定义。从用户观点来看，关系模型的数据结构非常简单，每个关系的数据结构是一张二维表，由行和列组成。关系既可以用来描述实体，也可以用来描述实体间的联系。下面以学生信息表(如表 2.1 所示)为例，介绍关系模型中的常用术语。

(1) **关系(Relation)**：一个关系通常对应一张二维表，如表 2.1 所示为学生信息表。

表 2.1　学生信息

学号	姓名	性别	年龄	学院名称
111987	高宇飞	男	24	计算机学院
111984	李文洁	女	22	自动化学院
112001	王冬	男	23	医学院
…	…	…	…	…

(2) **属性(Attribute)**：表中的一列即为一个属性，也称为字段(Field)。给每一个属性起一个名称，即属性名。例如表 2.1 中有 5 列，则对应 5 个属性，属性名分别为：学号、姓名、性别、年龄、学院名称。**一个关系中的属性的个数称为关系的"元"或者"目"或者"度"**，表 2.1 也称为 5 元关系。

(3) **元组(Tuple)**：表中数据部分的一行即为一个元组，也称为记录。**关系中元组的个数称为基数**。

(4) **关键字(Key)**：也称为**码**或**键**，它是指表中的某个属性或由多个属性构成的属性组，它可以唯一确定一个元组。例如表 2.1 中的学号可以唯一确定一个学生记录，也就称为本关系的关键字。

(5) **域(Domain)**：域是指属性的取值范围。例如百分制的成绩属性的域是[0～100]，性别的域是("男""女")。

(6) **分量(Component)**：某属性列的某个属性值称为分量。例如姓名属性列的第一行的属性值"高宇飞"就是一个分量。

(7) **关系模式(Relational Schema)**：关系模式是指对关系结构的描述，一般表示为：

关系名(属性 1,属性 2, …,属性 n)

例如，表 2.1 的关系可描述为：

学生信息(学号,姓名,性别,年龄,学院名称)

在关系模型中，实体以及实体间的联系都是用关系来表示的。关系模型要求关系必须是规范化的，即要求关系必须满足一定的规范化条件，这些规范化条件中最基本的一条就是关系中的每一个属性必须是基本的、不可再分的，也就是说，不允许表中还有表。例如，表 2.2 中的工资和扣除是可再分的数据项，工资又分为基本工资、津贴和职务工资，扣除又分为房租和水电。因此，表 2.2 不符合关系模型规范化要求，在设计关系模型时需要对该表进行规范化处理，使之符合关系模型的规范化要求。

表 2.2 表中有表的例子

职工号	姓名	职称	工资			扣除		实发
			基本工资	津贴	职务工资	房租	水电	
072007	张明	讲师	2500	4000	200	1000	150	5550
…	…	…	…	…	…	…	…	…

2. 关系(表)的五条基本性质

关系(表)的五条基本性质如下：

(1) 每一列不可再分。

(2) 同一关系中的属性(字段)不允许重名。

(3) 关系中不允许有完全相同的元组。

(4) 关系中交换任意两行的位置不影响数据的实际含义。

(5) 关系中交换任意两列的位置不影响数据的实际含义。

3. 关系模型的数据操作

关系数据模型的操作主要有查询、插入、删除和修改数据，这些操作必须满足关系的完整性约束条件。关系模型中数据操作的对象和结果都是集合，这种操作方式也称为一次一集合的方式。相应地，非关系数据模型的操作方式是一次一记录的方式。

4. 关系模型的完整性约束

现实世界中，实体及其联系都要受到许多语义要求的限制。例如，一个学生一个学期可以选修多门课程，但只能在本学期已公开的课程中进行选修；百分制成绩的取值只能为 0～100 等。对应在关系数据库中，相应的属性的取值应该满足一些约束条件，这种对关系中数据的约束条件就表现为关系的完整性约束。关系的完整性约束一般可分为实体完整性约束、参照完整性约束和用户自定义完整性约束三种。

(1) 实体完整性。

现实生活中的实体存在时,就会有各种特征属性,这些属性中存在单个属性或属性组来唯一地标识和区分该实体,这些**能作为唯一区分该实体的属性或属性组都称为候选关键字。从这些候选关键字中选取一个来表示该实体,则这个候选关键字又被称为主关键字(Primary Key),简称主键**。

例如,教师有教师编号、身份证号、姓名、性别、学院名称等特征属性。候选关键字包括教师编号、身份证号,或者学院名称+姓名(假设一个学院里不存在名字相同的教工)。如果最终选用教师编号作为教师实体的关键字,则教师编号就是教师实体的主键。

主键既可以是一个属性,也可以是由多个属性构成的属性组。对于表示实体之间的联系的关系而言,主键往往是由多个属性构成的属性组来实现的。例如表示学生选修课程的关系:学生选课(学号,课程编号,成绩),它的主键就是由"学号"和"课程编号"构成的属性组。

显然,构成主关键字的属性/属性组既不能有相同的值,也不能为空值(NULL),即构成主键的属性/属性组不重复,且均为非空,这就是实体完整性约束。其中,空值 NULL 是"不知道"或"不存在"的意思。

从关系数据库的二维表形式来看,每一个实体在二维表中使用一行来表示,因此实体完整性也就是指表中行的完整性。它要求表中的所有行的主关键字取值都是唯一且非空的,这样就可以区分每一个实体。

在以二维表的方式表示的关系型数据库中,通过设定表的主键来实现实体完整性约束。当定义了主键后,在表中增加、修改记录信息时,系统会检查构成记录的主键属性(组)的值是否是非空且唯一的,不满足则操作不能成功执行。

(2) 参照完整性。

现实世界中,实体集之间往往存在联系,例如学生选课系统中存在两个实体集——学生实体集和课程实体集,以及它们之间的联系——选课。选课联系使用一个独立的表来表示:学生选课(学号,课程编号,成绩)表的属性"学号"的值来源于学生信息表中作为主键的学号属性的值;而属性"课程编号"的值来源于课程信息表中作为主键的课程编号属性的值。也就是说,作为学生和课程两个实体集的联系而构建的学生选课表中,其学号和课程编号属性的取值分别需要参照学生信息表和课程信息表中作为主键的对应属性的取值,这就是参照完整性。

参照完整性又称引用完整性,它要求关系中不允许引用不存在的实体,它的目的是保证数据的一致性。需要注意的是,参照完整性中允许参照值在不知道的情况下为空,也就是说,在学生选课表中的学号或者课程编号的属性为空也是符合参照完整性的。

在参照完整性中,将被参照的表定义为主表,主表中的被参照属性为主键;参照表被定义为从表,从表中的需要参照其他表的对应属性称为外键。

参照完整性在关系数据库中,可通过在从表中定义外键及外键参考的主表的属性名来实现,即通过定义外键约束来实现。当定义了外键后,如果在从表中增加新的记录信息,或者修改已有的记录信息,会检查记录相关的外键属性的属性值是否满足参照完整性,不满足则操作不能成功执行。

(3) 用户自定义的完整性。

在现实生活中,对数据的取值常有一定的限制,例如人的实际寿命不可能超过150岁、高等院校的学生的入学年龄不可能小于10岁、百分制成绩的取值只能为0~100、影院排片时输入的电影的放映时间必须是第二天之后的时间等。这些限制在现实世界是语义要求,在计算机世界采用数据库实现时,就**需要对实际输入的数值给予一定的约束,这种约束被称为用户自定义完整性**。

用户自定义的完整性有以下几种常见的情况。

① 对数据取值给出最大值、最小值或者一个区间范围。

例如:学生选课的课程成绩属性为0~100,排片时输入的电影的放映时间必须是第二天之后的时间,会员积分必须是大于等于0的整数等。

② 对数据取值给出一个标准限制。

例如:教师实体的手机号码属性要求第一位是1,其余10位取值均为0~9;学生实体的性别属性只能取值"男"或"女";影片简介为1000以内的字符等。

③ 某属性的值在所有记录中必须是唯一的。

例如:教师表有教师编号、身份证号、性别、出生日期、入职时间等信息,定义教师编号作为教师实体的主键,要求属性"身份证号"的值具有唯一性。

④ 某属性的值不能取值为空。

例如:学生的姓名、性别、出生日期属性,课程的课程名称、学时数、学分数、课程性质属性,购票会员的密码、VIP等级和积分属性,影院的影院名称、地址、电话、星级、密码等属性,这些属性往往都是相关实体一定拥有的基本特征,一定会有属性值,因此需要定义为非空属性。

⑤ 某属性的默认值。

某些属性在应用中会具有一个初始值,或者大部分实体的该属性的值为某一相同值,这时就可以为该属性设置默认值,这样做的好处就是在数据录入时,如果该字段值为默认值就不用输入了,而且还减少了出错的可能。例如:可以设置用户的初始登录密码为默认值123456,并在应用中提供修改密码的功能;会员的VIP等级和积分的初始默认值均为0。

用户自定义完整性在数据库中可使用规则或者约束来实现,具体的实现方式将在后续章节讲述。使用规则或约束定义了数据的完整性之后,在表中增加新的记录或修改、删除已有记录时,会对相关的属性使用这些自定义规则进行检验,如果符合规则就能够完成操作,否则操作失败。

总的来说,关系数据库中有三类完整性约束,分别是实体完整性、参照完整性和用户自定义完整性。实体完整性能够保证元组的唯一性,通常通过定义关系数据库中每一个基本关系的主键或唯一性约束来实现。参照完整性定义表之间的引用关系,即参照与被参照关系,通过定义外键来实现。用户自定义完整性是用户针对具体的应用环境制定的数据规则,反映某一具体应用所涉及的数据必须满足的语义要求,可通过规则、默认值、检查约束和默认约束来实现。其中实体完整性和参照完整性是关系模型必须满足的完整性约束条件,被称作是关系的两个不变性,应该由关系型数据库管理系统自动支持。用户自定义的完整性需要根据具体的应用需求来定义,体现的是具体应用领域中的语义约束条件。

5. 关系模型的优缺点

关系数据模型的优点主要体现在以下几点。

(1) 关系模型与非关系模型不同,它是建立在严格的数学理论基础上的。

(2) 关系模型的概念单一,实体与实体间的联系都用关系表示,对数据的检索结果也是关系,即表,所以其数据结构简单、清晰,用户易懂易用。

(3) 关系模型的物理存储和存取路径对用户透明,从而具有更高的数据独立性、更好的安全保密性,简化了程序员的数据库开发工作。

关系数据模型的缺点有以下几点。

(1) 由于存取路径对用户透明,查询效率往往不如非关系数据模型高。因此,为了提高性能,必须对用户的查询请求进行优化,这就增加了开发数据库管理系统的难度和负担。

(2) 关系数据模型不能以自然的方式表示实体集间的联系,存在语义信息不足、数据类型过少等弱点。

2.6.4 E-R 模型向关系模型的转换

关系模型通常是由概念模型转换而来的,要创建应用系统对应的数据库的关系模型,需要明确以下信息:

(1) 数据库中要有哪些关系,即有哪些表。

(2) 每个关系中有哪些属性,属性的数据类型,取值是否有不可重复、非空等限制。

(3) 关系的主键。

(4) 不同关系之间的属性的约束关系,即外键约束。

因此,从 E-R 图向关系模型转换时,首先要确定有哪些关系,这也是本节主要讨论的问题。通常情况下,从 E-R 图向关系模型的转换过程需要遵循以下规则。

规则 1:实体的转换,将 E-R 图中每个独立实体均转换成一个关系,实体的属性即为关系的属性,实体的主键即为关系的主键。

例 2-1 针对图 2.12 所示的教师实体,将其转换为关系模式。

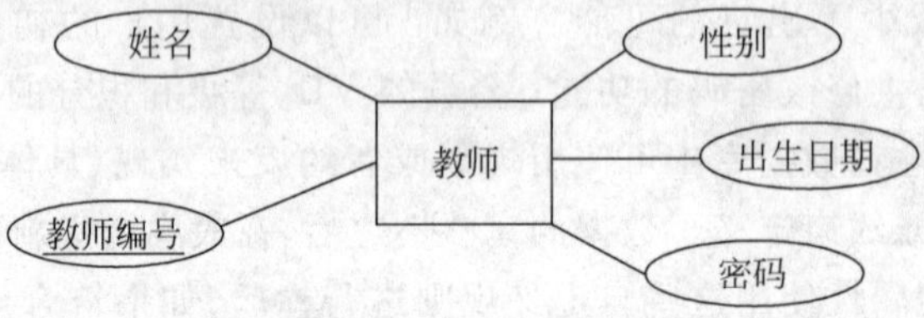

图 2.12 教师实体图

得到其关系模式为:

教师(教师编号,姓名,性别,出生日期,密码)

其中,教师编号是主键。

(**说明**:图中用下画线表明构成实体主键的属性,本书后面的内容均使用该方式表示。)

例 2-2 针对图 2.13 所示的 VIP 折扣这个抽象事物,将其转换为关系模式。

得到其关系模式为:

VIP 折扣(VIP 等级,折扣率)

图 2.13　抽象事物 VIP 折扣的实体图

其中，VIP 等级是主键。

规则 2：联系的转换，根据联系的类型分为以下三种情况：

(1) 若实体间联系是一对一，即 1∶1，可以在两个实体类型转换成的两个关系模式中任意一个关系模式的属性集中加入另一个关系的主键和联系本身的属性。

(2) 若实体间联系是一对多，即 1∶n，则通常会在多端实体类型转换成的关系中加入另一端的实体类型的主键以及联系本身的属性。

(3) 若实体间联系是多对多，即 m∶n，则将联系转换成单独的关系，其属性为两端实体的主键加上联系本身的属性，而该关系的主键为两端实体主键的组合。

例 2-3　图 2.14 展现的是学校实体和校长实体的属性及其联系，将其转换为关系模型。

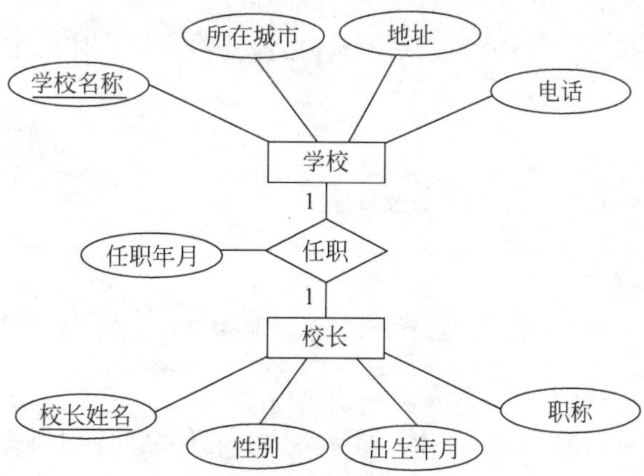

图 2.14　学校和校长的一对一联系

因为是一对一的联系，故可以将任意一端的主键和联系本身的属性加到另外一端，所以可能有以下两种方式。

方式一：将校长实体的主键和联系本身的属性加到学校实体中。

学校(<u>学校名称</u>,所在城市,地址,电话,校长姓名,任职年月)

主键是学校名称，校长姓名是外键。

校长(<u>校长姓名</u>,性别,出生年月,职称)

主键是校长姓名。

方式二：将学校实体的主键学校名称以及联系本身的属性加入到校长实体中。

学校(<u>学校名称</u>,所在城市,地址,电话)

主键是学校名称。

校长(<u>校长姓名</u>,性别,出生年月,职称,学校名称,任职年月)

主键是校长姓名，学校名称是外键。

例 2-4　图 2.15 展现的是学院实体和教师实体的属性及其联系，将其转换为关系模型。

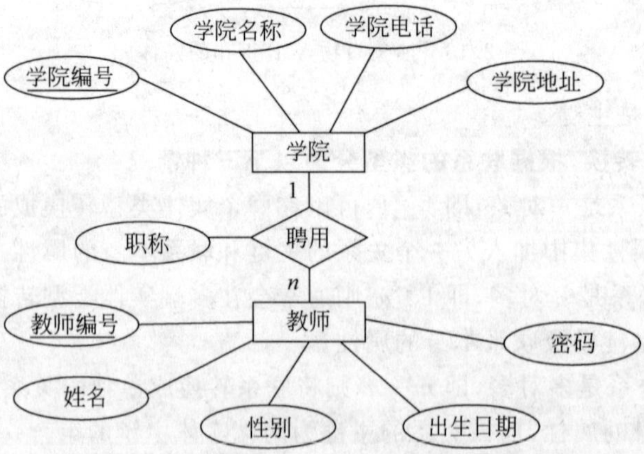

图 2.15　学院和教师的一对多联系

因为是一对多联系，将其转换为关系模式时，需要将一端实体的主键和联系本身的属性加入到多端实体中。

故转换结果为：

学院(学院编号,学院名称,学院电话,学院地址)

主键是学院编号。

教师(教师编号,姓名,性别,出生日期,密码,职称,学院编号)

主键是教师编号，学院编号是外键。

例 2-5　图 2.16 展现的是学生实体、课堂实体和它们之间的上课联系，将其转换为关系模型。

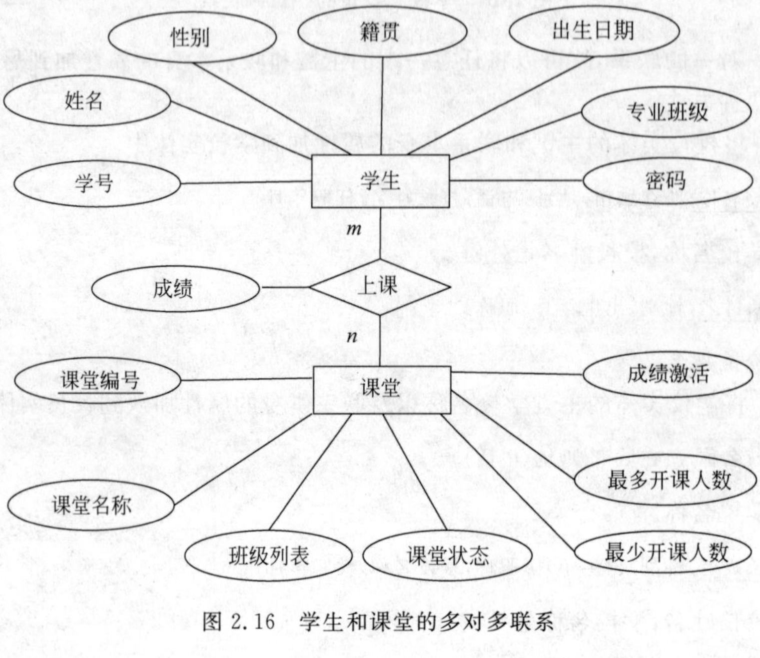

图 2.16　学生和课堂的多对多联系

因为是多对多联系，故联系本身必须转换为一个单独的关系，其属性为相关联的各个实体的主键属性和联系本身的属性，主键为各个相关联的实体的主键的组合。

转换结果为：

学生(学号，姓名，性别，籍贯，出生日期，专业班级，密码)

主键是学号。

课堂(课堂编号，课堂名称，班级列表，课堂状态，最少开课人数，最多开课人数，成绩激活)

主键是课堂编号。

上课(学号，课堂编号，成绩)

主键是“学号＋课堂编号”。

2.7 数据库的物理设计

数据库的物理设计主要是确定数据库的存储记录格式、索引组成、空间大小估算等。

数据库在物理设备上的存储结构与存取方法称为数据库的物理结构，它依赖于给定的计算机系统。为一个给定的逻辑数据模型，选取一个最适合应用环境的物理结构的过程，就是数据库的物理设计。

数据库的物理设计通常分为两步：①确定数据库的物理结构；②对物理结构进行评价，评价的重点是空间效率和时间效率。

1. 确定数据库的物理结构

要进行数据库物理结构的设计，须充分了解所用数据库管理系统的内部特征，特别是存储结构和存取方法；充分了解应用环境，特别是应用的处理频率和响应时间要求；充分了解外存储设备的特性。

数据库的物理结构依赖于所选用的数据库管理系统和硬件系统，设计人员进行设计时主要需要考虑以下几个方面的内容。

(1) 确定数据的存储结构。要综合考虑存取时间、存储空间、利用率和维护代价几个方面的因素。这几个方面的因素又常常是相互矛盾的，例如，消除一切冗余数据虽然能够节约存储空间，但往往会导致检索时间大大增加，因此必须进行权衡，选择一个折中方案。

(2) 设计数据的存取路径。在关系数据库中，选择存取路径主要是指确定如何建立索引。

(3) 确定数据的存放位置。为了提高系统性能，数据应该根据应用情况将易变部分与稳定部分、经常存取部分和存取频率较低的部分分开存放。

(4) 确定系统配置。数据库管理系统产品一般都提供了一些存储分配参数，供设计人员和数据库管理员对数据库进行物理优化。初始情况下，系统都为这些参数赋予了合理的默认值，但是这些值不一定适合每一种应用环境。在进行物理设计时，需要重新对这些参数赋值以改善系统的性能。通常情况下，常用的配置参数包括：同时使用数据库的用户数，同时打开数据库对象的数量，使用缓冲区的长度、个数，时间片大小、数据库的大小、装填因子、锁的数目等，这些参数值影响存取时间和存储空间的分配，在物理设计时要根据应用环境确定这些参数值，以使系统性能最优。

在物理设计时对系统配置参数的调整只是初步的，在系统运行时还要根据系统实际运行情况做进一步的调整，以期切实改进系统性能。

2. 评价物理结构

数据库物理设计过程中需要对时间效率、空间效率、维护代价和各种用户要求进行权衡，其结果可以产生多种方案。数据库设计人员必须选择一个较优方案作为数据库的物理结构。

评价数据库物理结构的方法完全依赖于所选用的数据库管理系统，主要是从定量估算各种方案的存储空间、存取时间和维护代价入手，对估算结果进行权衡、比较，选择出一个较优的合理的物理结构。如果该结构不符合用户需求，则需要修改设计。

2.8 数据库的实施、运行与维护

在数据库实施阶段，设计人员运用数据库管理系统提供的数据语言及其宿主语言，根据逻辑设计和物理设计的结果建立数据库，组织数据入库，编制与调试应用程序，并进行试运行。数据库应用系统经过试运行后即可投入正式运行。在数据库运行过程中必须不断地对其进行评价、调整与修改。

1. 数据库的实施

数据库实施主要包括以下工作：用数据定义语言定义数据库结构，组织数据入库，编制与调试应用程序，进行试运行。

(1) 定义数据库结构。

确定了数据库的逻辑结构与物理结构之后，就可以用所选用的DBMS提供的数据定义语言来严格描述数据库结构。

(2) 数据装载。

数据库结构建立后，就可以向数据库中装载数据了。组织数据入库是数据库实施阶段的最主要的工作。

对于数据量不是很大的小型系统，可以用人工方法完成数据的入库。对于中大型系统，人工方式耗时耗力，且很难保证数据的正确性，通常需要设计一个数据输入子系统，由计算机辅助数据的入库工作。如果数据库是在老的文件系统或者数据库系统的基础上设计的，则数据输入子系统只需要完成转换数据、综合数据两项工作，直接将老系统中的数据转换成新系统中需要的数据格式即可。为了保证数据能够及时入库，应在数据库物理设计的同时编制数据输入子系统。

(3) 编制与调试应用程序。

数据库应用程序的设计应该与数据设计并行进行。在数据库实施阶段，当数据库结构建立好后，就可以开始编制与调试数据库的应用程序，也就是说，编制与调试应用程序是与组织数据入库同步进行的。调试应用程序时由于数据入库尚未完成，可先使用模拟数据。

(4) 数据库试运行。

应用程序调试完成，并且已有一部分数据装入数据库以后，就可以开始数据库的试运行。数据库试运行也称为联合调试，其主要工作包括：

① 功能测试。即实际运行应用程序，执行对数据库的各种操作，测试应用程序的功能。

② 性能测试。即测量系统的性能指标，分析数据库系统的性能是否符合设计目标。数据库的试运行对于系统设计的性能检测和评价是十分重要的，因为某些 DBMS 参数的最佳值只有在试运行中才能确定。

数据库物理设计阶段在评价数据库物理结构的时间效率、空间效率时，做了许多简化和假设，忽略了许多次要因素，因此设计结果未必是最佳的。在试运行阶段，除了对应用程序做进一步的测试之外，重点执行对数据库的各种操作，实际测量系统的各种性能，检测是否达到设计要求。如果在数据库试运行时，所检测到的实际结果不理想，则应回过头来修改物理结构、调整逻辑结构。重新设计物理结构甚至逻辑结构，会导致数据重新入库。由于数据入库的工作量很大，所以可以采用分期输入数据的方法。即先输入小批量数据供先期联合调试使用，待试运行基本合格后再输入大批量数据，逐步增加数据量，逐步完成运行评价。

2. 数据库的运行和维护

数据库系统投入正式运行，意味着数据库的设计与开发阶段的工作基本结束，运行与维护阶段的开始。数据库的运行和维护是个长期的工作，是数据库设计工作的延续和提高。

在数据库运行阶段，完成对数据库的日常维护，工作人员需要掌握 DBMS 的存储、控制和数据恢复等基本操作，而且要经常性地涉及物理数据库、甚至逻辑数据库的再设计，因此数据库的维护工作仍然需要具有丰富经验的专业技术人员（主要是数据库管理员）来完成。

数据库的运行和维护阶段有以下主要工作。

(1) 数据库的转储和恢复。

数据库的转储与恢复是系统正式运行后最重要的维护工作之一。DBA 要针对不同的应用要求制定不同的转储计划，定期对数据库和日志文件进行备份，以保证一旦发生故障，能够利用数据库备份及日志文件备份，尽快地将数据库恢复到某种一致性状态，并尽可能减少对数据库的破坏。

在数据库试运行阶段，由于系统还不稳定，硬、软件故障随时都可能发生。而系统的操作人员对新系统还不熟悉，误操作也不可避免，因此必须做好数据库的转储和恢复工作。

(2) 对数据库性能的监测、分析和改善。

在数据库运行过程中，监督系统运行，对监测数据进行分析，找出改进系统性能的方法是数据库管理员的一项重要任务。数据库管理员可以利用 DBMS 产品所提供的监测系统性能参数的工具方便地得到系统运行过程中的一系列性能参数值，然后仔细分析这些数据，判断当前系统是否处于最佳运行状态。如果不是，则需要通过调整某些参数来进一步改善数据库的性能。

(3) 维持数据库的安全性和完整性。

DBA 必须对数据库安全性和完整性的控制担负起责任。根据用户的实际需要授予不同的操作权限。此外，在数据库运行过程中，由于应用环境的变化，对安全性的要求也会发生变化，例如系统中用户的保密级别、数据保密级别等情况会随着不同的使用目的而变化。这些都需要 DBA 能够根据实际情况修改原有的安全性控制。同样，由于应用环境的变化，数据库的完整性约束条件也会发生变化，这也需要 DBA 对其不断修正，以满足用户要求。

(4) 数据库的重组和重构。

数据库运行一段时间后，由于记录的不断增、删、改，会使得数据库的物理存储变坏，从而降低数据库存储空间的利用率和数据的存取效率，使得数据库的性能下降。这时 DBA

就要利用 DBMS 所提供的供重构数据库使用的实用程序,对数据库进行重构或者部分重构。数据库的重构不会改变原设计的数据逻辑结构和物理结构,只是按照原设计要求重新安排存储位置以提高系统性能。

重构数据库的程度是有限的。若应用变化太大,已经无法通过重构数据库来满足新的需求,或者重构数据库的代价太大,则表明现有数据库应用系统的生命周期已经结束,应该重新设计新的数据库系统,开始新的数据库应用系统的生命周期了。

2.9 数据库设计案例

2.9.1 案例需求简介

现有某高校需开发学生成绩管理系统,系统由教务人员、教师和学生使用。教务人员主要负责录入学生信息、教师信息和课程信息,并进行课程相应课堂的排课管理和学生的选课管理。课程分为必修课和选修课两种。教师主要负责进行课程成绩的记载。学生可以针对选修课在线选课,并查看必修课及选修课成绩。教务人员、教师、学生各自需要完成的功能详细清单如表 2.3 所示。

表 2.3 学生成绩管理系统功能需求

用户	功 能
教务人员	• 录入学生信息并可查询学生密码 • 录入教师信息并可查询教师密码 • 录入课程信息并设置选修课的选课信息 • 分别对必修课和选修课进行课堂排课 必修课:排课堂的时候,确定教师,并根据专业班级名称选定上课的学生学号 选修课:排课堂的时候,确定教师及选修课最大容纳人数。学生自行选课,教务审核通过后确认选课成功 • 查看选修课的选修情况并决定是否可开设该课程 • 以课堂为单位查看课程成绩
教师	• 查看个人信息及修改密码 • 查看自己承担课堂的具体信息,包括课堂信息、班级信息、学生名单等 • 录入及修改学生成绩 • 激活课堂成绩
学生	• 查看个人信息及修改密码 • 查看自己的必修课课堂情况 • 查看选修课堂并选课 • 查看课程成绩

2.9.2 案例 E-R 图

进一步分析得到以下实体和联系信息。

实体:

- 学院(学院编号,学院名称,学院电话,学院地址)

• 学生(学号,姓名,性别,籍贯,出生日期,专业班级,密码)

• 教师(教师编号,姓名,性别,出生日期,密码)

• 课程(课程编号,课程名称,学时数,学分数,课程性质,课程介绍)

其中,课程性质分为必修和选修两种。

• 课堂(课堂编号,课堂名称,班级列表,课堂状态,最少开课人数,最多开课人数,成绩激活)

其中,课堂状态表示课程是否开课。必修课课堂是一定会开课的,选修课课堂要根据学生选修人数是否满足最少开课人数决定。

班级列表针对必修课课堂需要记录,选修课课堂无须记录。

最少开课人数、最多开课人数是针对选修课课堂设置的属性。

联系:

• 学院实体和教师实体之间的聘用联系,为一对多联系。

该联系的属性有:职称。

• 学院实体和学生实体之间的入学联系,为一对多联系。

该联系的属性有:入学时间,学制。

• 课程实体与课堂实体之间的排课联系,为一对多联系。

该联系的属性有:开课年份,开课学期。

• 学生实体与课堂实体之间的上课联系,为多对多联系。

该联系的属性有:成绩。

• 教师实体与课堂实体之间的授课联系,为一对多联系。

• 学院实体与课程实体之间的开设联系,为一对多联系。

学生成绩管理系统的简单 E-R 示意图如图 2.17 所示,此图省略了实体的属性。

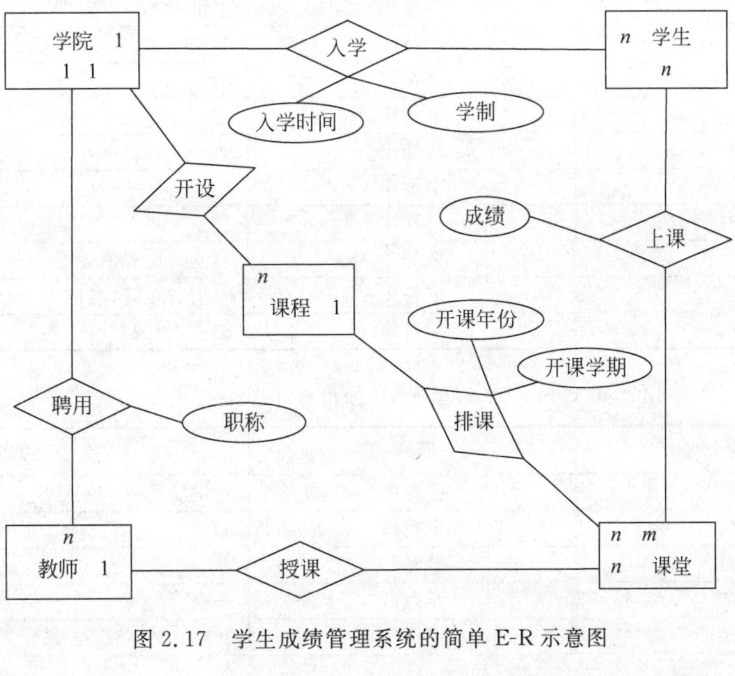

图 2.17 学生成绩管理系统的简单 E-R 示意图

2.9.3 案例的关系模型

根据对学生成绩管理系统的E-R模型进一步分析转换，可得出其关系数据表如表2.4～表2.9所示。

表2.4 学院表

字段名	数据类型	数据约束
学院编号	字符串	主键
学院名称	字符串	非空
学院电话	字符串	
学院地址	字符串	

表2.5 教师表

字段名	数据类型	数据约束
教师编号	字符串	主键
姓名	字符串	非空
性别	字符串	
出生日期	日期型	
职称	字符串	
学院编号	字符串	非空；外键，参照学院(学院编号)
密码	字符串	缺省值'123456'

表2.6 学生表

字段名	数据类型	数据约束
学号	字符串	主键
姓名	字符串	非空
性别	字符串	
籍贯	字符串	
出生日期	日期型	
专业班级	字符串	非空
入学时间	日期型	
学制	整型	非空；缺省值4
学院编号	字符串	非空；外键，参照学院(学院编号)
密码	字符串	缺省值'111'

表2.7 课程表

字段名	数据类型	数据约束
课程编号	字符串	主键
课程名称	字符串	非空
学时数	整型	非空
学分数	浮点数	非空
课程性质	字符串	非空；缺省值'必修'

续表

字段名	数据类型	数据约束
课程介绍	文本	
学院编号	字符串	非空；外键，参照学院(学院编号)

表 2.8　课堂表

字段名	数据类型	数据约束
课堂编号	字符串	主键
课堂名称	字符串	非空；唯一
开课年份	字符串	非空
开课学期	字符串	非空
教师编号	字符串	非空；外键，参照教师(教师编号)
课程编号	字符串	非空；外键，参照课程(课程编号)
班级列表	字符串	
课堂状态	整型	非空；缺省值 0 说明：0-必修课，1-选修待选，2-选修已确认，3-已作废的选修课堂
最少开课人数	整型	
最多开课人数	整型	
成绩激活	整型	非空；缺省值 0 说明：0-没激活，1-已激活

表 2.9　上课表

字段名	数据类型	数据约束
学号	字符串	外键，参照学生(学号)
课堂编号	字符串	非空；外键，参照课堂(课堂编号)
成绩	整型	
		主键为(学号，课堂编号)

本章小结

本章介绍了数据库的一些基本概念和数据库设计的基本过程与方法，也介绍了数据库的不同阶段的建模方式(概念模型和数据模型)和数据库的体系结构，即数据库系统的三级模式和两级映射，最后还通过一个案例“学生成绩管理系统”，简要介绍了其设计实现的过程。

通过本章的学习，能够了解数据库的组成和数据库设计实现过程，掌握有关概念模型、数据模型的基本概念，掌握数据库的两级抽象建模的方法，并能够结合应用理解数据库系统的三级模式结构。

习　题　2

一、单选题

(1) 数据库(DB)、数据库系统(DBS)、数据库管理系统(DBMS)之间的关系是________。

A. DB包含DBS和DBMS　　B. DBMS包含DB和DBS
C. DBS包含DB和DBMS　　D. 没有任何关系

(2) Oracle软件是一个________。

A. 数据库　　B. 数据库管理系统
C. 数据库应用系统　　D. 数据库系统

(3) E-R图中的R代表________。

A. 联系　　B. 属性　　C. 实体　　D. 关键字

(4) 在E-R图中,用来表示联系的图形是________。

A. 菱形　　B. 矩形　　C. 椭圆形　　D. 正方形

(5)"省份"与"城市"两个实体集之间的联系一般是________的联系。

A. 一对一　　B. 一对多　　C. 多对一　　D. 多对多

(6) 使用树形结构来表示实体之间联系的模型是________。

A. 关系模型　　B. 概念模型　　C. 层次模型　　D. 网状模型

(7) 参照完整性规则是指表的________必须是另一个表主键的有效值,或者是空值。

A. 候选键　　B. 外键　　C. 主键　　D. 主属性

(8) 在数据库的三级模式结构中,概念模式________。

A. 只能一个　　B. 只能三个　　C. 可以多个　　D. 可以零个

(9) 数据库的三级模式中,面向终端用户或应用程序员的,表示某个或某几个用户所看到的数据库的数据视图的是________。

A. 概念模式　　B. 存储模式　　C. 外模式　　D. 内模式

(10) 数据库的三级模式中,表示物理数据库的是________。

A. 子模式　　B. 逻辑模式　　C. 用户模式　　D. 存储模式

二、填空题

(1) 数据库管理系统是位于用户程序与________之间的软件系统。

(2) 数据库系统由________、数据库管理系统、________,计算机软硬件,以及设计、实现、使用、维护这些系统的人员共同组成。

(3) 数据库设计实现过程由6个阶段组成,分别是需求分析阶段、________阶段、________阶段、________阶段、实施阶段和运行及维护阶段。

(4) 在数据库的两级抽象建模过程中,对现实世界进行第一次抽象,实现现实世界向信息世界的转变,构建的模型是________模型,再进行二次抽象,实现信息世界向计算机世界的抽象,形成的模型是________模型。

(5) 数据模型的三要素包括________、________和________。

(6) 关系模式的完整性包括实体完整性、用户自定义完整性和________。

(7) 数据库管理系统常见的数据模型有层次模型、网状模型和________。

(8) 层次模型的数据结构是________结构，网状模型的数据结构是________结构，关系模型的数据结构是________结构。

(9) 数据库三级模式结构的划分，有利于保持数据的________独立性和________独立性。

三、判断题

(1) 数据库应用系统通常由多个应用程序构成的一组应用程序来实现。

(2) 数据库实际上是以文件的形式存在的，操作系统可以对数据库文件进行删除操作。

(3) 用数据库管理软件 SQL Server 创建的学生管理数据库能够直接使用数据库管理软件 Oracle 来进行该数据库中表结构的管理和数据的增删查改操作。

(4) 应用程序可以直接访问数据库文件中的数据，并进行增、删、查改等数据操作，无须通过数据库管理软件来访问数据并实现对数据的操作。

(5) 数据库设计实现的逻辑设计阶段会生成数据模型。

(6) E-R 模型中的实体必须是客观存在的实际事物，不可以是抽象事物。

(7) 实体和实体之间的联系不具有属性。

(8) 主键既可以由一个属性构成，也可以由多个属性构成。

(9) 一个关系中可以有两行记录的值完全一样。

(10) 一个关系中不允许交换任意两行或两列。

(11) 构成主键的所有属性的属性值均不能为 NULL。

(12) 参照完整性要求作为外键的属性的值必须来源于主表的主键的属性值，不能为 NULL。

(13) 非空约束是用户自定义完整性中的一种。

(14) 数据库应用系统所访问的数据库，通常只有一个内模式，即存储模式，也只有一个概念模式，即逻辑模式。

四、术语解释

(1) 解释以下概念模型中的术语。

① 实体　② 实体型　③ 实体集　④ 属性　⑤ 主键　⑥ 实体-联系图

(2) 解释以下关系模型中的术语。

① 关系　② 属性　③ 域　④ 元组　⑤ 主键　⑥ 分量　⑦ 关系模式

五、简答题

(1) 简述数据库、数据库管理系统、数据库应用系统和数据库系统之间的关系。

(2) 简述数据库设计的基本步骤。

(3) 简述数据库两级建模的过程。

(4) 什么是数据完整性？常用的数据完整性有哪些？

(5) 简述数据库的物理设计过程。

(6) 简述数据库实施阶段的主要工作。

(7) 简述数据库试运行时的主要工作。

(8) 简述数据库运行和维护阶段的主要工作。

(9) 简述数据库的三级模式结构和两层映射的概念及作用。

六、应用题

(1) 自行设计三个 E-R 模型,要求实体型之间分别具有一对一、一对多、多对多三种不同的联系。

(2) 设某汽车运输公司数据库中有以下三个实体:

- 第一个是"车队"实体,属性有车队编号,车队名,所在城市等;
- 第二个是"车辆"实体,属性有牌照号、品牌(例如别克、宝马、本田、大众等)、型号(例如别克品牌有君威时尚型 2.0L、君威时尚技术型 1.6T、君威精英时尚型 2.0L 等型号)、出厂日期等;
- 第三个是"司机"实体,属性有司机编号、姓名、电话、性别等。

实体间存在的联系如下:

- 设车队与司机之间存在"聘用"联系,每个车队可以聘用若干司机,但每个司机只能在一个车队工作;
- 车队与车辆之间存在"拥有"联系,每个车队可以有多台车辆,但是每辆车只能属于一个车队;
- 司机与车辆之间存在着"驾驶"联系,司机驾驶车辆有驾驶日期和公里数两个属性,每个司机可以驾驶多辆汽车,每辆汽车可以被多个司机驾驶。

根据上述数据库情况描述,完成下列题目。

① 请画出 E-R 图。

② 将 E-R 图转换成关系模式,关系模式的格式如下:

关系名(属性 1,属性 2,……)

确定各个关系的主键或外键,并在主键下面加下画线、外键下面加波浪线。

③ 论述上述关系中存在的实体完整性和参照完整性。

④ 自行设定应用情况,为上述关系设置用户自定义完整性。

(3) 选择你感兴趣的一个应用,分析系统涉及的实体和实体间的联系,画出 E-R 图,并设计其关系模型的表结构和数据完整性约束。

第3章　数据库和表的管理

前两章介绍了数据管理技术和数据库技术的基本概念和基础知识，为了在计算机上具体实现一个数据库系统，需要使用一个具体的数据库管理系统作为开发工具。

本章首先对常见的数据库管理系统，特别是 SQL Server 做一个总体的介绍，然后重点介绍 SQL Server 2012 最基础的操作，包括数据库的创建、修改与删除，表的创建、修改与删除，表中数据的维护等。

3.1　常见的关系型数据库管理系统

数据库管理系统是一种操纵和管理数据库的大型软件，用于建立、使用和维护数据库。数据库管理系统提供多种功能，可使用户能够方便地定义和操纵数据；它对数据库进行统一的管理和控制，维护数据的安全性和完整性，以及进行多用户下的并发控制和恢复数据库。

为了开发各种基于数据库的应用程序，首先需要选择一个合适的数据库管理系统。选择数据库管理系统时需考虑以下几个方面：构造数据库的难易程度，应用程序开发的难易程度，数据库管理系统的性能、可移植性和可扩展性，安全控制和故障恢复的能力等。目前，商品化的数据库管理系统以关系型数据库为主，技术比较成熟。下面介绍几种常见的关系型数据库管理系统。

1. SQL Server

SQL Server 最初是由 Microsoft、Sybase 和 Ashton-Tate 三家公司共同开发的，于 1988 年推出了第一个基于 OS/2 操作系统的版本。在 Windows NT 推出后，Microsoft 与 Sybase 在 SQL Server 的开发上选择了不同的平台。Microsoft 将 SQL Server 移植到 Windows NT 系统上，并专注于开发推广 Windows 操作系统上的 SQL Server 版本，而 Sybase 则专注于 SQL Server 在 UNIX 操作系统上的开发与应用。

在 Microsoft SQL Server 的发展历程中，其版本不断更新：1996 年 Microsoft 推出了 Microsoft SQL Server 6.5 版本；1998 年 Microsoft 推出了 Microsoft SQL Server 7.0 版本；2000 年发布的 SQL Server 2000 在数据库性能、可靠性、易用性方面做了重大改进；2005 年发布的 SQL Server 2005 可为各类用户提供完善的数据库解决方案；2008 年发布的 SQL Server 2008 安全性更强、延展性更好、管理能力更高，是一个全方位的数据管理平台。

SQL Server 界面友好、易学易用且功能强大，与 Windows 操作系统完美结合，可以构造网络环境数据库甚至分布式数据库，可以满足企业大型数据库应用的需要。SQL Server 具有如下特点。

(1) 支持客户机/服务器结构。

客户机/服务器(Client/Server,C/S)结构是指把DBMS与应用程序分开,网络上某些计算机专门用于执行DBMS功能,完成数据的管理功能,我们将这些计算机称为数据库服务器;另外一些计算机安装DBMS的应用开发工具和相关数据库应用程序,我们将这些计算机称为客户机。

在客户机/服务器结构中,DBMS和数据库存放于数据库服务器上,应用程序和相关开发工具存放于客户机上(目前常用的客户机通常由两层构成,即应用服务器+客户端或者应用服务器+浏览器)。客户机负责管理用户界面、接收用户数据、处理应用逻辑、生成数据库服务请求,将该请求发送给服务器,数据库服务器进行处理后,将处理结果返回给客户机,并将结果按一定格式显示给用户。客户机/服务器结构的工作方式如图3.1所示。

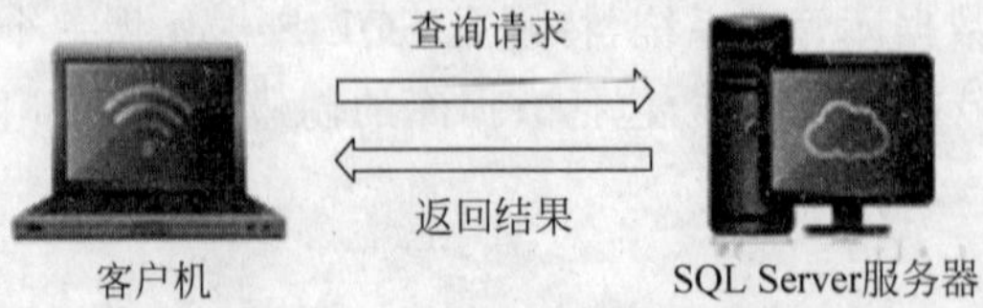

图3.1 客户机/服务器结构的工作方式

SQL Server是支持客户机/服务器结构的数据库管理系统。采用客户机/服务器结构后,数据库服务器仅返回用户所需的数据,这样网络上的数据流量将大大减少,可以加速数据的传输;数据集中存储在服务器上,而不是分散在各个客户机上,这使得所有用户都可以访问到相同的数据,而且数据的备份和恢复也很容易。

(2) 分布式数据库功能。

SQL Server支持分布式数据库结构,可以将逻辑上是一个整体的数据库的数据分别存放在多个不同的SQL Server服务器上,客户机可以分别或同时在多个SQL Server服务器中存取数据,这样可以降低单个服务器的处理负担,提高系统执行效率。

分布式查询可以引用来自不同服务器的数据,而且这些对于用户来说是完全透明的,分布式数据库将保证任何分布式数据更新时的完整性。通过复制使用户能够维护多个数据副本,这些用户能够自主地进行工作,然后再将所做的修改合并到分布数据库中。

(3) 与Internet的集成。

SQL Server的数据库引擎提供对Web技术的支持,使用户很容易将数据库中的数据发布到Web页面上。

(4) 具有很好的伸缩性与可用性。

同一个数据库引擎可以在多种版本的Windows操作系统上使用。SQL Server提供的图形用户界面管理工具使得系统管理和数据库的操作更加直观方便。

(5) 数据仓库功能。

SQL Server提供了用于提取和分析数据,以进行联机分析处理(OLAP)的工具。

2. Oracle

Oracle是甲骨文公司的一个关系型数据库管理系统,它是在数据库领域一直处于领先地位的产品。可以说Oracle数据库系统是目前世界上流行的关系型数据库管理系统,系统可移植性好、使用方便、功能强,适用于各类大、中、小、微型机环境。它是一种高效率、可靠性好、适应高吞吐量的数据库解决方案。

Oracle 数据库产品具有以下优良特性。

(1) 支持大数据量、多用户的高性能的事务处理。Oracle 支持的最大的数据库，其大小可到几百千兆，可充分利用硬件设备。支持大量用户同时在同一数据库上执行各种数据应用。

(2) 兼容性：Oracle 产品采用标准 SQL，并经过美国国家标准技术所(NIST)测试，与 IBM SQL/DS、DB2、INGRES、IDMS/R 等兼容。

(3) 可移植性：Oracle 的产品可运行于很宽范围的硬件与操作系统平台上，它可以安装在 70 种以上不同的大、中、小型机上，并且可在 VMS、DOS、UNIX、Windows 等多种操作系统下工作。

(4) 高生产率：Oracle 产品提供了多种开发工具，能极大地方便用户进行进一步的开发。

(5) 安全性：获得最高认证级别的 ISO 标准安全认证。

3. MySQL

MySQL 是一个小型的关系型数据库管理系统，开发者为瑞典 MySQLAB 公司，在 2008 年 1 月 16 号被 Sun 公司收购。MySQL 被广泛地应用在 Internet 上的中小型网站中。由于其体积小、速度快、总体拥有成本低，尤其是开放源代码这一特点，许多中小型网站选择了 MySQL 作为网站数据库。

MySQL 的主要特性如下：

(1) MySQL 是开源软件，使用 C 和 C++ 编写，并使用了多种编译器进行测试，保证了源代码的可移植性。

(2) 支持 AIX、FreeBSD、HP-UX、Linux、Mac OS、Novell Netware、OpenBSD、OS/2 Wrap、Solaris、Windows 等多种操作系统。

(3) 为多种编程语言提供了 API，这些编程语言包括 C、C++、Eiffel、Java、Perl、PHP、Python、Ruby 和 Tcl 等。

(4) 支持多线程，充分利用 CPU 资源。

(5) 采用优化的 SQL 查询算法，能够有效地提高查询速度。

(6) 既能够作为一个单独的应用程序应用在客户端/服务器网络环境中，也能够作为一个库嵌入到其他的软件中提供多语言支持。

(7) 提供 TCP/IP、ODBC 和 JDBC 等多种数据库连接途径。

(8) 提供用于管理、检查、优化数据库操作的管理工具。

(9) 可以处理拥有上千万条记录的大型数据库。

4. Sybase

1984 年，Mark B. Hiffman 和 Robert Epstern 创建了 Sybase 公司，并在 1987 年推出了 Sybase 数据库产品。Sybase 主要有三种版本，一是 UNIX 操作系统下运行的版本，二是 Novell Netware 环境下运行的版本，三是 Windows NT 环境下运行的版本。

Sybase 数据库的特点如下。

(1) 开放性：由于采用了客户机/服务器结构，应用被分布在多台机器上运行。更进一步，运行在客户端的应用不必是 Sybase 公司的产品。对于一般的关系数据库，为了让其他语言编写的应用能够访问数据库，提供了预编译。Sybase 数据库不只是简单地提供了预编译，而且公开了应用程序接口 DB-LIB，鼓励第三方编写 DB-LIB 接口。由于开放的客户 DB-LIB 允许在不同的平台使用完全相同的调用，因而使得访问 DB-LIB 的应用程序很容易从一个平台向另一个平台移植。

(2) 可编程性：通过提供存储过程，创建了一个可编程数据库。存储过程允许用户编写自己的数据库子例程。这些子例程是经过预编译的，因此不必在每次调用时都进行编译、优化、生成查询规划，因而查询速度要快得多。

(3) 事件驱动的触发器：触发器是一种特殊的存储过程，通过触发器可以启动另一个存储过程，从而确保数据库的完整性。

(4) 多线索化：Sybase 数据库的体系结构的另一个创新之处就是多线索化。一般的数据库都依靠操作系统来管理与数据库的连接。当有多个用户连接时，系统的性能会大幅度下降。Sybase 数据库不让操作系统来管理进程，而是把与数据库的连接当作自己的一部分来管理。此外，Sybase 的数据库引擎还代替操作系统来管理一部分硬件资源，如端口、内存、硬盘，绕过了操作系统这一环节，提高了性能。

5. DB2

DB2 是美国 IBM 公司开发的一套关系型数据库管理系统，它主要的运行环境为 UNIX (包括 IBM 自家的 AIX)、Linux、IBM i(旧称 OS/400)、z/OS，以及 Windows 服务器版本。

DB2 主要应用于大型应用系统，具有较好的可伸缩性，可支持从大型机到单用户环境，可应用于所有常见的服务器操作系统下。

DB2 提供了高层次的数据利用性、完整性、安全性、可恢复性，以及小规模到大规模应用程序的执行能力，具有与平台无关的基本功能和 SQL 命令。

DB2 采用了数据分级技术，能够使大型机数据很方便地下载到 LAN 数据库服务器，使得客户机/服务器用户和基于 LAN 的应用程序可以访问大型机数据，并使数据库本地化、远程连接透明化。

DB2 以拥有一个非常完备的查询优化器而著称，其外部连接改善了查询性能，并支持多任务并行查询。

DB2 具有很好的网络支持能力，每个子系统可以连接十几万个分布式用户，可同时激活上千个活动线程，尤为适用于大型分布式应用系统。

3.2 初识 SQL Server 2012

Microsoft 公司发布的 Microsoft SQL Server 2012，是一款典型的关系型数据库管理系统。Microsoft SQL Server 2012 以其强大的功能、简便的操作和可靠的安全性，赢得了众多用户的认可，其应用也越来越广泛。

3.2.1 SQL Server 的发展与版本

1. 了解 SQL Server 2012

SQL Server 2012 是一个重大的新产品版本，它不仅继承了 Microsoft 产品的一贯特点，而且在性能、可靠性、实用性、可编程性、易用性等方面都远远超过了以前的版本，并且在原有版本的基础上推出了许多新的特性和关键的改进。SQL Server 2012 不仅可以有效地执行大规模联机事务，而且还能完成数据仓库和电子商务应用等许多具有挑战性的工作。

(1) 提供高可用性。

AlwaysOn 是 SQL Server 2012 全新的高可用灾难恢复技术，它能够保障企业应用的正常运转，减少意外宕机时间，还可以帮助企业在故障发生时快速恢复，同时能够提供实时读写分离，保证应用程序性能最大化。AlwaysOn 还能够跨域部署，将主从结点分别部署在不同地域，帮助全球性企业实现数据库的高可用性。

(2) 全面支持云技术与平台。

作为新一代的数据平台产品，SQL Server 2012 不仅延续了现有平台的强大能力，而且全面支持云技术与平台，并且能够快速构建相应的解决方案，实现私有云和公有云之间数据的扩展与应用迁移。

(3) 大数据处理。

针对大数据以及数据仓库，SQL Server 2012 提供了从数 TB 到数百 TB 全面端到端的解决方案。作为微软的信息平台解决方案，SQL Server 2012 可以帮助企业用户突破性地快速实现各种数据体验，将大数据变成企业的洞察力和行动力。

2. 选择 SQL Server 2012 的版本

SQL Server 2012 提供了以下版本供不同用户进行选择。

(1) 企业版(Enterprise)：作为高级版本，企业版提供了全面的高端数据中心功能，性能极为快捷、虚拟化不受限制，还具有端到端的商业智能，可为关键任务工作负荷提供较高级别服务，支持最终用户访问深层数据。

(2) 商业智能版(Business Intelligence)：商业智能版提供了综合性平台，可支持组织构建和部署安全、可扩展和易于管理的 BI 解决方案。它提供了基于浏览器的数据浏览与可见性等卓越功能、功能强大的数据集成功能，以及增强的集成管理。

(3) 标准版(Standard)：标准版提供了基本数据管理和商业智能数据库，使部门和小型组织能够顺利运行其应用程序并支持将常用开发工具用于内部部署和云部署，有助于以最少的 IT 资源获得高效的数据库管理。

(4) Web 版(Web)：Web 版是针对运行于 Windows 服务器中要求高可用、面向 Internet Web 服务的环境而设计的。这一版本为实现低成本、大规模、高可用性的 Web 应用或客户托管解决方案提供了必要的支持工具。

(5) 开发版(Developer)：开发版支持开发人员基于 SQL Server 构建任意类型的应用程序。它包括企业版的所有功能，但有许可限制，只能用作开发和测试系统，而不能用作生产服务器。开发版是构建和测试应用程序的开发人员的理想之选。

(6) 简易版(Express)：简易版是入门级的简易数据库，是学习和构建桌面及小型服务器数据驱动应用程序的理想选择。如果以后需要使用更高级的数据库功能，则可以将 SQL Server Express 无缝升级到其他更高端的 SQL Server 版本。

3.2.2 SQL Server 2012 的主要组件

整套的 SQL Server 2012 由一系列的服务组件组成，各服务组件有其特有的功能，用户可按照功能需要安装不同的服务组件，以达到最佳的性能和最少的费用。

1. SQL Server 2012 的服务器组件

服务器组件主要包括以下 5 部分。

(1) SQL Server 数据库引擎。

SQL Server 数据库引擎包括数据库引擎(用于存储、处理和保护数据的核心服务),复制、全文搜索、用于管理关系数据和 XML 数据的工具以及 Data Quality Services(DQS)服务器。

(2) Analysis Services。

Analysis Services(分析服务)包括用于创建和管理联机分析处理(OLAP)以及数据挖掘应用程序的工具。

(3) Reporting Services。

Reporting Services(报表服务)包括用于创建、管理和部署表格报表、矩阵报表、图形报表以及自由格式报表的服务器和客户端组件。Reporting Services 还是一个可用于开发报表应用程序的可扩展平台。

(4) Integration Services。

Integration Services(集成服务)是一组图形工具和可编程对象,用于移动、复制和转换数据。它还包括 Integration Services 的 Data Quality Services 组件。

(5) Master Data Services。

Master Data Services(主数据服务,MDS)是针对主数据管理的 SQL Server 解决方案,可以配置 MDS 来管理任何领域(产品、客户、账户)。MDS 中可包括层次结构、各种级别的安全性、事务、数据版本控制和业务规则,以及可用于管理数据的用于 Excel 的外接程序。

2. SQL Server 2012 的管理工具

(1) SQL Server Management Studio。

SQL Server Management Studio(SSMS)是用于访问、配置、管理和开发 SQL Server 组件的集成环境。SQL Server Management Studio 使各种技术水平的开发人员和管理员都能使用 SQL Server。

(2) SQL Server Configuration Manager(SQL Server 配置管理器)。

SQL Server 配置管理器为 SQL Server 服务、服务器协议、客户端协议和客户端别名提供基本配置管理。

(3) SQL Server Profiler。

SQL Server Profiler 提供了一个图形用户界面,用于监视数据库引擎实例或 Analysis Services 实例。

(4) 数据库引擎优化顾问。

数据库引擎优化顾问可以协助创建索引、索引视图和分区的最佳组合。

(5) 数据质量客户端。

数据质量客户端提供了一个非常简单和直观的图形用户界面,用于连接到 DQS 数据库并执行数据清理操作。它还允许用户集中监视在数据清理操作过程中执行的各项活动。

(6) SQL Server 数据工具。

SQL Server 数据工具(SSDT)提供 IDE 以便为以下商业智能组件生成解决方案:Analysis Services、Reporting Services 和 Integration Services。SSDT 还包含"数据库项

目”，为数据库开发人员提供集成环境，以便在 Visual Studio 内为任何 SQL Server 平台(无论是内部还是外部)执行其所有数据库设计工作。数据库开发人员可以使用 Visual Studio 中功能增强的服务器资源管理器，轻松创建或编辑数据库对象和数据或执行查询。

(7) 连接组件。

安装用于客户端和服务器之间通信的组件，以及用于 DB-Library、ODBC 和 OLE DB 的网络库。

3. SQL Server 联机文档

SQL Server 2012 提供了大量的联机文档，用户可以查询到许多有价值的信息。一个优秀的 SQL Server 管理员和应用程序员应能熟练使用联机文档。

3.2.3 SQL Server 2012 管理平台

1. SQL Server Management Studio

SQL Server Management Studio 是一个集成环境，用于访问、配置、管理和开发 SQL Server 的所有组件。SQL Server Management Studio 组合了大量图形工具和丰富的脚本编辑器，使各种技术水平的开发人员和管理员都能访问 SQL Server。

启动 SQL Server Management Studio 的操作步骤如下。

(1) 单击任务栏上的“开始”按钮，依次选择“所有程序”→Microsoft SQL Server 2012→SQL Server Management Studio 菜单命令，打开“连接到服务器”对话框，如图 3.2 所示。

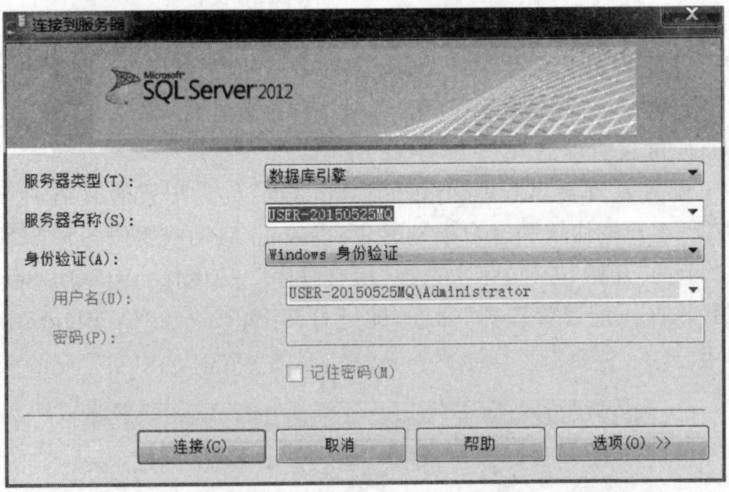

图 3.2 “连接到服务器”对话框

(2) 在“连接到服务器”对话框中，首先选择服务器类型。SQL Server Management Studio 提供了“数据库引擎”、Analysis Services、Reporting Services、Integration Services 4 种服务器类型，这里选择“数据库引擎”服务器类型。接着选择服务器名称和身份验证方式，然后单击“连接”按钮。

(3) 连接到服务器后，会进入 SQL Server Management Studio 窗口。SQL Server Management Studio 窗口由菜单栏、工具栏、对象资源管理器、查询编辑器、查询结果窗格等部分组成，如图 3.3 所示。

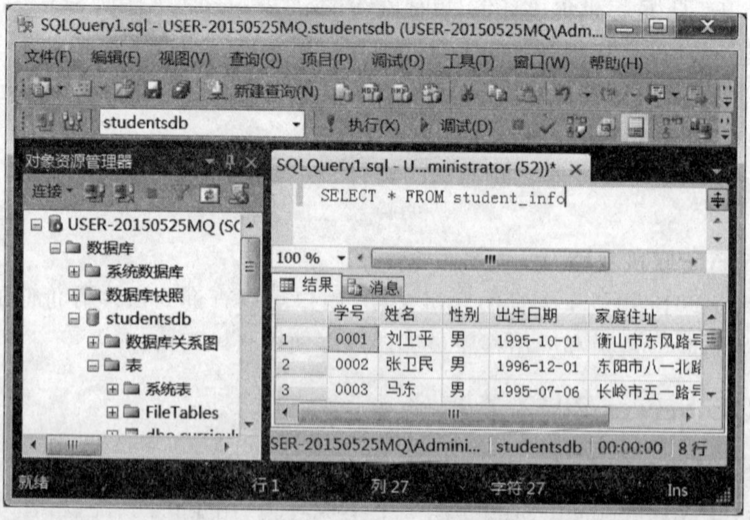

图 3.3 SQL Server Management Studio 窗口

(4) 单击“新建查询”按钮，新建“查询编辑器”，查询编辑器是非常实用的工具，主要用于输入、执行、保存 Transact-SQL 命令，实现数据库的查询管理。可以在查询编辑器中输入一条或多条 Transact-SQL 命令，也可以从对象资源管理器直接将对象拖曳到查询编辑器。单击工具栏中的“执行”按钮 或按 F5 键，可以执行 SQL 查询语句，并在查询结果窗格显示查询结果。

SQL 语句可以被保存或重新打开，SQL 文件的扩展名为. sql。保存 SQL 文件的步骤是：在菜单栏中选择“文件”→“保存”命令，选择文件存放地址，输入文件名。

2. SQL Server 配置管理器

SQL Server 配置管理器(Configuration Manager)负责配置管理各种 SQL Server 服务、网络配置协议、客户端协议和客户端别名，可以停止、启动或暂停各种 SQL Server 服务。

单击任务栏上的“开始”按钮，依次选择“所有程序”→Microsoft SQL Server 2012→“配置工具”→“SQL Server 配置管理器”命令，即可打开 Sql Server Configuration Manager 窗口，如图 3.4 所示。

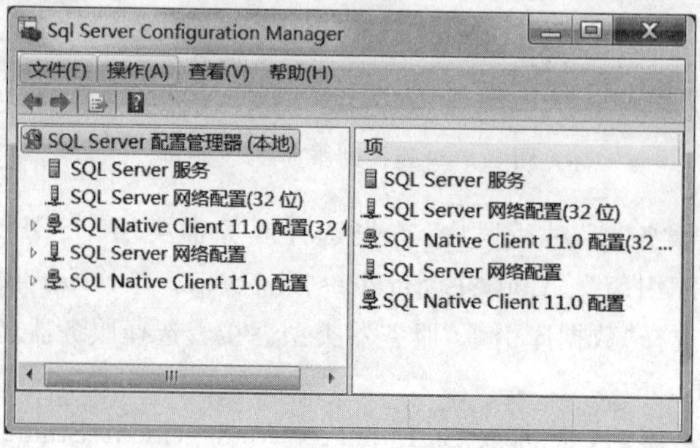

图 3.4 SQL Server 配置管理器窗口

在 SQL Server 配置管理器中暂停、停止或启动 SQL Server 服务的方法如下：在 SQL Server 配置管理器窗口中，在左边的目录树中选择“SQL Server 服务”选项，在右边的服务内容列表区中选择 SQL Server(MSSQL SERVER)服务并右击，在弹出的快捷菜单中选择相应的命令即可启动、停止、暂停或继续选定的服务，如图 3.5 所示。

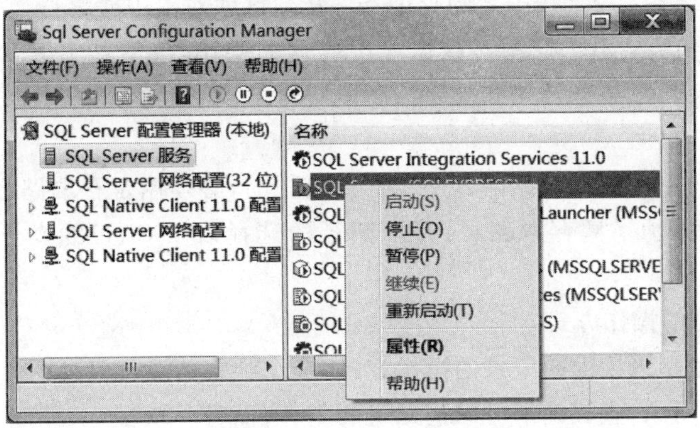

图 3.5　暂停、停止或启动 SQL Server 服务

SQL Server 服务暂停一般是在需要临时关闭数据库时进行。暂停服务后，用户已经提交的任务将继续执行，新的用户连接请求将被拒绝，暂停结束后可以恢复执行。

SQL Server 服务停止是从内存中清除所有有关的 SQL Server 服务进程，所有与之连接的用户提交的任务将停止，新的用户也不能登录。

在服务已经停止或暂停的情况下，需要相关服务时应启动 SQL Server 服务。

3.2.4　SQL 语言和 Transact-SQL 语言

SQL 是结构化查询语言(Structured Query Language)的缩写，其功能包括数据查询、数据定义、数据操纵和数据控制等。SQL 简单易学，功能齐全，目前已成为关系型数据库系统中使用最为广泛的语言。Transact-SQL 是 Microsoft SQL Server 使用的一种结构化查询语言。

1. 了解 SQL 语言

SQL 是 1974 年由 Boyce 和 Chamberlin 提出的，并在 IBM 公司研制的关系型数据库管理系统 System R 中应用。1986 年，美国国家标准局(ANSI)的数据库委员会批准了 SQL 作为关系型数据库语言的美国标准。1987 年，国际标准化组织(ISO)将其采纳为国际标准。目前流行的关系型数据库管理系统，如 Oracle、Sybase、SQL Server、DB2、MySQL 等都采用了 SQL 语言标准，而且很多数据库都对 SQL 语句进行了再开发和扩展。

SQL 语言具有简单、易学、综合、一体等鲜明的特点，主要有以下几个方面：

(1) 一体化的语言。

SQL 集数据定义语言(DDL)、数据操纵语言(DML)、数据查询语言(DQL)、数据控制语言(DCL)的功能于一体，语言风格统一，可以独立完成数据库生命周期中的全部活动。

① 数据定义语言：用于定义数据的逻辑结构以及数据项之间的关系，包括创建、修改和删除表、索引、视图等。

② 数据操纵语言：用于更改数据库中的数据，包括增加新数据、删除旧数据、修改已有数据等。

③ 数据查询语言：用于按一定的查询条件从数据库对象中检索符合条件的数据。

④ 数据控制语言：用于控制对数据库中数据的操作，包括基本表和视图等对象的授权、完整性规则的描述、事务开始和结束控制语句等。

(2) 高度非过程化。

非关系数据模型的数据操纵语言是"面向过程"的，必须制定存取路径，而SQL只要用户提出"做什么"，无须了解存取路径，存取路径的选择以及SQL的操作过程由系统自动完成。

(3) 面向集合的操作方式。

非关系数据模型采用面向记录的操作方式，操作对象是一条记录；而SQL采用集合操作方式，不仅操作对象、查找结果可以是元组的集合，而且一次插入、删除、更新操作的对象也可以是元组的集合。

(4) 以同一种语法结构提供多种使用方式。

SQL是独立的语言，能够独立地用于联机交互的使用方式；SQL又是嵌入式语言，SQL能够嵌入到高级语言(例如C、C++、Java)程序中，供程序员设计程序时使用。

(5) 语言简洁，易学易用。

SQL功能极强，但由于设计巧妙、语言十分简洁，完成核心功能只用了9个动词，如表3.1所示。SQL语法接近英语，因此容易学习、容易使用。

表3.1 SQL的动词

SQL语言	动　词
数据查询语言	SELECT
数据定义语言	CREATE,DROP,ALTER
数据操纵语言	INSERT,UPDATE,DELETE
数据控制语言	GRANT,REVOKE

2. Transact-SQL——SQL Server中的SQL

SQL是一种数据库标准语言。在每一个具体的数据库系统中，都对这种标准的SQL有一些功能上的调整(一般是扩展)，语句格式也有个别变化，从而形成了各自不完全相同的SQL版本。Transact-SQL(可简写为T-SQL)就是SQL Server中使用的SQL版本。

Transact-SQL对SQL的扩展主要包含如下三个方面：

(1) 增加了流程控制语句，SQL作为一种功能强大的结构化查询语言并没有包含流程控制语句，因此不能单纯使用SQL构造出分支或循环结构的程序。Transact-SQL在这方面进行了扩展，增加了块语句、分支判断语句、循环语句、跳转语句等。

(2) 加入了局部变量、全局变量等许多新概念，可以写出更复杂的查询语句。

(3) 增加了新的数据类型，处理能力更强。

3.3 数据库的管理

在 SQL Server 中，数据库是存放数据的容器，在设计一个应用系统时，必须先设计数据库。数据库中的数据及其相关信息通常被存储在一个或多个文件中，而数据库管理系统为用户和数据库应用程序提供统一的接口来访问和控制数据，使得用户不需要直接访问数据库文件。

3.3.1 SQL Server 2012 数据库组成

数据库是 SQL Server 服务器管理的基本单位。从逻辑上看，SQL Server 数据库由数据表、视图、存储过程、触发器等逻辑组件组成，这些逻辑组件被称为数据库对象。从物理存储角度来看，数据库中的各种信息是以文件为单位存放在存储设备上的。

1. SQL Server 中的数据库对象

SQL Server 数据库对象通常用于提高数据库性能、支持特定的数据活动、保持数据完整性或保证数据的安全性。SQL Server 中常用的数据库对象如表 3.2 所示。

表 3.2　SQL Server 中常用的数据库对象

对　　象	作　　用
表	数据库中数据的实际存放处所
视图	定制复杂或常用的查询，以便用户使用；限定用户只能查看表中的特定行或列；为用户提供统计数据而不展示细节
索引	加快从表或视图中检索数据的效率
存储过程	提高性能；封装数据库的部分或全部细节；帮助在不同的数据库应用程序之间实现一致的逻辑
约束和触发器	确保数据库的数据完整性；强制执行业务规则
登录、用户、角色和组	保障数据安全的基础

2. SQL Server 中的数据库文件和文件组

在 SQL Server 中，数据库是由数据文件和事务日志文件组成的，一个数据库至少包含一个数据文件和一个事务日志文件。

(1) 数据文件。

数据文件(Database File)是存放数据库数据和数据库对象的文件。一个数据库可以有一个或多个数据文件，每个数据文件只属于一个数据库。

数据库的各个数据文件中，有且仅有一个数据文件被定义为主数据文件(Primary Database File)，其扩展名为.mdf，用来存储数据库的启动信息和部分或全部数据。其他数据文件被称为次数据文件(Secondary Database File)，扩展名为.ndf，用来存储主数据文件没存储的其他数据。

(2) 事务日志文件。

事务日志文件(Transaction Log File)是用来记录数据库更新信息(例如使用 INSERT、UPDATE、DELETE 等语句对数据进行更改的操作)的文件，这些更新信息(日志)可用来恢复数据库。事务日志文件的扩展名为.ldf。每个数据库可以有一个或多个事务日志文件。

(3) 文件组。

文件组(File Group)是 SQL Server 中一个或多个数据文件的命名集合,数据库由一个或者多个文件组构成。SQL Server 通过文件组对数据文件进行管理,文件组构成了分配或用于数据库管理的单个单元。

主数据文件所在的文件组被称为主文件组,主文件组有且仅有一个。其余的文件组被称为次文件组,次文件组根据需要可以设置零到多个。

一个数据库的多个文件组中,有一个被指定为缺省文件组(DEFALUT),创建数据库对象时,如果用户未指明将其放在哪一个文件组中,则系统将它放在缺省文件组中。数据库首次创建时,主文件组是缺省文件组。

(4) 文件和文件组的设计规则。

① 一个数据文件只能存在于一个文件组中,一个文件组也只能被一个数据库使用。

② 事务日志文件不分组,它不能属于任何文件组。

(5) 设计建议。

① 大多数数据库在只有单个数据文件和单个事务日志文件的情况下性能良好。

② 如果使用多个数据文件,请为附加文件创建第二个文件组,并将其设置为缺省文件组。这样,主数据文件将只包含系统表和对象。

③ 若要使性能最大化,请在尽可能多的不同可用磁盘上创建文件或文件组,将争夺空间最激烈的对象置于不同的文件组中。

④ 使用文件组将对象放置在特定的物理磁盘上。

⑤ 将在同一联接查询中使用的不同表置于不同的文件组中,采用并行磁盘 I/O 对联接数据进行搜索,性能将得以改善。

⑥ 将最常访问的表和属于这些表的非聚集索引置于不同的文件组中。文件位于不同的物理磁盘上,并且采用并行 I/O,性能将得以改善。

⑦ 请勿将事务日志文件置于已有其他文件和文件组的同一物理磁盘上。

3. SQL Server 2012 的系统数据库

SQL Server 2012 中有两类数据库:系统数据库和用户数据库。系统数据库存储有关 SQL Server 的系统信息,它们是 SQL Server 管理数据库的依据。如果系统数据库遭到破坏,那么 SQL Server 将不能正常启动。在安装了 SQL Server 2012 的系统中共创建 4 个可见的系统数据库和 1 个隐藏的系统数据库,如表 3.3 所示。

表 3.3 SQL Server 2012 中的系统数据库

系统数据库	说　明
master 数据库	记录 SQL Server 实例的所有系统级信息
msdb 数据库	用于 SQL Server 代理计划警报和作业
model 数据库	用作 SQL Server 实例上创建的所有数据库的模板。对 model 数据库进行的修改(如数据库大小、排序规则、恢复模式和其他数据库选项)将应用于以后创建的数据库中
resource 数据库	一个只读的、隐藏的数据库,包含 SQL Server 的系统对象。系统对象在物理上保留在 resource 数据库中,但在逻辑上显示在每个数据库的 sys 架构中
tempdb 数据库	一个工作空间,用于保存临时对象或中间结果集。一旦关闭 SQL Server,tempdb 数据库保存的内容将自动消失

3.3.2 数据库对象的标识符

为了提供完善的数据库管理机制，SQL Server 设计了严格的命名规则。在创建或引用数据库对象，如表、索引、约束等时，必须遵守 SQL Server 的命名规则，否则有可能发生一些难以预料和检查的错误。

1. 标识符分类

标识符是指 SQL Server 中的对象的名称，包括服务器、数据库、表、视图、列、索引、触发器、存储过程和约束等的名称。对象的标识符一般在创建对象时定义，作为引用对象的工具使用。

例如下面的 SQL 语句创建了一个表，表的名字 student 是一个标识符，表中定义了两列，列的名字分别是 id 和 name，它们都是合法的标识符：

```
CREATE TABLE student
 (  id  INT  PRIMARY  KEY,
    name  VARCHAR(20)
 )
```

SQL Server 有两种类型的标识符：**规则标识符（Regular identifier）**和**界定标识符（Delimited identifier）**。

(1) 规则标识符。

规则标识符严格遵守标识符有关格式的规定，因此在 T-SQL 语句中凡是规则标识符都不必使用界定符，即方括号([ ])和双引号(" ")，来进行界定。如上述例子中使用的表名 student 就是一个规则标识符，在 student 上不必添加界定符。

(2) 界定标识符。

界定标识符是那些使用了方括号或双引号界定符号来进行位置限定的标识符，使用了界定标识符之后，既可以遵守标识符命名规则，也可以不遵守标识符命名规则。例如：

```
SELECT * FROM [my table] WHERE [order] = 10
```

在这个例子中，必须使用界定标识符，因为 FROM 子句中的标识符“my table”中含有空格，而 WHERE 子句中的标识符“order”是系统保留字。这两个标识符都不遵守标识符命名规则，必须使用界定符，否则无法通过代码编译。

2. 标识符的命名规则

SQL Server 标识符的命名遵循以下规则。

(1) 标识符包含的字符数必须为 1～128，不区分大小写。

(2) 标识符的首字符可以是：所有在统一码(Unicode)2.0 标准中规定的字符(如汉字以及其他一些语言字符)、26 个英文字母 a～z 和 A～Z，以及“_”、“@”或“#”。

以某些特殊符号开头的标识符在 SQL Server 系统中具有特定的含义，如以“#”开头的标识符表示这是一个临时表或存储过程；以“##”开头的标识符表示这是一个全局的临时数据库对象；以“@”开头的标识符表示这是一个局部变量或是一个函数的参数；Transact-SQL 的全局变量以标志“@@”开头，为避免同这些全局变量混淆，建议不要使用“@@”作为标识符的开始。

(3) 标识符首字符后的字符可以是：所有在统一码(Unicode)2.0 标准中规定的字符、字母、数字，以及“_”“@”“$”“#”。

(4) 标识符不允许是 Transact-SQL 的保留字，标识符内部不允许有空格。

例如，以下都是合法的标识符：

```
student_name,学生姓名,@sum,#TempTable,price1
```

以下都是不合法的标识符：

```
Select,zhong guo,3level
```

其中，“Select”不合法的原因是“Select”为 Transact-SQL 的保留字，“zhong guo”不合法的原因是出现了空格；“3level”不合法的原因是数字字符不能作为首字符。

3. 数据库对象的引用方式

在一个数据库中创建了一个数据库对象后，数据库对象的全名应该由服务器名、数据库名、所有者名和对象名 4 部分组成，格式如下：

```
[[[[server].][database].][owner_name].]object_name
```

在实际引用对象时，如果对象所在的服务器、数据库、所有者为当前的服务器、数据库和所有者，则可省略对应的部分，只留下空白的位置，如表 3.4 所示。

表 3.4　数据库对象的引用方式

引用方式	含　义
server1.studentdb.dbo.T1	server1 服务器下，studentdb 数据库中，用户 dbo 所创建的表 T1
.studentdb.dbo.T1	当前服务器下，studentdb 数据库中，用户 dbo 所创建的表 T1
studentdb.dbo.T1	
..dbo.T1	当前服务器下，当前数据库中，用户 dbo 所创建的表 T1
.dbo.T1	
dbo.T1	
...T1	当前服务器下，当前数据库中，当前用户所创建的表 T1
..T1	
.T1	
T1	

3.3.3　数据库的创建

在 SQL Server 中，可以使用 SQL Server Management Studio 和 Transact-SQL 语句来创建数据库。

1. 使用 SQL Server 管理平台创建数据库

使用 SQL Server 管理平台创建数据库的步骤如下。

(1) 打开 SQL Server Management Studio，在“对象资源管理器”面板中展开服务器并右击“数据库”结点，在弹出的快捷菜单中选择“新建数据库”命令，如图 3.6 所示。

(2) 打开如图 3.7 所示的“新建数据库”窗口，在“常规”页的“数据库名称”文本框中输入新数据库名称(如学生成绩管理系统数据库)，在“所有者”下拉列表框中选择数据库所有者，默认值为系统登录者。

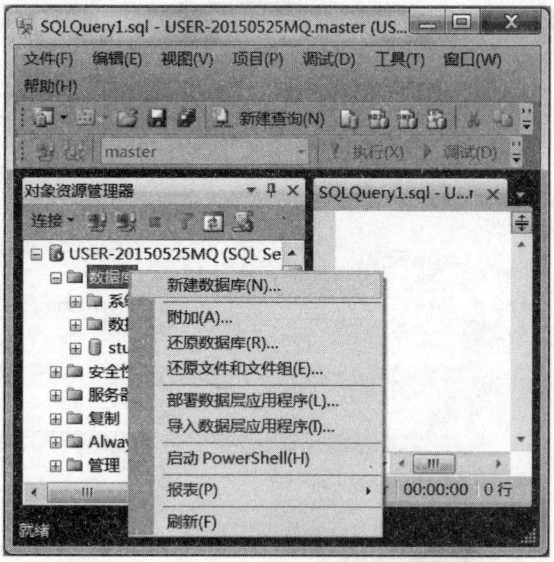

图 3.6　选择“新建数据库”命令

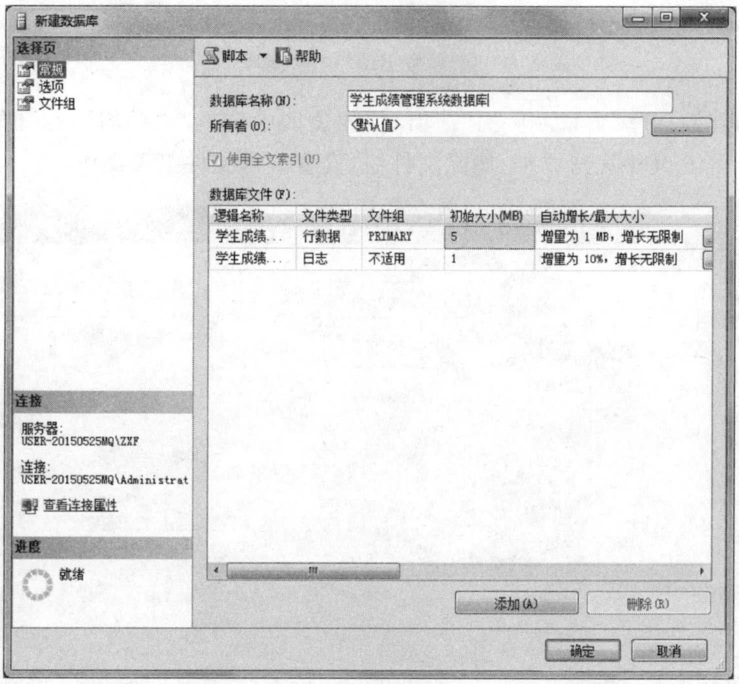

图 3.7　“新建数据库”中的“常规”页面

在“数据库文件”列表区可以添加或删除数据库的数据文件和事务日志文件，修改数据文件或事务日志文件的逻辑名称、所属文件组、存放位置、文件初始大小、最大大小和增长率等内容。

(3) 在“新建数据库”窗口左侧的“选项页”列表区中选择“选项”，打开如图 3.8 所示的

“选项”页面，在其中可对数据库的排序规则、恢复模式等内容进行设置。

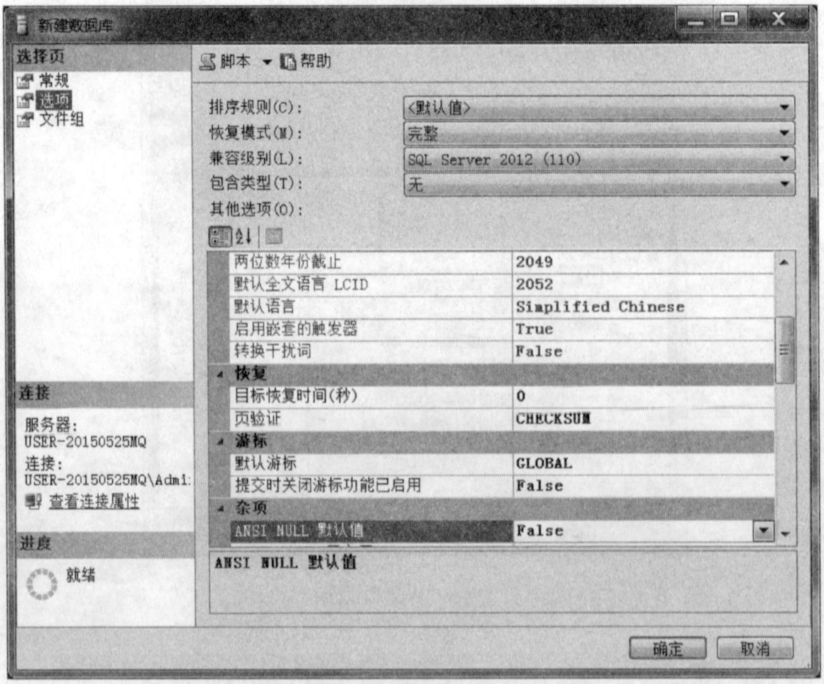

图 3.8 “新建数据库”中的“选项”页面

(4) 在“新建数据库”窗口左侧的“选项页”列表区中选择“文件组”，打开如图 3.9 所示的“文件组”页面，在其中完成添加、删除文件组，设置缺省文件组等操作。

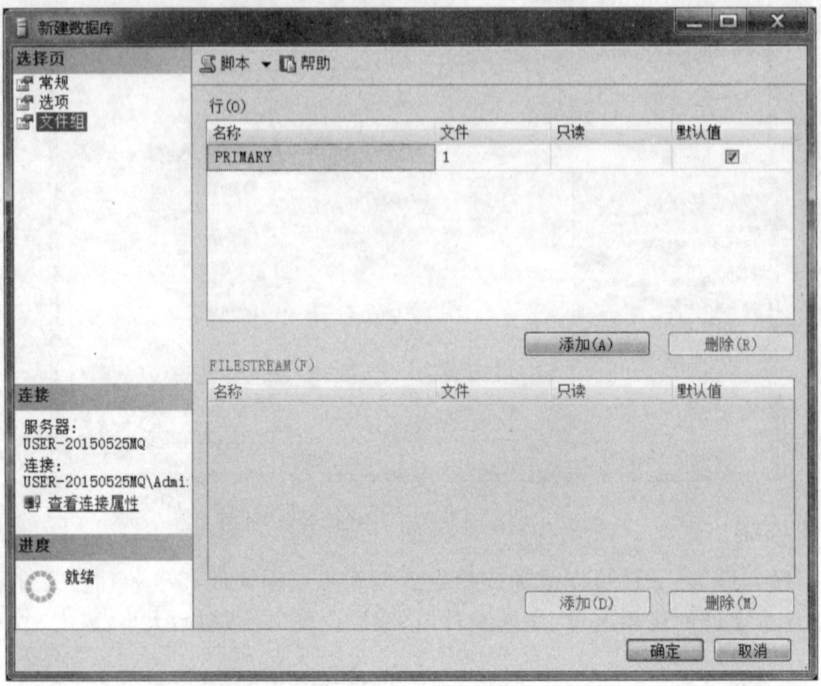

图 3.9 “新建数据库”中的“文件组”页面

(5) 所有的设置完成后单击"确定"按钮,完成数据库的创建工作。返回 SQL Server Management Studio 窗口,在"对象资源管理器"面板中的"数据库"结点下有了新建的数据库,如图 3.10 所示。

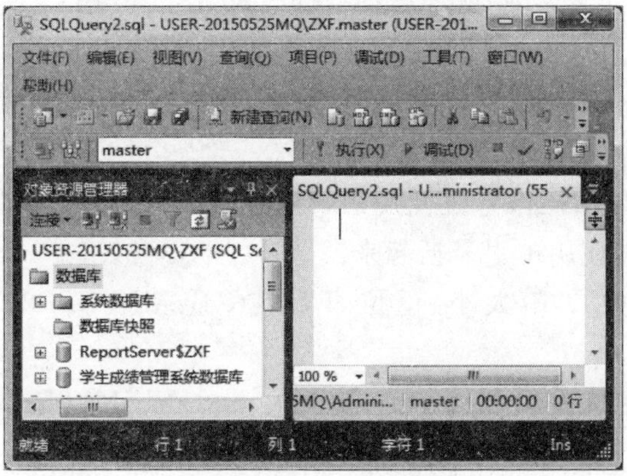

图 3.10 学生成绩管理系统数据库

注意:数据库创建完成后,有可能在"对象资源管理器"面板中看不到,此时可以在"对象资源管理器"中右击"数据库"结点,在弹出的快捷菜单中选择"刷新"命令,即可看到新建的数据库。

2. 使用 Transact-SQL 语句创建数据库

在 SQL Server Management Studio 窗口的工具栏上单击"新建查询"按钮,在右侧的查询编辑器的编辑区中,使用 CREATE DATABASE 语句即可创建数据库以及数据库文件。CREATE DATABASE 语句的基本语法格式如下:

```
CREATE DATABASE database_name
[ ON  [ PRIMARY ]  [ <filespec> [,...n] ]  [ , <filegroup> [,...n] ]
 [ LOG  ON { <filespec> [,...n] } ]
]
```

各项的含义如下。

(1) database_name 是新建数据库的名称,该名称需符合标识符的命名规则。

(2) ON:指定显式定义数据文件。当后面是以逗号分隔的、用以定义主文件组的数据文件的< filespec >项列表时,需要使用 ON。主文件组的文件列表可后跟以逗号分隔的、用以定义次文件组及其文件的< filegroup >项列表(可选)。

(3) PRIMARY:指定关联的< filespec >列表定义主数据文件,在主文件组的< filespec >项中指定的第一个文件将成为主文件。如果没有指定 PRIMARY,那么 CREATE DATABASE 语句中列出的第一个文件将成为主文件。

(4) LOG ON:指定显式定义事务日志文件。LOG ON 后跟以逗号分隔的用以定义事务日志文件的< filespec >项列表。如果没有指定 LOG ON,系统将自动创建一个事务日志文件。注意,当没有 ON 子句时,也不能有 LOG ON 子句。

(5) < filespec >:对数据库的数据文件或事务日志文件的定义说明,其语法格式如下。

```
< filespec > :: =
```

```
( NAME = logical_file_name,
  FILENAME = 'os_file_name'
  [ , SIZE = size [ KB | MB | GB | TB ] ]
  [ , MAXSIZE = { max_size [ KB | MB | GB | TB ] | UNLIMITED } ]
  [ , FILEGROWTH = growth_increment [ KB | MB | GB | TB | % ] ]
)
```

其中 logical_file_name 为文件在 SQL Server 中使用的逻辑名称，它在数据库中是唯一的，必须符合标识符的命名规则。

os_file_name 是文件由操作系统使用的带路径的文件名（或称为物理名称）。注意，该文件名是一个字符串，需使用单引号括起来。

size 用于指定文件的初始大小，单位可以是 KB、MB、GB 或 TB，单位缺省时默认为 MB。

max_size 用于指定文件可增大到的最大大小，UNLIMITED 指不限制文件的最大大小。

growth_increment 用于指定文件需要新空间时为文件添加的空间量。

(6) <filegroup>：对数据库文件组的定义说明，其语法格式如下。

```
<filegroup> ::=
FILEGROUP  filegroup_name  [DEFALUT]  <filespec>[,...n]
```

其中 filegroup_name 为文件组的逻辑名称，它在数据库中是唯一的，不能是系统提供的名称 PRIMARY，其名称必须符合标识符的命名规则。

DEFALUT 指定文件组为数据库的缺省文件组。

注意：

(1) 上述语法格式只给出了 CREATE DATABASE 语句的基本形式，完整的语法还包括参数设置、附加数据库、创建数据库快照、指定数据库的排序规则等子句，具体可参考 SQL Server 的联机文档。

(2) Transact-SQL 语句不区分大小写，为了清晰，一般用大写表示系统保留字，用小写表示用户自定义的标识符。一条 Transact-SQL 语句可以写在一行上，也可以写在多行上。

(3) 在本书中，经常需要书写一些 Transact-SQL 语句，其语句的语法格式中使用的描述符及其含义可参见表 3.5。

表 3.5 Transact-SQL 语法格式所用的符号及含义

描 述 符	含 义
{}	表示该项是必选项
[]	表示该项可以省略，省略时该参数取默认值
|	表示在其左右两边任选一项，相当于 OR 的意思
[,…n]	表示前面的项可重复多次，项之间用逗号分隔
<标签>	语法块名称，对可在语句中的多个位置使用的过长语法单元部分进行标记
<标签>::=	对语法格式中出现的语法块进行定义

例 3-1 创建名称为“学生成绩管理系统数据库”的数据库，不指定文件。

```
CREATE DATABASE 学生成绩管理系统数据库
```

本例中未对数据文件和事务日志文件做出说明，系统将根据默认值自动创建一个主数据文件和一个事务日志文件。

例 3-2 创建名称为 db1 的数据库，指定其主数据文件的逻辑名称和带路径的物理文件名，不指定主数据文件的 SIZE、MAXSIZE 和 FILEGROWTH 的值。

```
CREATE DATABASE db1
ON
(  NAME = db1_data,
   FILENAME = 'C:\DataBase\db1.mdf'
)
```

本例中，系统根据默认值指定主数据文件的 SIZE、MAXSIZE 和 FILEGROWTH 的值。本例未对事务日志文件做出说明，系统将根据默认值自动创建一个事务日志文件。

注意：只有当 C 盘下存在文件夹 DataBase 时，此语句才能执行成功。

例 3-3 创建名称为 db2 的数据库，指定其主数据文件的各项参数。

```
CREATE DATABASE db2
ON
(  NAME = db2_data,
   FILENAME = 'C:\DataBase\db2.mdf',
   SIZE = 5,
   MAXSIZE = 100,
   FILEGROWTH = 10
)
```

本例中对主数据文件的 SIZE、MAXSIZE、FILEGROWTH 的值做出了指定，默认以 MB 为单位进行分配。

例 3-4 创建名称为 db3 的数据库，指定数据文件和事务日志文件。

```
CREATE DATABASE db3
ON
(  NAME = db3_data,
   FILENAME = 'C:\DataBase\db3data.mdf',
   SIZE = 10000KB,
   MAXSIZE = 500000KB,
   FILEGROWTH = 5%
)
LOG ON
(  NAME = db3_log,
   FILENAME = 'C:\DataBase\db3log.ldf',
   SIZE = 5,
   MAXSIZE = 25,
   FILEGROWTH = 5
)
```

本例中，因为没有使用关键字 PRIMARY，第一个数据文件 db3_data 将成为主数据文件。

例 3-5 创建名称为 db4 的数据库，指定多个数据文件和事务日志文件。

```
CREATE DATABASE db4
```

```
ON  PRIMARY
(  NAME = db4_data1,
   FILENAME = 'C:\DataBase\db4data1.mdf',
   SIZE = 20,
   MAXSIZE = 100,
   FILEGROWTH = 20
),
(  NAME = db4_data2,
   FILENAME = 'C:\DataBase\db4data2.ndf',
   SIZE = 20,
   MAXSIZE = 100,
   FILEGROWTH = 20
),
(  NAME = db4_data3,
   FILENAME = 'C:\DataBase\db4data3.ndf',
   SIZE = 20,
   MAXSIZE = 100,
   FILEGROWTH = 20
)
LOG ON
(  NAME = db4_log1,
   FILENAME = 'C:\DataBase\db4log1.ldf',
   SIZE = 5,
   MAXSIZE = 25,
   FILEGROWTH = 5
),
(  NAME = db4_log2,
   FILENAME = 'C:\DataBase\db4log2.ldf',
   SIZE = 5,
   MAXSIZE = 25,
   FILEGROWTH = 5
)
```

本例为数据库创建了 3 个数据文件和 2 个事务日志文件。主数据文件是列表中的第 1 个文件,并使用 PRIMARY 关键字显示指定。注意 FILENAME 选项中所使用的文件扩展名:主数据文件使用.mdf,次数据文件使用.ndf,事务日志文件使用.ldf。

例 3-6 使用文件组创建名称为 db5 的数据库。

```
CREATE DATABASE db5
ON
/* 默认的 PRIMARY 文件组,存放在 C 盘 */
PRIMARY
(  NAME = db5_data1,
   FILENAME = 'C:\DataBase\db5data1.mdf',
   SIZE = 10,
   MAXSIZE = 50,
   FILEGROWTH = 15
),
(  NAME = db5_data2,
   FILENAME = 'C:\DataBase\db5data2.ndf',
```

```
    SIZE = 10,
    MAXSIZE = 50,
    FILEGROWTH = 15
),
/* db5_group1 文件组,存放在 D 盘 */
FILEGROUP db5_group1
(   NAME = db5_data3,
    FILENAME = 'D:\DataBase\db5data3.ndf',
    SIZE = 20,
    MAXSIZE = 100,
    FILEGROWTH = 20
),
(   NAME = db5_data4,
    FILENAME = 'D:\DataBase\db5data4.ndf',
    SIZE = 20,
    MAXSIZE = 100,
    FILEGROWTH = 20
),
/* db5_group2 文件组,存放在 E 盘 */
FILEGROUP db5_group2
(   NAME = db5_data5,
    FILENAME = 'E:\DataBase\db5data5.ndf',
    SIZE = 20,
    MAXSIZE = 100,
    FILEGROWTH = 20
),
(   NAME = db5_data6,
    FILENAME = 'E:\DataBase\db5data6.ndf',
    SIZE = 20,
    MAXSIZE = 100,
    FILEGROWTH = 20
)
LOG ON
(   NAME = db5_log,
    FILENAME = 'C:\DataBase\db5log.ldf',
    SIZE = 5,
    MAXSIZE = 25,
    FILEGROWTH = 5
)
```

例 3-7 使用系统存储过程 sp_helpdb 查看"学生成绩管理系统数据库"的基本信息。

```
EXEC sp_helpdb 学生成绩管理系统数据库
```

本例的执行结果如图 3.11 所示。

注意:

(1) 存储过程是 SQL Server 服务器上一组预编译的 Transact-SQL 语句,用于完成某项任务,它可以接收参数,返回状态值和参数值。系统存储过程是指由 SQL Server 系统提供的存储过程。

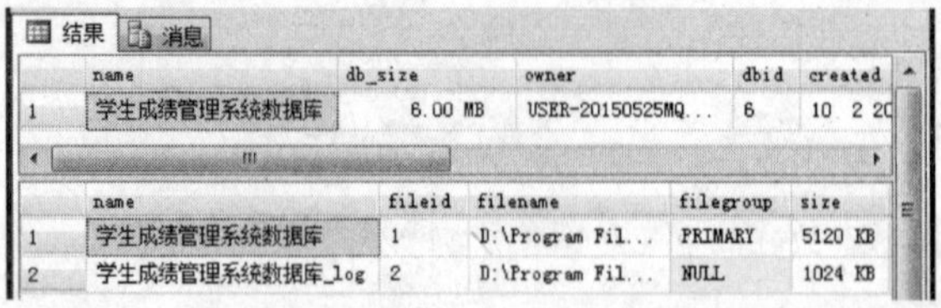

图 3.11　例 3-7 的执行结果

(2) 存储过程的执行方法为：

```
[EXEC[UTE]] procedure_name parameter [, …n]
```

说明：EXEC 为关键字，表示执行后面的存储过程，它既可以是完整的单词 EXECUTE，也可写成 EXEC，当此语句为批处理的第一条语句时，也可以省去不写。

3.3.4 数据库的修改

创建数据库后，可以对其原始定义进行修改。与创建数据库一样，在 SQL Server 中，可以使用 SQL Server Management Studio 和 Transact-SQL 语句两种方式来修改数据库。

1. 使用 SQL Server 管理平台修改数据库

对于已经建立的数据库，可以使用 SQL Server 管理平台来查看或修改数据库，具体步骤如下。

(1) 打开 SQL Server Management Studio，在“对象资源管理器”面板中右击要修改的数据库名称，在弹出的快捷菜单中选择“属性”命令，打开如图 3.12 所示的“数据库属性”对话框。

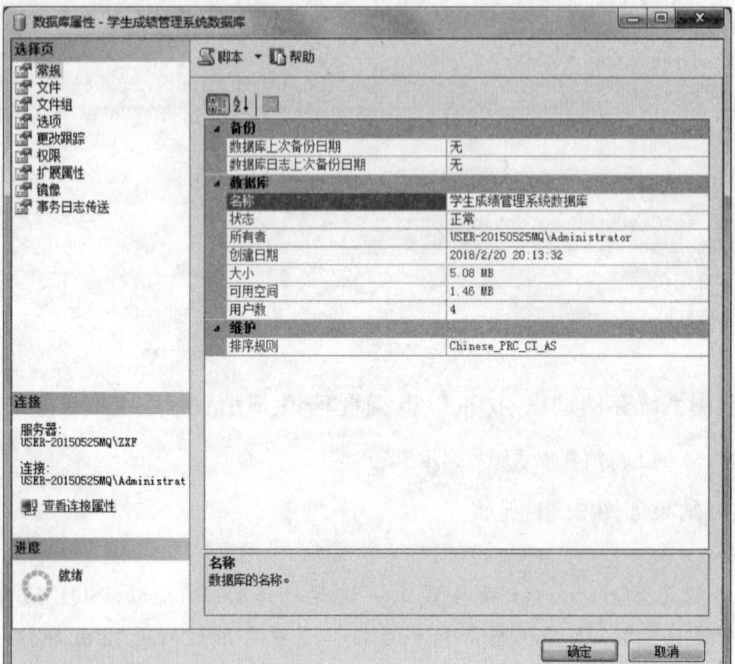

图 3.12　“数据库属性”窗口

(2) 在“数据库属性”窗口的“常规”选项页中显示了当前数据库的基本信息，包括数据库的名称状态、所有者、创建日期、大小、可用空间、用户数以及备份和维护等内容，本页面的信息不能修改。

(3)“数据库属性”窗口的“文件”选项页显示了当前数据库的文件信息，如图 3.13 所示。可修改数据文件或事务日志文件的逻辑名称、所属文件组、存放位置、文件初始大小、最大大小和增长率等内容，还可以添加和删除文件。

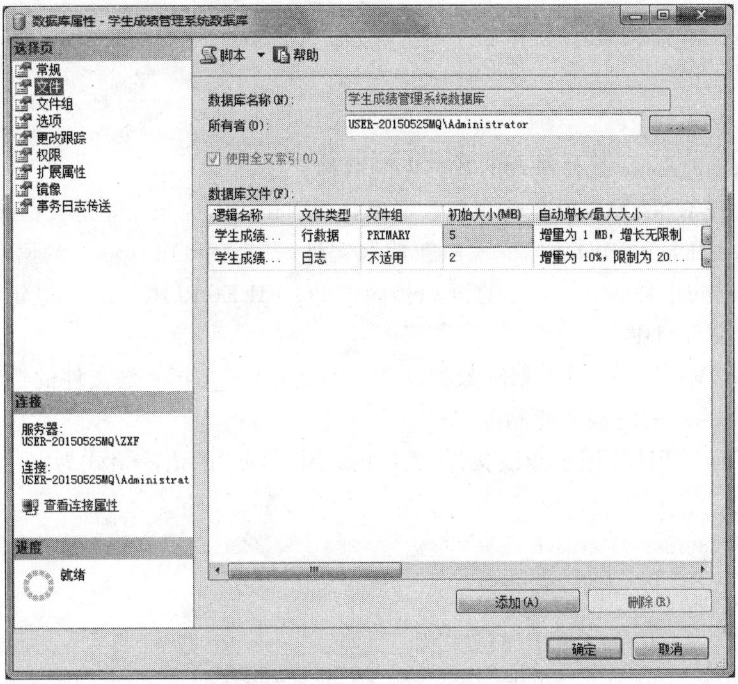

图 3.13 “数据库属性”中的“文件”页面

(4)“数据库属性”窗口的“文件组”选项页显示数据库文件组的信息，用户可以在此页面上查看或修改文件组信息。

(5)“数据库属性”窗口的“选项”选项页显示数据库的选项信息，包括恢复选项、游标选项、杂项、状态选项和自动选项等。

(6)“数据库属性”窗口的“权限”选项页显示数据库的使用权限。

(7)“数据库属性”窗口的“扩展属性”选项页中，可以添加文本、输入掩码和格式规则，将其作为数据库对象或数据库本身的属性。

(8)“数据库属性”窗口的“镜像”选项页显示数据库的镜像设置属性，用户可以设置主体服务器和镜像服务器的网络地址及运行方式。

(9)“数据库属性”窗口的“事务日志传送”选项页显示数据库的日志传送配置信息，用户可以为当前数据库设置事务日志备份、辅助数据库及监视服务器。

2. 使用 Transact-SQL 语句修改数据库

在 SQL Server 中使用 ALTER DATABASE 语句来修改数据库。ALTER DATABASE 语句的基本语法格式如下：

```
ALTER  DATABASE  database_name
{  MODIFY  NAME = new_ database_name
   | ADD  FILE  <filespec> [,...n] [TO FILEGROUP  filegroup_name]
   | REMOVE  FILE  logical_file_name
   | MODIFY  FILE  <filespec>
   | ADD  LOG  FILE  <filespec>  [,...n]
   | ADD  FILEGROUP  filegroup_name
   | REMOVE  FILEGROUP  filegroup_name
   | MODIFY  FILEGROUP  filegroup_name { DEFAULT |
      NAME = new_filegroup_name | <filegroup_updatability_option> }
}
```

各项的含义如下。

(1) database_name 是要修改的数据库的名称。

(2) MODIFY NAME 用于重命名数据库,new_ database_name 是数据库的新名称。

(3) ADD FILE 用于向数据库添加新数据文件,其后的< filespec >的语法与 CREATE DATABASE 语句中的< filespec >的语法相同。TO FILEGROUP 用于将新添加的数据文件放到指定的文件组中。

(4) REMOVE FILE 用于删除数据文件,logical_file_name 是文件的逻辑文件名。注意,只有在文件为空的时候才能删除。

(5) MODIFY FILE 用于修改文件,其后的< filespec >的语法格式为:

```
<filespec> ::=
(  NAME = logical_file_name
   [ , NEWNAME = new_logical_name ]
   [ , FILENAME = 'os_file_name' ]
   [ , SIZE = size [ KB | MB | GB | TB ] ]
   [ , MAXSIZE = { max_size [ KB | MB | GB | TB ] | UNLIMITED } ]
   [ , FILEGROWTH = growth_increment [ KB | MB | GB | TB | % ] ]
)
```

其中,new_logical_name 是文件的新的逻辑名称,其余各项的含义与 ADD FILE 后的< filespec >中的各项相同。

(6) ADD LOG FILE 用于在向数据库中添加新的事务日志文件,其后的< filespec >的语法与 ADD FILE 后的< filespec >的语法相同。

(7) ADD FILEGROUP 用于向数据库添加新的文件组,filegroup_name 是文件组的名称。

(8) REMOVE FILEGROUP 用于删除文件组,filegroup_name 是文件组的名称。只有当文件组为空时才能删除。

(9) MODIFY FILEGROUP 用于修改文件组,filegroup_name 是文件组的名称。DEFAULT 是指设置该文件组为缺省文件组;NAME = new_filegroup_name 是为文件组重命名;< filegroup_updatability_option >用于对文件组设置只读或读写属性,语法格式如下:

```
<filegroup_updatability_option> ::=
{ { READONLY | READWRITE } | { READ_ONLY | READ_WRITE } }
```

例 3-8 将数据库 db1 的名称改为 newdb。

```
ALTER DATABASE db1
MODIFY NAME = newdb
```

例 3-9 向数据库 db2 中添加一个文件组。

```
ALTER DATABASE db2
ADD FILEGROUP db2_group1
```

例 3-10 向数据库 db2 中添加两个数据文件,并将这两个文件放入文件组 db2_group1 中。

```
ALTER DATABASE db2
ADD FILE
(  NAME = db2_data2,
   FILENAME = 'C:\DataBase\db2data2.ndf'
),
(  NAME = db2_data3,
   FILENAME = 'C:\DataBase\db2data3.ndf'
) TO FILEGROUP db2_group1
```

例 3-11 修改数据库 db2 中的数据文件 db2_data2 的名称为 db2_newdatafile。

```
ALTER DATABASE db2
MODIFY FILE
(  NAME = db2_data2,
   NEWNAME = db2_newdatafile
)
```

例 3-12 删除数据库 db2 中的数据文件 db2_newdatafile。

```
ALTER DATABASE db2
REMOVE FILE db2_newdatafile
```

例 3-13 将数据库 db2 中的文件组 db2_group1 设置为默认文件组。

```
ALTER DATABASE db2
MODIFY FILEGROUP db2_group1 DEFAULT
```

3.3.5 数据库的删除

在 SQL Server 中,可以使用 SQL Server Management Studio 和 Transact-SQL 语句来删除数据库。

1. 使用 SQL Server 管理平台删除数据库

打开 SQL Server Management Studio,在"对象资源管理器"中右击要删除的数据库,在弹出的快捷菜单中选择"删除"命令,打开如图 3.14 所示的"删除对象"窗口。单击"确定"按钮完成数据库的删除。数据库的数据文件和事务日志文件也将同时被删除。

2. 使用 Transact-SQL 语句删除数据库

在 SQL Server 中,可以使用 DROP DATABASE 语句来删除数据库。DROP DATABASE 语句的语法格式如下:

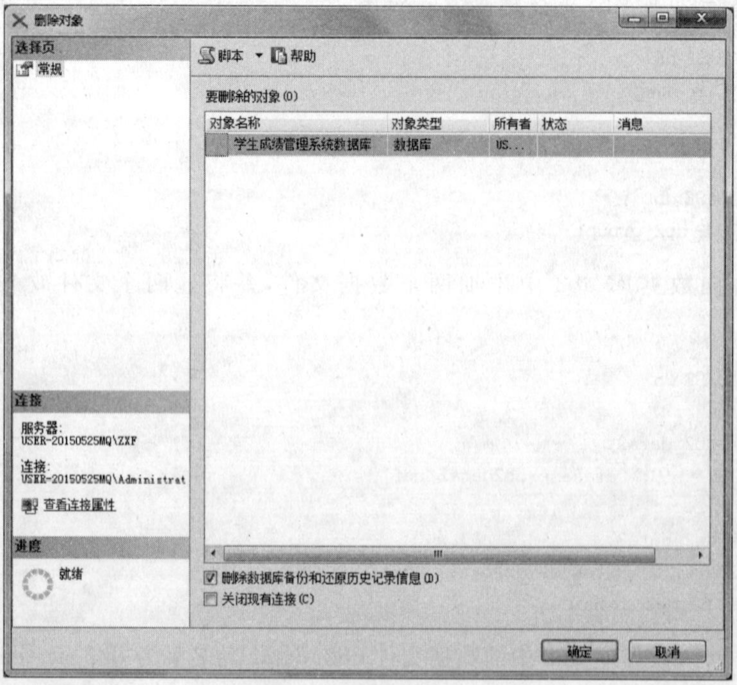

图 3.14 “删除对象”窗口

```
DROP DATABASE database_name [, … n]
```

其中 database_name 是要删除的数据库的名称。

例 3-14 删除“学生成绩管理系统数据库”。

```
DROP DATABASE 学生成绩管理系统数据库
```

例 3-15 删除数据库 db2 和 db3。

```
DROP DATABASE db2, db3
```

本例删除了两个数据库,两个数据库之间以逗号分隔。

3.3.6 数据库的备份与还原

数据库中的数据可能遭到丢失和破坏,这就有必要定时或在有需要的时候制作数据库的副本,即进行数据备份,以便在发生意外时能修复数据库,即进行数据库的恢复。

1. 数据库备份的类型

SQL Server 2012 支持 4 种基本类型的备份：完全备份、差异备份、事务日志备份、文件和文件组备份。

(1) 完全备份：备份整个数据库的所有内容,包括事务日志。该备份类型需要比较大的存储空间来存储备份文件,备份时间也比较长,在还原数据时,也只要还原一个备份文件。

(2) 差异备份：差异备份只备份上次完整备份后更改的数据。差异备份的速度一般比完整备份要快。在还原数据时,要先还原前一次做的完整备份,然后还原最后一次所做的差异备份,这样才能让数据库里的数据恢复到与最后一次差异备份时的内容相同。

(3) 事务日志备份：事务日志备份只备份事务日志里的内容。事务日志记录了上一次完整备份或事务日志备份后数据库的所有变动过程。在进行事务日志备份之前，必须要进行完整备份。与差异备份类似，事务日志备份生成的文件较小、占用时间较短，但是在还原数据时，除了要先还原完整备份之外，还要依次还原每个事务日志备份，而不是只还原最后一个事务日志备份(这是与差异备份的区别)。

(4) 文件和文件组备份：如果在创建数据库时，为数据库创建了多个数据库文件或文件组，可以使用该备份方式。使用文件和文件组备份方式可以只备份数据库中的某些文件。

2. 数据库的备份

备份数据库可以使用 SQL Server Management Studio 或 BACKUP 语句来实现，这里仅介绍使用 SQL Server Management Studio 备份数据库的方法，步骤如下。

(1) 打开 SQL Server Management Studio，在“对象资源管理器”中右击要备份的数据库，在弹出的快捷菜单中选择“任务”→“备份”命令，打开如图 3.15 所示的“备份数据库”窗口。

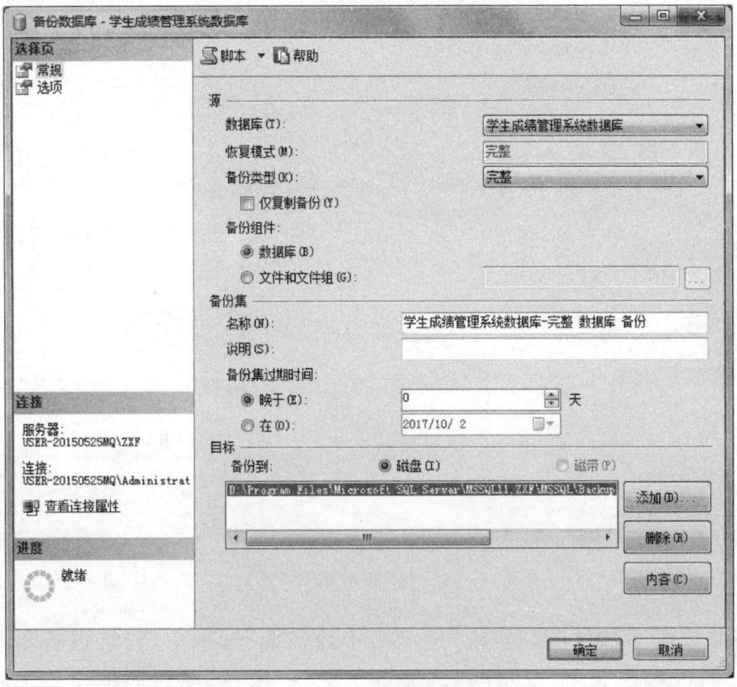

图 3.15 “备份数据库”窗口

(2) 在“备份数据库”对话框的“常规”选项页中，“数据库”下拉列表框中可以更改待备份的数据库；选择“备份类型”，如果是第一次备份，应该选择完整备份；在“备份集”名称文本框中可设置此备份的名称；“备份集过期时间”晚于 0 天表示永远过期；“目标”中可添加或删除备份设备(备份文件)。

(3) 设置完成后，单击“确定”按钮开始备份。

3. 数据库的还原

还原数据库可以使用 SQL Server Management Studio 或 RESTORE 语句来实现，这里仅介绍使用 SQL Server Management Studio 还原数据库，步骤如下。

(1) 打开 SQL Server Management Studio，如果要还原的数据库不存在，则在"对象资源管理器"中右击"数据库"结点，在弹出的快捷菜单中选择"还原数据库"命令，打开如图 3.16 所示的"还原数据库"对话框。如果要还原的数据库存在，则在"对象资源管理器"中右击该数据库结点，在弹出的快捷菜单中选择"任务"→"还原"→"数据库"命令，打开"还原数据库"窗口。

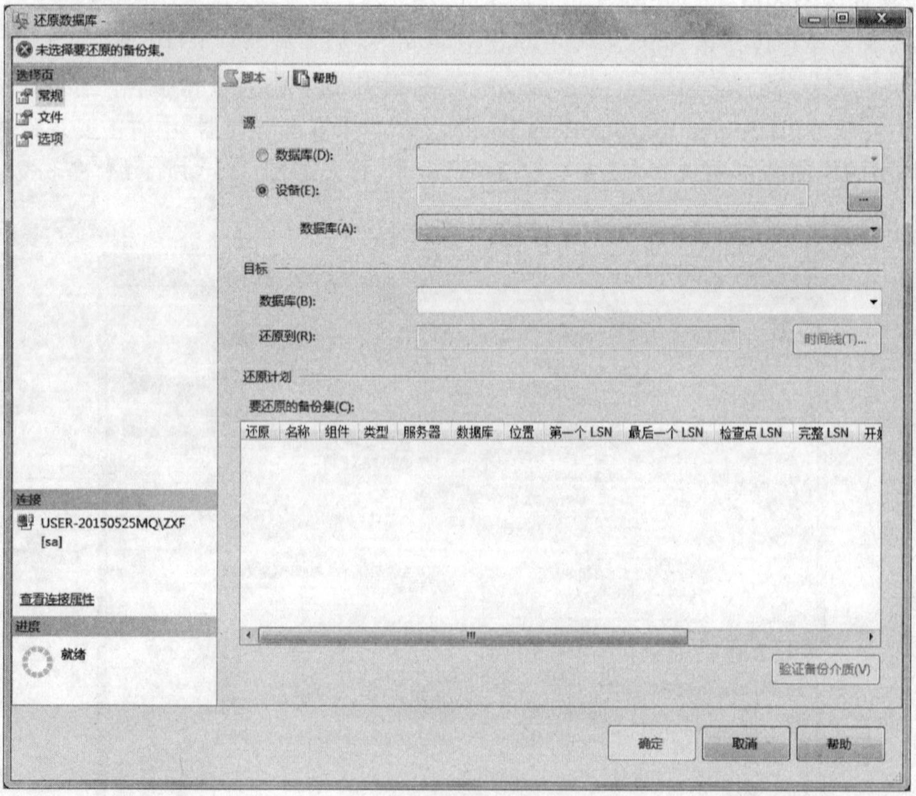

图 3.16 "还原数据库"窗口

(2) 在"还原数据库"窗口的"常规"选项卡中，在"源"选项中选择"设备"，并单击"设备"右侧的▭按钮，打开如图 3.17 所示的"选择备份设备"窗口，在对话框中添加在备份数据库时产生的备份文件，单击"确定"按钮。

(3) 返回"还原数据库"对话框，单击"确定"按钮即可还原数据库。

例 3-16 小明同学在机房做实验时创建了一个"学生选课"数据库，实验时间结束时，小明希望将此数据库备份到自己的 U 盘上，并在下次实验时还原数据库。

第 1 步：备份数据库到 U 盘。

在 SQL Server Management Studio 的"对象资源管理器"中右击"学生选课"数据库，在弹出的快捷菜单中选择"任务"→"备份"命令，打开如图 3.18 所示的"备份数据库"对话框，备份类型选择"完整"，备份组件选择"数据库"，备份集过期时间选择"晚于 0 天"。

图 3.17 “选择备份设备”对话框

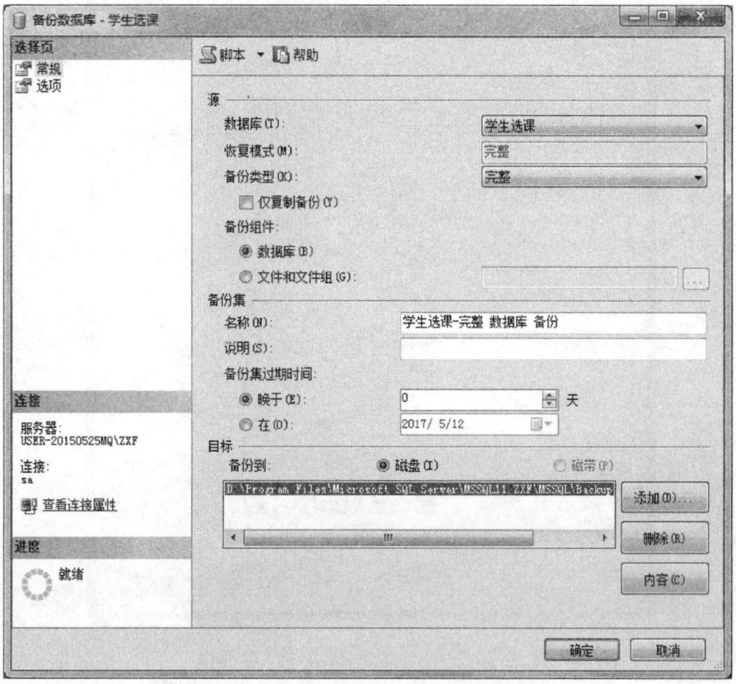

图 3.18 备份“学生选课”数据库

单击“删除”按钮，删除目标中的备份设备。单击“添加”按钮，弹出“选择备份目标”对话框，如图 3.19 所示。

单击省略号按钮，打开“定位数据库文件”对话框，为备份文件选择存放路径并命名，如图 3.20 所示。注意：文件的扩展名为.bak。

数据库备份执行成功后，就会在指定的路径下产生一个备份文件。

第 2 步：通过 U 盘上的备份文件还原数据库。

若“学生选课”数据库不存在，此时就需要进行数据库的还原，方法如下：

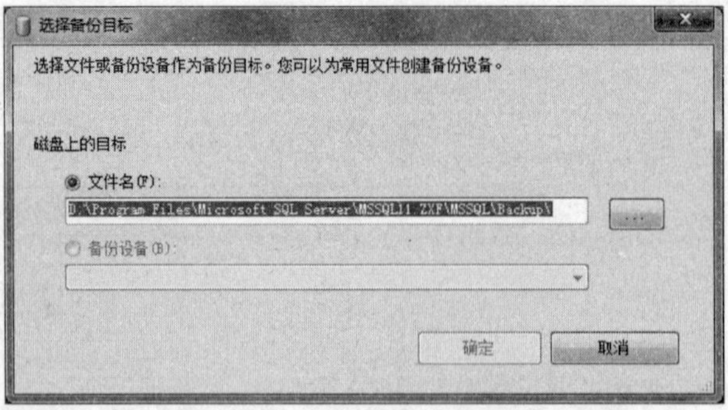

图 3.19 “选择备份目标”对话框

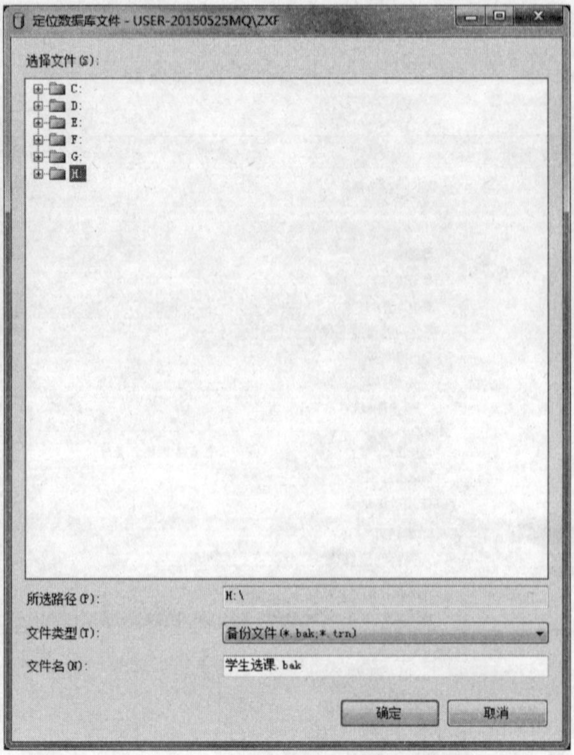

图 3.20 “定位数据库文件”对话框

在 SQL Server Management Studio 的“对象资源管理器”中右击“数据库”结点，在弹出的快捷菜单中选择“还原数据库”命令，打开如图 3.16 所示的“还原数据库”对话框。

在“还原数据库”对话框的“常规”选项页中，在“源”选项中选择“设备”，并单击“设备”右侧的▭按钮，打开如图 3.17 所示的“选择备份设备”对话框，在对话框中添加备份数据库时产生的备份文件，单击“确定”按钮，返回到“还原数据库”对话框。

添加了备份文件的“还原数据库”对话框如图 3.21 所示，单击“确定”按钮即可还原数据库。还原数据库后即可在“对象资源管理器”中看到“学生选课”数据库。

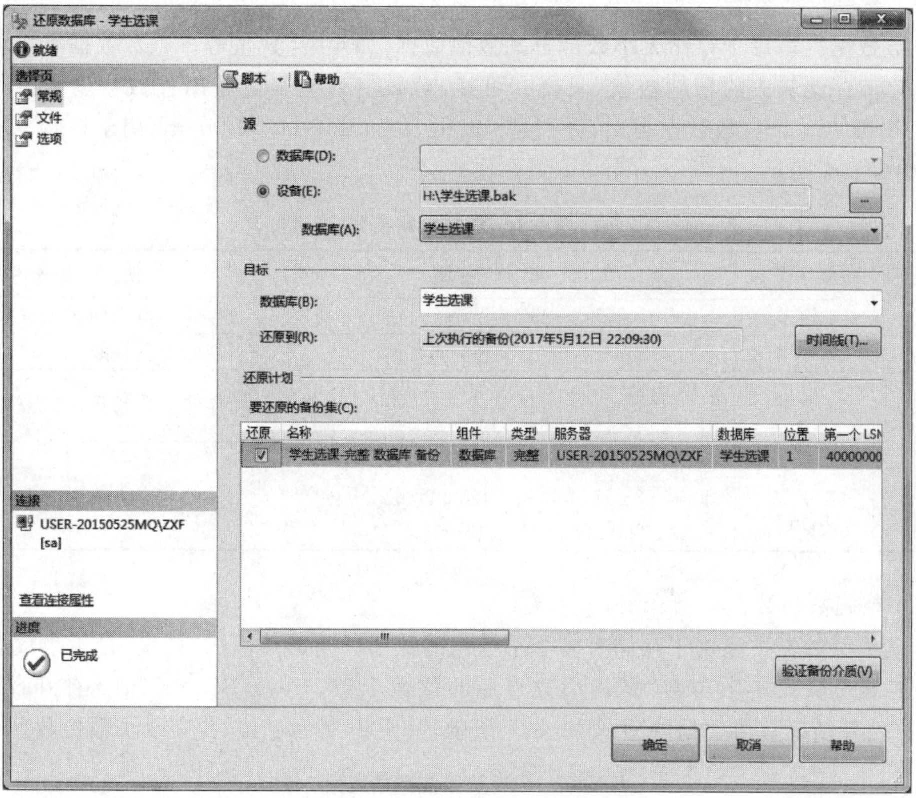

图 3.21　还原"学生选课"数据库

3.4　表的创建与管理

表是 SQL Server 中最重要的数据库对象,数据库中的所有数据都存放在表中。表由行和列组成,表的每一行是对一个实体的描述,也称为"记录"或"元组";表的每一列表示实体的一个属性。也可以用表来存储表之间的联系。

3.4.1　数据类型

数据类型是数据的一种属性,表示数据所表示信息的类型。任何一种计算机语言都定义了自己的数据类型,当然,不同的程序设计语言都具有不同的特点,所定义的数据类型的种类和名称或多或少都有些不同。

在 SQL Server 中,每个列、局部变量、表达式和参数都具有一个相关的数据类型。SQL Server 提供了系统数据类型集,该类型集定义了可与 SQL Server 一起使用的所有数据类型。用户还可以使用 Transact-SQL 或 Microsoft .NET Framework 定义自己的数据类型。

SQL Server 2012 支持多种数据类型,主要包括数值数据、字符数据、二进制数据、日期和时间数据、逻辑数据和其他数据六大类数据类型。

1. 数值数据类型

SQL Server 的数值数据类型可分为以下 4 种类型。

(1) 整数数据类型。

整数数据类型用于存储无小数部分的数值数据，如年龄、数量等。整数数据类型可以用较少的字节存储较大的精确数值，只要有可能，对数值列应尽量使用整数数据类型。SQL Server 2012 有 4 个整数数据类型，分别是 tinyint、smallint、int 和 bigint，用于存储不同范围的值，如表 3.6 所示。

表 3.6 整数数据类型

数据类型	存储字节数	取值范围	使用说明
tinyint	1 字节	$0\sim2^8-1$，即 0～255	存储小范围的非负整数
smallint	2 字节	$-2^{15}\sim2^{15}-1$，即－32 768～32 767	存储正负整数
int	4 字节	$-2^{31}\sim2^{31}-1$， 即－2 147 483 648～2 147 483 647	存储正负整数
bigint	8 字节	$-2^{63}\sim2^{63}-1$， 即－9 223 372 036 854 775 808～ 9 223 372 036 854 775 807	存储非常大范围的正负整数

(2) 精确数值数据类型。

精确数值数据类型用于存储有多个小数位的数值。精确数值的“精度”是指小数点前后的所有位数个数，“小数位数”是指小数点后的位数个数。SQL Server 2012 有 decimal 和 numeric 两种精确数值数据类型，如表 3.7 所示，其中 P 表示精度、S 表示小数位数。

表 3.7 精确数值数据类型

数据类型	存储字节数	取值范围	使用说明
decimal[(*P*[,*S*])]	依据不同的精度，需要 5～17B	$-10^{38}+1\sim10^{38}-1$	P 的默认值为 18，最大可以存储 38 位十进制数；S 的默认值为 0，只能取 $0\sim P$ 的值
numeric[(*P*[,*S*])]	依据不同的精度，需要 5～17B	$-10^{38}+1\sim10^{38}-1$	功能上等价于 decimal，并可以与 decimal 交换使用

(3) 近似数值数据类型。

近似数值数据类型用于存储浮点数据，近似数值数据不能精确地表示所有值。SQL Server 2012 有 float 和 real 两种近似数值数据类型，如表 3.8 所示。

float(n)中的 n 用于存储该数值尾数的位数。SQL Server 对此只使用两个值：如果指定 n 的值位于 1～24，SQL Server 就使用 24；如果指定 n 的值位于 25～53，SQL Server 就使用 53；当未指定 n 的值时，默认为 53。real 相当于 float(24)。

表 3.8 近似数值数据类型

数据类型	存储字节数	取值范围	使用说明
float[(n)]	n 为 1～24 时，4B n 为 25～53 时，8B	$-1.79\times10^{308}\sim-2.23\times10^{-308}$ 0 $2.23\times10^{-308}\sim1.79\times10^{308}$	存储大型浮点数，默认精确到第 15 位

续表

数据类型	存储字节数	取值范围	使用说明
real	4B	$-3.40\times10^{38}\sim-1.18\times10^{-38}$ 0 $1.18\times10^{-38}\sim3.40\times10^{38}$	仍然有效,但为了满足 SQL-92 标准,已经被 float 替换了,精确到第 7 位数

(4) 货币数据类型。

货币数据类型用于存储货币或现金值,SQL Server 提供了两种货币数据类型,分别是 money 和 smallmoney,这两种数据类型精确到它们所代表的货币单位的万分之一,如表 3.9 所示。

表 3.9 货币数据类型

数据类型	存储字节数	取值范围	使用说明
smallmoney	4B	−214748.3648～214748.3647	存储小型货币值,精确到小数点后 4 位
money	8B	−922337203685477.5808～922337203685477.5807	存储大型货币值,精确到小数点后 4 位

2. 字符数据类型

字符数据类型用于存储由字符构成的文本(字符串),根据所采用的编码方案,又可以分为字符数据类型(采用 ANSI 编码)和 Unicode 字符数据类型(采用 Unicode 编码)。

(1) 字符数据类型。

字符数据类型采用 ANSI 编码,可用于存储汉字、英文字母、数字符号和其他各种符号。在 SQL 语句中书写字符型数据时,要用单引号(')将字符串括起来,例如'张三'、'华中科技大学'等。字符数据类型有 4 种,如表 3.10 所示。

表 3.10 字符数据类型

数据类型	存储字节数	长度取值范围	使用说明
char[(*n*)]	*n* B	1～8000	固定宽度的 ANSI 数据类型,默认长度为 1
varchar[(*n*)]	实际字符长度+2B	1～8000	可变宽度的 ANSI 数据类型,默认长度为 1
varchar(MAX)	实际字符长度+2B	$1\sim2^{31}-1$	可变宽度的 ANSI 数据类型
text	实际字符长度+2B	$1\sim2^{31}-1$	可变宽度的 ANSI 数据类型,已由 varchar(MAX)取代

char 为固定宽度的字符数据类型,在用 char(*n*)对列进行说明时,指示列长度为 *n*。如果不指定长度 *n*,系统默认长度为 1。多于列长度的输入从后面被截取,输入字符的长度短于指定字符长度时用空格填满。

varchar 为可变宽度的字符数据类型。varchar 数据类型的结构与 char 数据类型一致,区别是当输入 varchar 字符的长度小于 *n* 时不用空格来填满,而是按输入字符的实际长度存储。

varchar(MAX)和 text 用于存储数据量庞大且长度变化的字符文本数据。用户要求表中的某列能存储 255 个字符以上的数据，可使用 varchar(MAX)和 text 数据类型。

(2) Unicode 字符数据类型。

Unicode 是国际组织制定的可以容纳世界上所有文字和符号的字符编码方案。对于使用 Unicode 字符数据类型的数据，每个字符需占用 2 字节的存储空间。在 SQL 语句中书写 Unicode 字符数据时，一般需先写字母 N，再用单引号(')将字符串括起来，例如：N'张三'、N'华中科技大学'等。Unicode 字符数据类型有 4 种，如表 3.11 所示。

表 3.11 Unicode 字符数据类型

数据类型	存储字节数	长度取值范围	使用说明
nchar[(n)]	2nB	1～4000	固定宽度的 Unicode 数据类型，默认长度为 1
nvarchar[(n)]	2*实际字符长度+2B	1～4000	可变宽度的 Unicode 数据类型，默认长度为 1
nvarchar(MAX)	2*实际字符长度+2B	$1\sim2^{30}-1$	可变宽度的 Unicode 数据类型
ntext	2*实际字符长度+2B	$1\sim2^{30}-1$	可变宽度的 Unicode 数据类型，已被 nvarchar(MAX)取代

3. 二进制数据类型

二进制数据类型用于存储二进制数据，如图形文件、Word 文档或 MP3 文件等。Image 数据类型可在数据页外部存储最多 2GB 的文件。Image 数据类型的首选替代数据类型是 varbinary(MAX)，可保存超过 8KB 的二进制数据，其性能通常比 image 数据类型好。SQL Server 2012 的新功能是可以在操作系统文件中通过 FileStream 存储选项存储 varbinary(MAX)对象。这个选项将数据存储为文件，同时不受 varbinary(MAX)的大小限制。

二进制数据类型有 4 种，如表 3.12 所示。在 SQL 语句中书写二进制数据时，需用 0x 开头的两个十六进制数构成一个字节，例如 0x5A、0x69B7。

表 3.12 二进制数据类型

数据类型	存储字节数	长度取值范围	使用说明
binary[(n)]	nB	1～8000	固定宽度的二进制数据类型，默认长度为 1
varbinary[(n)]	实际字符长度+2B	1～8000	可变宽度的二进制数据类型，默认长度为 1
varbinary(MAX)	实际字符长度+2B	$1\sim2^{31}-1$	可变宽度的二进制数据类型
image	实际字符长度+2B	$1\sim2^{31}-1$	可变宽度的二进制数据类型，已由 varbinary(MAX)取代

4. 日期和时间数据类型

日期和时间数据类型用于存储日期和时间数据。SQL Server 2012 支持多种日期时间数据类型，包括 datetime、smalldatetime、datetime2、datetimeoffset、date 和 time，如表 3.13 所示。

表 3.13 日期和时间数据类型

数 据 类 型	存储字节数	取 值 范 围	精确度	格 式
date	3B	0001-01-01～9999-12-31	1day	YYYY-MM-DD
datetime	8B	1753-01-01～9999-12-31	0.00333s	YYYY-MM-DD hh:mm:ss[.nnn]
datetime2[(*n*)]	6～8B	0001-01-01 00:00:00.0000000～9999-12-31 23:59:59.9999999 *n* 指定秒的小数位数，取值为 0～7，默认值为 7	100ns	YYYY-MM-DD hh:mm:ss[.nnnnnnn]
datetimeoffset[(*n*)]	8～10B	9999 年 1 月 1 日～12 月 31 日 *n* 指定小数秒＋/－偏移量，取值为 0～7，默认值为 7	100ns	YYYY-MM-DD hh:mm:ss[.nnnnnnn][＋|－]hh:mm
smalldateTime	4B	1900-01-01～2079-06-06	1min	YYYY-MM-DD hh:mm:ss
time[(*n*)]	3～5B	00:00:00.0000000～23:59:59.9999999 *n* 指定秒的小数位数，取值为 0～7，默认值为 7	100ns	hh:mm:ss[.nnnnnnn]

date 是单独表示日期的数据类型，time 是单独表示时间的数据类型，datetime2 是一种比 datetime 具有更大的日期范围和更好的精度的日期类型，datetimeoffset 具有一个时区组成部分。

time、datetime2 以及 datetimeoffset 的存储空间大小依赖于所选择的精度，可以通过 0～7 的整数来指定其精度，分别代表不同小数位数的秒值的精度。例如，time(0)表示秒的精度只有 0 位小数，即只能准确到 1s；time(3)表示准确到 1ms；而 time(7)则表示准确到 100ns。如果没有指定秒的小数部分的精度，SQL Server 默认将上述三种类型的精度设置为 7。

在 SQL 语句中书写日期和时间型数据时，要用单引号(')将日期和时间括起来，例如：'2007-12-01'、'12:15:20'、'2008-01-3 12:15:11'等。

5. 逻辑数据类型

SQL Server 的逻辑数据类型亦称为位(bit)数据类型，适用于判断真/假的场合，长度为一个字节，取值为 1、0 或 NULL。

6. 其他数据类型

SQL Server 还提供了一些特殊的数据类型，如表 3.14 所示。

表 3.14 其他数据类型

数 据 类 型	存储字节数	使 用 说 明
cursor	不适用	包含一个对游标的引用，可以用作变量或存储过程参数，创建表时不能使用
hierarchyid	1～892B＋2B 的额外开销	包含一个对层次结构中位置的引用
xml	最多 2GB	可以以 Unicode 或非 Unicode 形式存储

续表

数 据 类 型	存储字节数	使 用 说 明
sql_variant	8016B	可能包含任何系统数据类型的值，除了 text、ntext、image、timestamp、xml、varchar(max)、nvarchar(max)、varbinary(max)、sql_variant 以及用户定义的数据类型。最大长度为 8000B 数据＋16B(或元数据)
table	取决于表定义和存储的行数	存储用于进一步处理的数据集，其定义类似于 Create Table，主要用于返回表值函数的结果集，也可用于存储过程和批处理中
timestamp	8B	对于每个表来说是唯一的、自动存储的值，通常用于版本戳，该值在插入和每次更新时自动改变
uniqueidentifier	16B	用来存储一个全局唯一标识符（Globally Unique Identifier，GUID），GUID 值可以从 newid()函数获得，这个函数返回的值对数据库来说是唯一的

3.4.2 表的创建

在设计数据库时，要根据数据库逻辑结构设计的要求，确定需要哪些表，各表中都有哪些列，表的各列的数据类型，表的主键、外键、约束、索引等。创建表就是定义一个新表的结构以及它与其他表之间的联系。

在 SQL Server 中，可以使用 SQL Server Management Studio 和 Transact-SQL 语句来创建表。

1. 使用 SQL Server 管理平台创建表

使用 SQL Server 管理平台创建表的步骤如下。

(1) 在 SQL Server Management Studio 中打开“对象资源管理器”面板，展开需要新建表的数据库，右击“表”结点，在弹出的快捷菜单中选择“新建表”命令，打开“表设计器”对话框。

(2) 在“表设计器”中输入各列的列名、数据类型、是否允许空值等信息，如图 3.22 所示。

图 3.22 “表设计器”对话框

(3) 填写完成后，单击工具栏上的“保存”按钮，打开如图 3.23 所示的“选择名称”对话框，输入新建表的名称后，单击“确定”按钮，即可创建一个新表。

图 3.23 “选择名称”对话框

2. 使用 Transact-SQL 语句创建表

在 SQL Server 中，可以使用 CREATE TABLE 语句来创建表。CREATE TABLE 语句的语法格式如下：

```
CREATE TABLE table_name
({<column_definition> | <computed_column_definition>} [, …n]
    [,<table_constraint> [, …n] ]
)
```

各项的含义如下：

(1) table_name 是新表名称，该名称需符合标识符的命名规则。

(2) < column_definition >：对表中列的定义说明，其语法格式如下。

```
<column_definition> :: = column_name data_type [<column_constraint>]
```

其中 column_name 为列名，data_type 为列的数据类型，< column_constraint >为此列的列级约束的定义。< column_constraint >的语法格式见 3.4.3 节。

(3) < computed_column_definition >：对计算列的定义。计算列是指其值是由同一表中的其他列计算得到的，而非用户输入的。计算列不能作为 INSERT 或 UPDATE 语句的目标。

< computed_column_definition >的语法格式如下：

```
<computed_column_definition> :: =
column_name AS computed_column_expression
```

其中 computed_column_expression 是定义计算列的表达式，表达式可以是非计算列的列名、常量、函数、变量，也可以是由一个或多个运算符连接的上述元素的任意组合。

(4) < table_constraint >定义新表的表级约束，具体语法格式见 3.4.3 节。

例 3-17 在“学生成绩管理系统数据库”中创建“学生”表，包括“学号”“姓名”“性别”“籍贯”“出生日期”“专业班级”“入学时间”“学制”“学院编号”和“密码”字段。

```
USE 学生成绩管理系统数据库
CREATE TABLE 学生
(   学号 char(10),
    姓名 char(20),
    性别 char(2),
    籍贯 char(20),
    出生日期 date,
    专业班级 char(30),
    入学时间 date,
```

```
    学制 int,
    学院编号 char(2),
    密码 char(20)
)
```


本例使用 USE 语句打开"学生成绩管理系统数据库",使之成为当前数据库,然后在当前数据库中创建"学生"表。

例 3-18 创建员工工资表 salary,包括"姓名""基本工资""奖金"和"总计"字段,其中"总计"字段是计算列,其值为基本工资和奖金之和。

```
CREATE TABLE salary
(   姓名 varchar(10),
    基本工资 money,
    奖金 money,
    总计 AS 基本工资 + 奖金
)
```

本例创建了 salary 表,定义了三个数值列,其中"总计"列为计算列,其值由表达式计算而来,其数据类型为表达式的数据类型。

3. 使用 SQL Server 管理平台设计数据库关系

数据库关系图是 SQL Server 管理平台提供的一种很实用的工具。它将表和表间关系以及其他对象以图形方式表现出来,并且用户也可以通过它以图形的方式来增加、修改表和表间关系等数据库对象。

下面通过一个例子来说明数据库关系图的基本操作。

设有一个名为"教务管理系统"的数据库,目前数据库中有如下三个表,表结构如下:

院系表(院系编号,院系名称,办公地址,联系电话)
班级表(班级编号,班级名称,院系编号)
学生表(学号,姓名,性别,籍贯,出生日期,班级编号)

假设已设置"院系编号"为"院系表"的主键、"班级编号"为"班级表"的主键、"学号"为"学生表"的主键;"班级表"的"院系编号"字段为外键,对应的主键为"院系表"的"院系编号"字段。关系表的主键和外键设置方法见 3.4.3 节。

(1) 创建数据库关系图。

在 SQL Server Management Studio 中打开"对象资源管理器"面板,打开"教务管理系统"数据库,右击"数据库关系图"结点,在弹出的快捷菜单中选择"新建数据库关系图"命令,系统会打开一个"关系图设计器"窗口,并弹出"添加表"对话框。

"添加表"对话框里显示了"教务管理系统"数据库里面的所有表,将三张表都添加进"关系图设计器"后,"关系图设计器"中的关系图如图 3.24 所示。

(2) 在关系图中查看表结构和表间关系。

在关系图中,"院系表"和"班级表"之间存在一条连线,表明"院系表"和"班级表"之间存在联系(外键),连线一端有钥匙标志的表为主键表,连线另一端的表为外键表。

(3) 在关系图中创建表间关系。

"学生表"的"班级编号"字段应为"班级表"的"班级编号"字段的外键,下面在关系图中创建此外键(关系)。

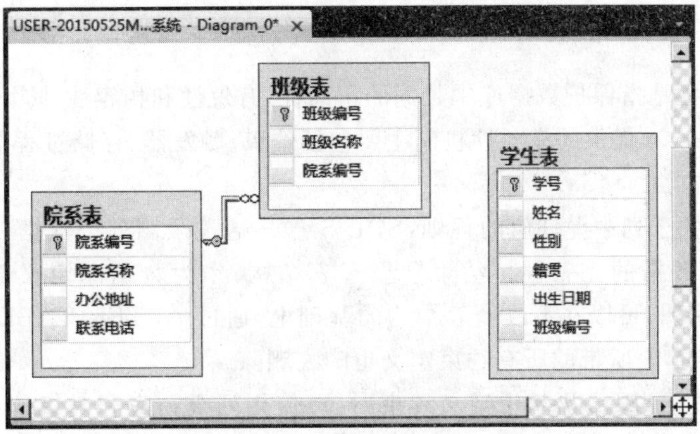

图 3.24　关系图

选中"班级表"的"班级编号"列，按住鼠标左键拖曳至"学生表"的"班级编号"列后松开，在弹出的"表和列"对话框中设置关系名称、主键表、主键字段、外键表、外键字段等信息后，单击"确定"按钮关闭"表和列"对话框。

在"外键关系"对话框中进行与外键相关的一些设置，单击"确定"按钮关闭对话框。

创建"班级表"与"学生表"的表间关系后的关系图如图 3.25 所示。

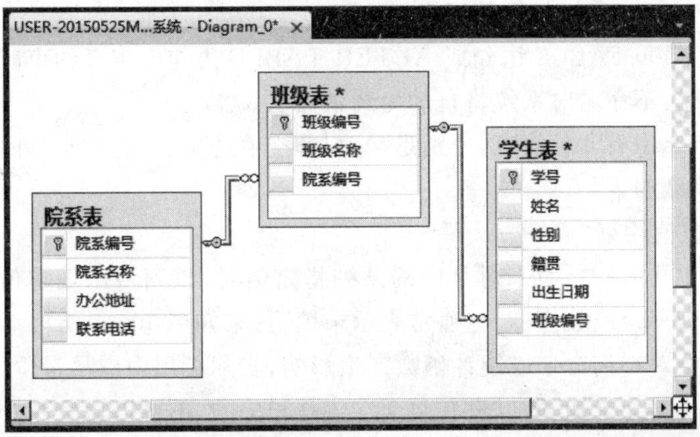

图 3.25　创建新关系后的关系图

(4) 在关系图中修改表结构和表间关系。

右击关系图的空白处，在弹出的快捷菜单中进行相应的选择，可完成新建表、向关系图中添加表等操作。

右击表或字段，在弹出的快捷菜单中进行相应的选择，可完成设置表结构(插入列、删除列、设置主键、设置 CHECK 约束等)、删除表等操作。

右击表间的连线，在弹出的快捷菜单中进行相应的选择，可以完成设置关系属性、从数据库中删除关系的操作。

(5) 保存关系图。

单击工具栏上的"保存"按钮，打开"选择名称"对话框，输入关系图的名称保存关系图。保存关系图后，在关系图中对表结构和表间关系的创建和修改将在数据库中实现。

3.4.3 定义表的约束

数据的完整性是指保护数据库中数据的正确性、有效性和相容性，防止错误的数据进入数据库。SQL Server 提供的完整性机制主要包括约束、触发器、存储过程等，本小节介绍约束的概念和使用方法。

约束定义了关于列中允许值的规则，SQL Server 通过限制列中数据、行中数据和表之间的数据来保证数据的完整性。约束独立于表结构，作为数据库定义部分在 CREATE TABLE 语句中声明，可以在不改变表结构的基础上，通过 ALTER TABLE 语句添加或删除。当表被删除时，表所带的所有约束定义也随之删除。

在 CREATE TABLE 语句中定义约束时，可使用列级约束和表级约束两种方法进行定义。

(1) 列级约束是对某一个特定列的约束，包含在列定义中，直接跟在该列的其他定义之后，用空格分隔，不必指定列名。

(2) 表级约束不包含在列定义中，而是在所有列定义之后定义，与列定义用“,”分隔。定义表级约束时必须指出要约束的列的名称。

(3) 在 CREATE TABLE 语句中，如果约束是针对单个列的，则既可以使用列级约束，也可以使用表级约束；如果约束是针对多个列的，则必须使用表级约束。在 ALTER TABLE 语句中增加约束时，只能使用表级约束。

(4) 在 CREATE TABLE 语句或 ALTER TABLE 语句中定义约束时，可为约束命名，也可不为约束命名，不命名时系统将自动为约束命名。

在 SQL Server 中有 6 种约束，分别是空值/非空值约束、主键约束、外键约束、唯一性约束、检查约束和默认约束。

1. 空值/非空值约束

当用户往表中插入一行而未对其中的某列指定值时，该列将出现空值(NULL)。空值不同于空白(空字符串)或数值零，它通常表示未填写、未知(Unknown)、不可用或将在以后添加数据。空值会对查询命令或统计函数产生影响，实际应用中应尽量少使用空值。

因为每个空值均为未知，所以没有两个空值是相等的，不可以比较两个空值的大小或比较空值与任何其他数据的大小。判断某列中的值是否为空值，可以使用关键字 IS NULL 或 IS NOT NULL。

当某一字段一定要输入值才有意义的时候，可以为这一字段定义非空值(NOT NULL)约束，即不允许此列出现空值；当允许字段不输入值时，可以为这一字段定义空值(NULL)约束，即允许此列出现空值。当没有为字段定义空值或非空值约束时，系统允许字段值为空值，即具有空值约束。

空值/非空值约束只能定义列级约束，语法格式如下：

```
[CONSTRAINT constraint_name] [NOT] NULL
```

其中，constraint_name 为约束的名称，在定义空值/非空值约束时通常省略不写。如果不带 NOT，则为空值约束，否则为非空值约束。

例 3-19 在“学生成绩管理系统数据库”中创建“教师”表，包括“教师编号”“姓名”“性别”“出生日期”“职称”“学院编号”和“密码”字段。要求为“教师编号”“姓名”和“学院编号”列设置非空值约束，为“性别”列设置空值约束。

```
CREATE TABLE 教师
(  教师编号 char(10) NOT NULL,
   姓名 char(20) NOT NULL,
   性别 char(2) NULL,
   出生日期 date,
   职称 char(20),
   学院编号 char(2) NOT NULL,
   密码 char(20)
)
```

本例中，并未为“出生日期”“职称”和“密码”列设置空值/非空值约束，系统视这几列具有空值约束。

2. 主键约束

主键是被挑选出来，作为元组的唯一标识的候选关键字。它可以唯一确定表中的一行数据，或者说可以唯一确定一个实体。一个表只有一个主键，主键不允许为空值，且不同的两行的键值不能相同。

主键可以由一列，也可以由多列组成。如果一个表的主键由单列组成，则该主键约束既可以定义为该列的列级约束，也可以定义为表级约束。如果主键由两个或两个以上的列组成，则该主键约束必须定义为表级约束。

定义列级主键约束的语法格式如下：

```
[CONSTRAINT constraint_name]
PRIMARY KEY [CLUSTERED | NONCLUSTERED]
```

定义表级主键约束的语法格式如下：

```
[CONSTRAINT constraint_name]
PRIMARY KEY [CLUSTERED | NONCLUSTERED]
{(column_name [, …n])}
```

各项的含义如下：

(1) constraint_name 是约束名称，该名称需符合标识符的命名规则。

(2) [CLUSTERED | NONCLUSTERED]指系统创建主键索引时，索引为聚集索引(CLUSTERED)还是非聚集索引(NONCLUSTERED)，默认值为聚集索引。索引的概念见第 5 章。

(3) column_name 为构成主键的字段名。

例 3-20 在“学生成绩管理系统数据库”中创建“学院”表，包括“学院编号”“学院名称”“学院电话”和“学院地址”字段。将“学院编号”字段设置为主键。

```
CREATE TABLE 学院
(  学院编号 char(2) PRIMARY KEY,
   学院名称 char(30),
   学院电话 char(12),
   学院地址 char(50)
)
```

本例中，主键由单列构成，可以定义为列级约束。定义约束时没有为约束取名，系统会自动为约束取名。在“对象资源管理器”中展开“学院”结点下的“键”结点，即可看到约束的名称。

例 3-21　在“学生成绩管理系统数据库”中创建“选课成绩”表，包括“学号”“课堂编号”和“成绩”字段。将“学号”和“课堂编号”字段设置为主键，并为主键约束命名。

```
CREATE TABLE 选课成绩
(   学号 char(10),
    课堂编号 char(16),
    成绩 int,
    CONSTRAINT PK_选课成绩 PRIMARY KEY (学号, 课堂编号)
)
```

本例中，主键由多列构成，因此必须定义为表级约束。

除了可以通过 Transact-SQL 语句定义主键，还可以通过在 SQL Server Management Studio 中设计表结构时定义主键。例如，例 3-21 是通过 CREATE TABLE 命令创建“选课成绩表”并定义主键的，下面在 SQL Server Management Studio 中完成此功能。

（1）打开“对象资源管理器”面板，打开“学生成绩管理系统数据库”，右击“表”结点，在弹出的快捷菜单中选择“新建表”命令。

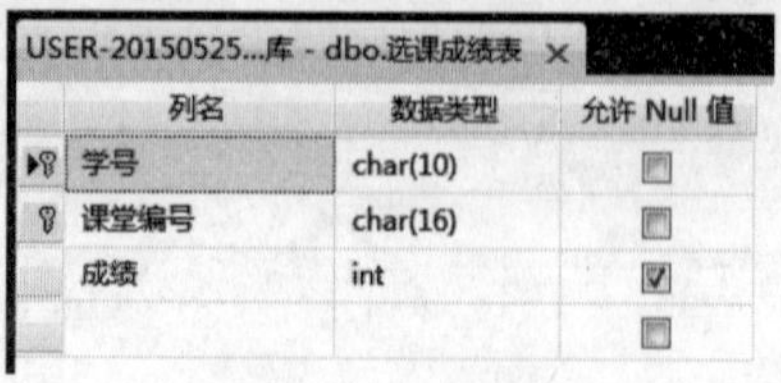

图 3.26　设置主键

（2）在“表设计器”中输入各列的列名、数据类型、是否允许空值等信息。

（3）定义主键，选中“学号”列（单击列名左侧的“行”按钮），再按住 Ctrl 键选中“课堂编号”列，在工具栏上单击“设置主键”按钮即可设置主键。此时，“学号”和“课堂编号”的左侧会显示图标，如图 3.26 所示。

（4）单击工具栏上的“保存”按钮，打开“选择名称”对话框，输入新建表的名称“选课成绩”后，击“确定”按钮，则创建了“选课成绩”表。

3. 外键约束

外键约束定义了表与表之间的联系。通过将一个表中的一列或多列添加到另一个表中，创建两个表之间的联系，这个列就成为第二个表的外键（Foreign Key，FK），即外键是用于建立和加强两个表数据之间的联系的一列或多列，通过它可以强制参照完整性。

当一个表中的一列或多列的组合和其他表中的主键定义相同时，就可以将这列或这些列的组合定义为外键，并设定与它关联的表和列。这样，当向外键表插入数据时，如果与之相关联的表（称为主键表或主表）的关键字列中没有与插入的外键列值相同的值时，系统会拒绝插入数据。同时，如果主键表的某个元组的关键字值在外键表的外键列出现，则此元组不能从主键表中删除。

定义列级外键约束的语法格式如下：

```
[CONSTRAINT constraint_name] [FOREIGN KEY]
REFERENCES ref_table[(ref_column [, …n])]
[ON DELETE {CASCADE | NO ACTION}]
[ON UPDATE {CASCADE | NO ACTION}]]
```

定义表级外键约束的语法格式如下：

```
[CONSTRAINT constraint_name] FOREIGN KEY (column_name [, … n])
REFERENCES ref_table [(ref_column [, … n])]
[ON DELETE {CASCADE | NO ACTION}]
[ON UPDATE {CASCADE | NO ACTION}]]
```

各项的含义如下：

(1) constraint_name 是约束名称，该名称需符合标识符的命名规则。

(2) column_name 为外键列名。

(3) ref_table 为主键表名，ref_column 为主键表的主键列名。ref_column 可以省略不写。

(4) ON DELETE CASCADE 是指为外键设置级联删除，ON DELETE NO ACTION 是指不为外键设置级联删除，默认值为 NO ACTION。级联删除是指当主键表中的某行被删除时，外键表中所有相关行将自动被系统删除。

(5) ON UPDATE CASCADE 是指为外键设置级联修改，ON UPDATE NO ACTION 是指不为外键设置级联修改，默认值为 NO ACTION。级联修改是指当主键表中某行的键值被修改时，外键表中所有相关行的该外键值也将被自动修改为新值。

例 3-22 在创建“课程”表时，指明“学院编号”列为外键，对应的主键为“学院”表的“学院编号”列。

```
CREATE TABLE 课程
(  课程编号 char(8) PRIMARY KEY,
   课程名称 varchar(50),
   学时数 int,
   学分数 float,
   课程性质 char(10),
   课程介绍 text,
   学院编号 char(2) FOREIGN KEY REFERENCES 学院(学院编号)
)
```

注意：为了能将“课程”表中的“学院编号”列定义为外键，必须先定义“学院”表且将该表的“学院编号”列定义为主键。

例 3-23 在创建“课堂”表时，指明“教师编号”列为外键，对应的主键为“教师”表的“教师编号”列，并设置为级联修改；指明“课程编号”列为外键，对应的主键为“课程”表的“课程编号”列，并设置为级联删除。

```
CREATE TABLE 课堂
(  课堂编号 char(16) PRIMARY KEY,
   课堂名称 varchar(50),
   开课年份 char(10),
   开课学期 char(2),
   教师编号 char(10),
   课程编号 char(8),
   班级列表 char(80),
   课堂状态 int,
   最少开课人数 int,
```

```
    最多开课人数 int,
    成绩激活 int,
    FOREIGN KEY (教师编号) REFERENCES 教师(教师编号) ON UPDATE CASCADE,
    FOREIGN KEY (课程编号) REFERENCES 课程(课程编号) ON DELETE CASCADE
)
```

本例中,建立了两个表级外键约束。

尽管外键约束的主要目的是控制存储在外键表中的数据,但它还可以通过级联操作,使得当主键表中的数据被修改或删除后,外键表中的数据也相应地做相同的更新操作。

本例中,对“教师编号”列设置了级联修改,即当“教师”表中的“教师编号”值发生改变时,“课堂”表中对应的值也跟着改变。对“课程编号”列设置了级联删除,即当“课程”表中的某个课程被删除时,“课堂”表中的所有相关行也被自动删除。

4. 唯一性约束

唯一性(Unique)约束指定一个或多个列的组合的值具有唯一性,以防止在列中输入重复的值。

唯一性约束与主键约束有类似的功能,两者的区别如下:

(1) 一个表可以定义多个唯一性约束,但只能定义一个主键约束。

(2) 唯一性约束所在的列允许出现空值 NULL(只能出现一个),但是主键约束所在的列不允许空值。

(3) 主键不可能(或很难)更新,但具有唯一性约束的列可以更新。

可见,主键约束强度大于唯一性约束,因此主键列无须再设定唯一性约束。

定义列级唯一性约束的语法格式如下:

```
[CONSTRAINT constraint_name]
UNIQUE [CLUSTERED | NONCLUSTERED]
```

定义表级唯一性约束的语法格式如下:

```
[CONSTRAINT constraint_name]
UNIQUE [CLUSTERED | NONCLUSTERED]
(column_name [, …n])
```

各项的含义如下:

(1) constraint_name 是约束名称,该名称需符合标识符的命名规则。

(2) [CLUSTERED | NONCLUSTERED]指系统创建唯一性索引时,索引为聚集索引(CLUSTERED)还是非聚集索引(NONCLUSTERED),默认值为非聚集索引。索引的概念见第5章。

(3) column_name 为构成唯一性约束的字段名。

例 3-24 创建“学院”表时,要求“学院名称”具有唯一性。

```
CREATE TABLE 学院
(   学院编号 char(2) PRIMARY KEY,
    学院名称 char(30) UNIQUE,
    学院电话 char(12),
    学院地址  char(50)
)
```

例 3-25 为了避免不方便，在创建"学生"表时，要求同一个班级里没有同名的学生。

```
CREATE TABLE 学生
(  学号 char(10) PRIMARY KEY,
   姓名 char(20),
   性别 char(2),
   籍贯 char(20),
   出生日期 date,
   专业班级 char(30),
   入学时间 date,
   学制 int,
   学院编号 char(2),
   密码 char(20),
   UNIQUE (姓名, 专业班级)
)
```

5. 检查约束

检查(Check)约束对输入列或整个表中的值设置检查条件，以限制输入值，保证数据库的数据完整性。

当对具有检查约束的列进行插入或修改时，SQL Server 将用该检查约束的逻辑表达式对新值进行检查，只有满足条件(逻辑表达式返回 TRUE)的值才能填入该列，否则报错。可以为每列指定多个 CHECK 约束。

表级检查约束和列级检查约束的语法格式相同，定义检查约束的语法格式如下：

```
[CONSTRAINT constraint_name] CHECK (logical_expression)
```

各项的含义如下：

(1) constraint_name 是约束名称，该名称需符合标识符的命名规则。

(2) logical_expression 为对列值进行限制的逻辑表达式，逻辑表达式可以涉及表的多个列。

例 3-26 创建"教师"表时，要求"性别"列的取值只能是"男"或"女"。

```
CREATE TABLE 教师
(  教师编号 char(10) PRIMARY KEY,
   姓名 char(20) NOT NULL,
   性别 char(2) CHECK (性别 = '男' OR 性别 = '女'),
   出生日期 date,
   职称 char(20),
   学院编号 char(2) NOT NULL,
   密码 char(20)
)
```

例 3-27 创建"选课成绩"表时，要求"成绩"列的取值范围为 0～100。

```
CREATE TABLE 选课成绩
(  学号 char(10),
   课堂编号 char(16),
   成绩 int CHECK (成绩 >= 0 AND 成绩 <= 100),
   CONSTRAINT PK_选课成绩 PRIMARY KEY (学号, 课堂编号)
)
```

例 3-28 创建“学院”表时，要求“学院电话”列的取值需符合中国地区固定电话的编码格式。中国地区固定电话号码的编码格式是“区号-号码”。区号为三位数的号码是八位数，区号为四位数的则号码是七位数。区号的第一位数一定为零，第二位数一定不为零；号码的第一位数一定不为零。

```
CREATE TABLE 学院
(   学院编号 char(2) PRIMARY KEY,
    学院名称 char(30) UNIQUE,
    学院电话 char(12),
    学院地址  char(50),
    CHECK (学院电话 LIKE '0[1-9][0-9][0-9]-[1-9][0-9][0-9][0-9][0-9][0-9][0-9]'
       OR 学院电话 LIKE '0[1-9][0-9]-[1-9][0-9][0-9][0-9][0-9][0-9][0-9][0-9]')
)
```

在本例中，LIKE 运算符确定给定的字符串是否与指定的模式相匹配，模式可以使用通配符字符。本例中“[ ]”就是通配符，其含义是指定范围中的任何单个字符，[0-9]表示数字字符 0～9 中的任意一个，[1-9]表示数字字符 1～9 中的任意一个。

例 3-29 在“销售管理”数据库中创建“销售订单”表，包括“订单编号”“商品编号”“数量”“价格”“订货日期”“发货日期”和“到货日期”字段。定义检查约束以保证发货日期在订货日期之后，到货日期在发货日期之后。

```
CREATE TABLE 销售订单
(   订单编号 char(10) PRIMARY KEY,
    商品编号 char(10),
    数量 float,
    价格 float,
    订货日期 date,
    发货日期 date,
    到货日期 date,
    CHECK (发货日期 > 订货日期 AND 到货日期 > 发货日期)
)
```

6. 默认约束

默认(Default)约束通过定义列的默认值来确保在用户没有为某列指定数据时，系统来指定列的值。

默认约束在对表执行 INSERT 语句时起作用，每列中只能有一个默认约束。默认值可以是常量，也可以是表达式，还可以为 NULL。

定义默认约束的语法格式如下：

```
[CONSTRAINT constraint_name]
DEFAULT constant_expression [FOR column_name]
```

各项的含义如下：

(1) constraint_name 是约束名称，该名称需符合标识符的命名规则。

(2) constant_expression 为默认值取值的常量表达式。

(3) column_name 为默认约束所作用的列。

注意：FOR column_name 子句只能在 ALTER TABLE 语句中使用，在 CREATE

TABLE 语句中不能使用。因此，在 CREATE TABLE 语句中只能定义列级约束，不能定义表级约束。

例 3-30 创建“课程”表时，为“课程性质”列设置默认值“必修”。

```
CREATE TABLE 课程
(  课程编号 char(8) PRIMARY KEY,
   课程名称 varchar(50),
   学时数 int,
   学分数 float,
   课程性质 char(10) CONSTRAINT DF_课程_课程性质 DEFAULT '必修',
   课程介绍 text
)
```

例 3-31 在“销售管理”数据库中创建“销售订单”表，包括“订单编号”“商品编号”“数量”“价格”“订货日期”“发货日期”和“到货日期”字段。为“订货日期”列设置默认值。

```
CREATE TABLE 销售订单
(  订单编号 char(10) PRIMARY KEY,
   商品编号 char(10),
   数量 float,
   价格 float,
   订货日期 date DEFAULT getdate(),
   发货日期 date,
   到货日期 date
)
```

在本例中，为“订货日期”列设置的默认值为 getdate()。getdate()为 SQL Server 提供的系统函数，返回值为当前的日期。设置默认约束后，每当在“销售订单表”中添加一行记录时，如果用户没有给出“订货日期”字段的值，则系统会为该字段赋予当前日期。

3.4.4 表的修改

所谓表的修改是指在创建表之后，修改表结构以及添加、删除约束等。在 SQL Server 中，可以使用 SQL Server Management Studio 和 Transact-SQL 语句来修改表。

1. 使用 SQL Server 管理平台修改表

在 SQL Server Management Studio 中的打开“对象资源管理器”面板，展开“数据库”结点下的“表”结点。右击要修改的数据表，从快捷菜单中选择“设计表”命令，则会弹出修改数据表结构的“表设计器”对话框，如图 3.27 所示。

在“表设计器”中可执行增加列、删除列、修改列属性等操作，修改完成后，单击“保存”按钮可保存修改。

2. 使用 Transact-SQL 语句修改表

在 SQL Server 中，可以使用 ALTER TABLE 语句来修改表结构、添加/删除约束。

(1) 使用 ALTER TABLE 语句修改表结构。

语法格式如下：

```
ALTER TABLE table_name
ADD {< column_definition > | < computed_column_definition >} [ ,…n]
```

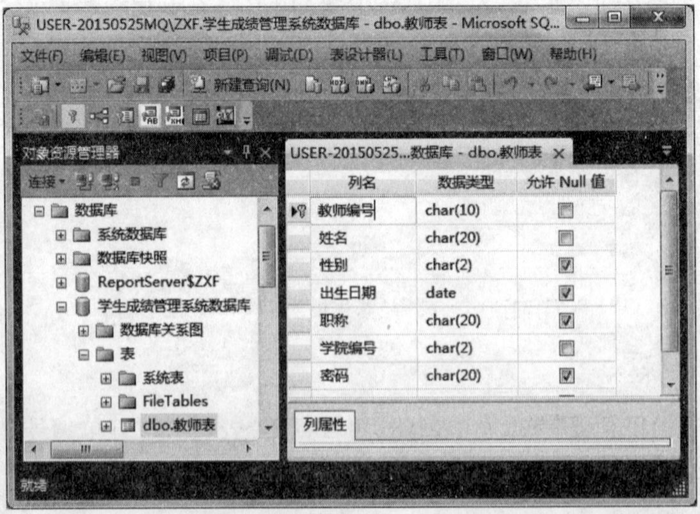

图 3.27　在“表设计器”中修改表结构

```
| ALTER COLUMN column_name data_type [NULL|NOT NULL]
| DROP COLUMN column_name [, … n]
```

从上面的语法格式可以看出，ALTER TABLE 有三个子句(ADD 子句、ALTER COLUMN 子句和 DROP COLUMN 子句)，一条 ALTER TABLE 语句中只能写一个子句。

ADD 子句的功能是为表增加一列或多列。< column_definition >和< computed_column_definition >的具体语法格式与 CREATE TABLE 语句中的< column_definition >和< computed_column_definition >相同。

例 3-32　为“学生”表添加“电话”和“邮箱”列。

```
ALTER TABLE 学生
ADD 电话 char(20), 邮箱 char(30)
```

ALTER COLUMN 子句的功能是修改列定义。使用 ALTER COLUMN 子句时要注意以下几点：

① ALTER COLUMN 子句不能修改列名。

② 如果列中已有数据，则不能减少该列的宽度，也不能改变其数据类型。

③ 不能将含有空值的列的定义修改为 NOT NULL 约束。

④ 只能修改 NULL/NOT NULL 约束，其他类型的约束在修改之前必须先将约束删除，然后再重新添加修改过的约束定义。

⑤ 当修改列的 NULL/NOT NULL 约束而不修改列的数据类型时，在列定义中要定义该列的数据类型；当修改列的数据类型而不修改列的 NOT NULL 约束时，要在列定义中写“NOT NULL”。

例 3-33　修改“学生”表的“邮箱”列的长度为 40。

```
ALTER TABLE 学生
ALTER COLUMN 邮箱 char(40)
```

例 3-34　将“学生”表的“性别”列设置为非空值约束。

```
ALTER TABLE 学生
ALTER COLUMN 性别 char(2) NOT NULL
```

DROP COLUMN 子句的功能是删除一列或多列。

例 3-35 删除“学生”表的“电话”和“邮箱”列。

```
ALTER TABLE 学生
DROP COLUMN 电话, 邮箱
```

(2) 使用 ALTER TABLE 语句添加/删除约束。

语法格式如下：

```
ALTER TABLE table_name
ADD <constraint_definition>[, …n]
| DROP CONSTRAINT constraint_name [, …n]
```

ALTER TABLE 语句通过 ADD 子句为表添加一个或多个约束，在 ALTER TABLE 语句中添加的约束都是表级约束，各种约束的具体语法格式见 3.4.3 节。

例 3-36 为“课堂”表添加主键约束，定义主键为“课堂编号”列。

```
ALTER TABLE 课堂
ADD CONSTRAINT PK_课堂 PRIMARY KEY (课堂编号)
```

例 3-37 为“教师”表的“学院编号”列添加外键约束，对应的主键为“学院”表的“学院编号”列。

```
ALTER TABLE 教师
ADD CONSTRAINT FK_教师_学院编号 FOREIGN KEY(学院编号)
REFERENCES 学院(学院编号)
```

例 3-38 设“学生”表中有一个“身份证号码”列，为此列添加唯一性约束。

```
ALTER TABLE 学生
ADD CONSTRAINT UQ_学生_身份证号码 UNIQUE (身份证号码)
```

例 3-39 为“学生”表的“邮箱”列添加检查约束，要求必须出现“@”符号。

```
ALTER TABLE 学生
ADD CONSTRAINT CK_学生_邮箱 CHECK (邮箱 LIKE '%@%')
```

本例中，通配符“%”的含义是包含 0 个或多个字符的任意字符串。

例 3-40 为“教师”表的“密码”列设置默认约束，默认值为“123456”。

```
ALTER TABLE 教师
ADD CONSTRAINT DF_教师_密码 DEFAULT '123456' FOR 密码
```

ALTER TABLE 语句中通过 DROP CONSTRAINT 子句可删除表的一个或多个约束。

例 3-41 删除“学生”表中的约束名为“CK_学生_邮箱”的约束。

```
ALTER TABLE 学生
DROP CONSTRAINT CK_学生_邮箱
```

3. 使用系统存储过程修改数据库对象名

ALTER TABLE 语句中的 ALTER COLUMN 子句无法修改列名或约束名。当需要改名时，可使用系统存储过程 sp_rename 来实现。系统存储过程 sp_rename 的功能是更改当前数据库中用户创建对象(如表、列、索引、视图或用户定义数据类型等)的名称。sp_rename 的调用格式如下：

```
EXEC sp_rename 'object_name', 'new_name'[, 'object_type']
```

各项的含义如下。

(1) object_name 是用户对象(表、视图、列、约束、存储过程、触发器、数据库或数据类型)的当前名称。如果要重命名的对象是表中的一列，那么 object_name 必须为 table_name.column_name 形式。如果要重命名的是索引，那么 object_name 必须为 table_name.index_name 形式。

(2) new_name 是指定对象的新名称。

(3) object_type 是要重命名的对象的类型，其取值有如下选择。

① COLUMN：要重命名的列。

② DATABASE：要重命名的、用户定义的数据库。

③ INDEX：用户定义的索引。

④ OBJECT：在 sysobjects 中跟踪的类型的项目。例如，OBJECT 可用来重命名约束(PRIMARY KEY、FOREIGN KEY、UNIQUE、CHECK、DEFAULT)、用户表、视图、存储过程和触发器等对象。

⑤ USERDATATYPE：通过执行 sp_addtype 而添加的用户定义数据类型。

例 3-42 将"课程"表中的"学院编号"列的名称改为"开课院系"。

```
EXEC sp_rename '课程.学院编号', '开课院系'
```

本例中，对于当前的列名"学院编号"，必须在前面加上表名，否则系统无法判断此列属于哪个表。

例 3-43 将在例 3-36 中创建的主键约束"PK_课堂"更名为"PK_课堂_课堂编号"。

```
EXEC sp_rename 'PK_课堂', 'PK_课堂_课堂编号'
```

3.4.5 表的删除

在 SQL Server 中，可以使用 SQL Server Management Studio 和 Transact-SQL 语句来删除表。

1. 使用 SQL Server 管理平台删除表

打开 SQL Server Management Studio，在"对象资源管理器"中右击要删除的表，在弹出的快捷菜单中选择"删除"命令，打开如图 3.28 所示的"删除对象"对话框。单击"显示依赖关系"按钮，弹出"依赖关系"对话框，其中列出了表所依赖的对象和依赖于表的对象，有对象依赖于表时不能删除表。单击"确定"按钮完成表的删除。

2. 使用 Transact-SQL 语句删除表

在 SQL Server 中，可以使用 DROP TABLE 语句来删除表。DROP TABLE 语句的语

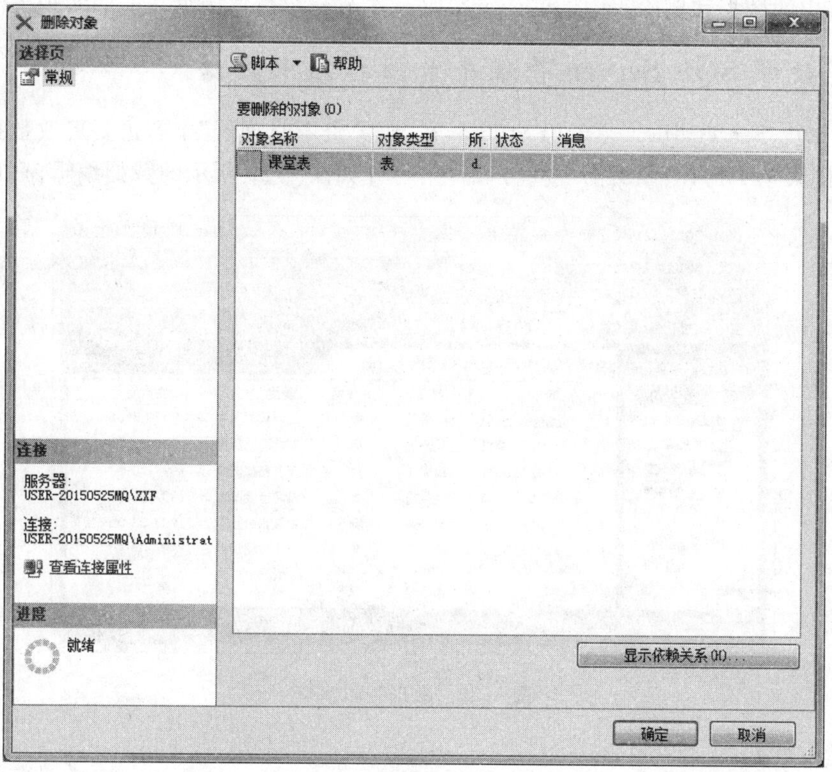

图 3.28 “删除对象”对话框

法格式如下：

```
DROP TABLE table_name [, …n]
```

其中 table_name 是要删除的表。

例 3-44 删除“学生成绩管理系统数据库”中的“课堂”表。

```
DROP TABLE 课堂
```

例 3-45 设已完成例 3-37 的操作，为“教师”表的“学院编号”列添加了外键约束，对应的主键为“学院”表的“学院编号”列。要通过 DROP TABLE 语句删除“学院”表，是否能够删除成功？

```
DROP TABLE 学院
```

该语句无法成功执行，运行结果如下：

无法删除对象'学院'，因为该对象正由一个 FOREIGN KEY 约束引用。

3.5 表中数据的维护

数据库的主要用途是存储数据并使授权的应用程序和用户能够使用这些数据。在数据库中的表对象建立后，用户对表的访问可分为数据查询和数据操纵两类。其中，数据查询是指检索数据但不更改数据，数据操纵则以三种方式更改数据，分别是向表中添加若干行数据、修改表中的数据和删除表中的若干行数据。本节介绍数据操纵功能的实现方法。

3.5.1 使用 SQL Server 管理平台维护表中数据

打开 SQL Server Management Studio，在“对象资源管理器”中右击要更改数据的表，在弹出的快捷菜单中选择“编辑前 200 行”命令，打开如图 3.29 所示的数据编辑窗口。

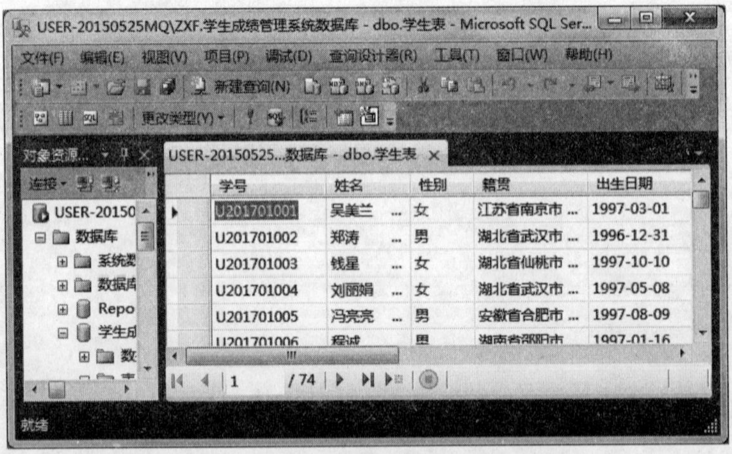

图 3.29 数据编辑窗口

1. 插入数据

数据编辑窗口中的最后一行为空行，所有的字段值都为 NULL，在此行写入新行的各个字段的值即可插入数据。当输入一个新记录的数据后，会自动在最后出现一行新的空白行，用户可以继续输入多个数据记录。

注意： 为了保证数据完整性，输入数据应一行一行地输入，输入完一个记录的所有列值（具有空值约束或默认值约束的列、计算列可以不输入）后，再输入下一行的数据。

2. 修改数据

单击要修改数据值的单元格，向单元格中输入新值后，原数据被新数据覆盖。

3. 删除数据

用鼠标选中一行或多行数据并右击，在弹出的快捷菜单中选择“删除”命令，或者按 Del 或 Delete 键，在弹出的删除提示框中选择“是”，则记录被删除。

3.5.2 使用语句维护表中数据

1. 插入数据

使用 INSERT 语句插入数据，INSERT 语句通常有两种形式，一种是插入一个元组。另一种是插入子查询的结果，后者可以一次插入多个元组。本章只介绍前者。INSERT 语句的语法格式如下：

```
INSERT [INTO] table_name [(column_name [, …n])]
VALUES (value [, …n])
```

各项的含义如下：

(1) table_name 是要插入数据的表名，该表必须已存在。

(2) column_name 是要在其中插入数据的列名。column_name 可以写多个构成列名列表，其间以逗号分隔。

(3) value 为插入的数据值。多个 value 之间以逗号分隔，构成值列表。

注意：

(1) column_name 和 value 是一一对应的关系，即第 1 个 value 值赋予第 1 个 column_name，第 2 个 value 值赋予第 2 个 column_name，依此类推，因此 column_name 和 value 在个数和数据类型上必须一致。

(2) 对于列名列表中没有出现的列，如果此列具有默认值，则新添加的元组在该列将具有默认值，否则将赋 NULL 值。如果某列没有出现在列名列表中，同时具有 NOT NULL 约束，并且没有默认值，则此条 INSERT 语句将执行失败。

(3) 在 INSERT 语句中可以不写列名列表，此时值列表中的值将按创建表时的列顺序和个数赋予各个列。

例 3-46 开学初，郑涛同学(学号为"U201701002")选修了 Python 这门选修课(对应的课堂编号为“2017-2018-2-B009”)，此时还没有考试，因此还没有成绩。将此信息写入“选课成绩”表中。

```
INSERT INTO 选课成绩(学号, 课堂编号)
VALUES ('U201701002', '2017 - 2018 - 2 - B009')
```

本例中，没有为新记录的“成绩”字段赋值，如果此字段具有默认值，则会被赋予默认值；如果没有默认值，则会被赋予 NULL 值。

例 3-47 土木学院(学院编号为"02")新进了一名教师，姓名为“徐强”，性别为“男”，出生日期为 1993 年 7 月 1 日，职称为助教，密码为“19930701”，分配给他的教师编号为“T013”。将此教师的信息写入“教师”表中。

```
INSERT INTO 教师
VALUES ('T013', '徐强', '男', '1993 - 7 - 1', '助教', '02', '19930701')
```

本例为新记录的所有字段依次赋值，因此可以省略列名列表。

2. 修改数据

修改数据是指修改表中指定元组的指定列的值。修改操作由 UPDATE 语句完成，其语法格式如下：

```
UPDATE table_name
SET {column_name = expression [, … n]}
[WHERE < search_condition >]
```

各项的含义如下：

(1) table_name 是要修改数据的表名，该表必须已存在。

(2) column_name 是要修改数据的列名。

(3) expression 为一个表达式，是赋予列的新值。

(4) < search_condition >为一个条件表达式，满足条件的元组才会被修改数据。

注意：WHERE 子句可省略，此时将修改该表所有元组对应的列值。

例 3-48 将教师编号为 T013 的教师的性别由“男”改为“女”。

```
UPDATE 教师 SET 性别 = '女' WHERE 教师编号 = 'T013'
```

本例使用了 WHERE 子句，修改了表中的一条记录中的“性别”字段的值。

例 3-49 将“选课成绩”表中的所有成绩乘以 0.9。

```
UPDATE 选课成绩 SET 成绩 = 成绩 * 0.9
```

本例没有使用 WHERE 子句，因此更改了“选课成绩”中的所有记录的“成绩”字段的值。

例 3-50 将“学院”表中“学院电话”字段的所有本地电话号码前加上区号。判断本地电话号码的条件是：“电话”列的字符串长度为 8。

```
UPDATE 学院 SET 学院电话 = '027 - ' + 学院电话 WHERE LEN(学院电话) = 8
```

本例中，LEN( )为 SQL Server 提供的系统函数，返回值为字符串的长度。语句中的运算符“+”为字符串运算符，用于连接两个字符串数据。

3. 删除数据

使用 DELETE 语句删除数据，DELETE 语句可以删除表中的一行或多行数据，其语法格式如下：

```
DELETE [FROM] table_name
[WHERE <search_condition>]
```

各项的含义如下：

(1) table_name 是要删除数据的表名，该表必须已存在。

(2) <search_condition>为一个条件表达式，满足条件的元组才会被删除。

注意：*WHERE 子句可省略，此时将删除该表的所有元组。*

例 3-51 删除“教师”表中“教师编号”为 T013 的教师记录。

```
DELETE 教师 WHERE 教师编号 = 'T013'
```

本例使用了 WHERE 子句，删除了一条记录。

例 3-52 删除“选课成绩”表中的所有记录。

```
DELETE 选课成绩
```

本例没有使用 WHERE 子句，因此删除了表中的所有记录。

本章小结

本章介绍了 SQL Server 2012 数据库管理系统及其基本操作。

(1) SQL Server 2012 是一个基于客户机/服务器应用模式的关系型数据库管理系统。用户可以通过图形化的管理工具和 Transact-SQL 两种方式浏览和修改数据库中的数据，配置数据库系统参数。

(2) 数据库是 SQL Server 服务器管理的基本单位。从逻辑上看，SQL Server 数据库是由数据表、视图、存储过程、触发器等逻辑组件组成的，这些逻辑组件称为数据库对象。从物理存储角度来看，数据库中的各种信息是以文件为单位存放在存储设备上的。

(3) 在 SQL Server 2012 中有两类数据库——系统数据库和用户数据库。系统数据库存储有关 SQL Server 的系统信息，它们是 SQL Server 管理数据库的依据。SQL Server 2012 有 5 个系统数据库，分别是 master，tempdb，model，msdb 和 resource。用户创建的数据库称为用户数据库。创建、修改和删除用户数据库有两种常用方法：一是使用 SQL Server 管理平台；二是使用 CREATE DATABASE 语句、ALTER DATABASE 语句和 DROP DATABASE 语句。

(4) 表是数据库中数据的实际存储处，每个表代表一个实体集或实体集间的联系。表由行和列组成，每行标识一个实体，每列代表实体的一个属性。可使用 SQL Server 管理平台或 CREATE TABLE 语句、ALTER TABLE 语句、DROP TABLE 语句来创建表、修改表结构和删除表。可使用 SQL Server 管理平台或 INSERT 语句、UPDATE 语句、DELETE 语句来对表中的数据进行插入、修改和删除。

(5) 约束是数据库维护数据完整性的一种机制。SQL Server 2012 支持空值/非空值约束、主键约束、外键约束、唯一性约束、检查约束、默认约束 6 种约束。约束可以在 CREATE TABLE 语句中定义，也可以在 ALTER TABLE 语句中添加和删除。

习　题　3

一、单选题

(1) 以下关于 SQL Server 数据库的叙述中，错误的是________。

A. 从用户角度观察数据库，看到的是多种逻辑组件(数据库对象)

B. 从存储角度观察数据库，看到的是数据文件和事务日志文件

C. 数据表中的数据可以存放在事务日志文件中

D. 用户无须直接访问数据库文件

(2) 以下不属于 SQL Server 数据库对象(逻辑组件)的有________。

A. 表　　B. 文件　　C. 视图　　D. 索引

(3) SQL Server 的数据文件可分为________。

A. 重要文件和次要文件　　B. 主数据文件和次数据文件

C. 初始文件和最大文件　　D. 初始文件和增长文件

(4) 事务日志用于保存________。

A. 程序运行过程　　B. 程序的执行结果

C. 对数据的更新操作　　D. 对数据的查询操作

(5) 安装 SQL Server 后，数据库服务器中已经自动建立了系统数据库，以下________不是系统数据库。

A. master 数据库　　B. pubs 数据库

C. model 数据库　　D. msdb 数据库

(6) 在 SQL Server 中，model 数据库是________。

A. 数据库系统表　　B. 数据库模板

C. 临时数据库　　D. 示例数据库

(7) 下列标识符中,符合 SQL Server 标识符命名规则的有________。

A. zhong guo　B. @sum　C. 1_student　D. create

(8) 在 SQL 语法中,用来插入和修改数据的命令是________。

A. INSERT,UPDATE　B. DELETE,INSERT

C. DELETE,UPDATE　D. CREATE,INSERT

(9) 若要删除 book 表中的所有数据,以下语句正确的是________。

A. DROP FROM book　B. DROP TABLE book

C. DELETE FROM book　D. DELETE * FROM book

(10) 参照完整性要求有关联的两个或两个以上表之间数据的一致性。参照完整性可以通过建立________来实现。

A. 主键约束　B. 默认约束　C. 唯一性约束　D. 外键约束

二、填空题

(1) SQL Server 中,如果没有指定文件组,则________是缺省文件组。

(2) SQL Server 数据库分为________数据库和用户数据库。

(3) master 数据库记录 SQL Server 系统的所有________信息,如初始化信息、所有的登录账户和系统配置设置等。

(4) 删除"教务管理"数据库的语句为:________ DATABASE 教务管理。

(5) 在 Transact-SQL 语句中,表示字符串型常量数据时,应使用________符号将字符串括起来。

(6) SQL 语言集数据查询、数据操纵、数据定义和数据控制功能于一体,其中,CREATE、DROP、ALTER 语句分别实现________功能。

(7) 修改数据表的字段名称可使用系统存储过程________。

(8) 利用 CREATE TABLE 语句创建表 Student:

```
CREATE TABLE Student
(   SNO CHAR(10) NOT NULL,
    SNAME CHAR(6) NOT NULL,
    AGE INT,
    NOTE CHAR(20)
)
```

则 SNAME 列的类型为________型,列宽度为________。

(9) 表设计器的"允许空"单元格用于设置该字段是否可输入空值,实际上就是创建该字段的________约束。

(10) 一张表的主键个数为________。

三、判断题

(1) 每个数据库有且仅有一个主数据文件。

(2) 主数据文件可以不在主文件组中。

(3) 一个数据库可以没有次数据文件。

(4) 在 SQL Server 中,数据信息和日志信息不能放在同一文件中。

(5) 如果用户定义的标识符与系统保留字重名,则需要使用双引号(" ")或方括号([ ])

进行分隔处理。

(6) 在 Transact-SQL 语句中，不区分英文字母的大小写(字符串常量除外)。

(7) 空字符串是空值(NULL)。

(8) 删除数据库时，组成该数据库的所有磁盘文件将同时被删除。

(9) 一条 DROP DATABASE 语句只能删除一个数据库。

(10) ALTER TABLE 语句可以修改表中数据。

四、应用题

(1) 设有一个"图书出版"数据库，其中有"图书"和"出版社"两个数据表，表模式如下：

```
图书(书号,类型,书名,作者,单价,出版社号)
出版社(出版社号,出版社名称,电话)
```

使用 Transact-SQL 语句完成下列操作。

① 创建"图书出版"数据库。

② 创建"图书"表。

③ 删除"图书"表的"类型"字段，增加"出版日期"字段。

④ 在"图书"表中增加一条记录：

书号为 B001，书名为大数据时代，出版日期为 2013 年 1 月 1 日，作者为维克多·迈尔·舍恩伯格，单价为 33.1 元，出版社号为 P002。

⑤ 在"出版社"表中，将出版社名称为"工业出版社"的记录的出版社名称改为"电子工业出版社"。

⑥ 在"图书"表中删除作者为"唐七公子"的所有图书。

⑦ 删除"图书"表。

(2) 利用上一小题创建的"图书"表和"出版社"表，使用 ALTER TABLE 语句为两张表添加或删除约束。

① 为"出版社"表添加主键约束，该约束由"出版社号"单列组成。

② 为"出版社"表添加约束，使"出版社名称"列具有唯一性。

③ 为"图书"表添加外键约束，使之与"出版社"表建立关联。

④ 为"图书"表添加约束，使其"单价"列的默认值为 0。

⑤ 为"图书"表添加约束，确保"单价"列值大于或等于 0。

⑥ 为"图书"表添加名称为"DF_图书_出版日期"的约束，使得出版日期的默认值为当天日期。

⑦ 删除名称为"DF_图书_出版日期"的约束。

第4章 关系数据查询

本章先介绍关系代数，因为它是理解关系数据查询操作的基础，再介绍实用化的关系数据语言 T-SQL 的数据查询操作。

4.1 关系代数

在关系代数中，关系的操作或者说关系的运算是由运算对象、运算符和运算结果三大要素组成的。关系运算的对象是关系，其运算结果亦是关系。

关系的操作是关系数据模型的三要素之一，是关系操作最主要的部分，其对数据查询的表达能力非常强大。描述这种表达能力的关系数据语言有三类，如图 4.1 所示。

- 关系代数语言
- 关系演算语言
  - 元组关系演算语言，如QUEL
  - 域关系演算语言，如QBE
- 实用化的关系数据语言，如SQL

图 4.1 关系数据语言的分类

(1) 关系代数语言，简称关系代数，主要作为研究关系数据语言的数学工具，是一种符号化的抽象的查询语言。关系代数使用关系运算来表达查询要求，其运算对象是关系，运算结果亦为关系。

(2) 关系演算语言，简称关系演算，也是一种符号化的抽象的查询语言，使用谓词演算公式规定查询结果应满足什么条件来表达查询要求。而根据谓词变化的基本对象是元组变量还是域变量，关系演算语言又可以分为元组关系演算语言和域关系演算语言两种。

(3) 实用化的关系数据语言一般都具有关系代数和关系演算的双重特点，还提供了许多附加功能，例如 SQL、T-SQL、PL/SQL、K-SQL 等。这些语言均具有完备的查询表达能力，是高度非过程化的集合操作语言，功能强，能够嵌入到其他高级语言中使用。

关系操作分为两类：

(1) 关系的查询操作：选择(Selection)、投影(Projection)、连接(Join)、除(Divide)、并(Union)、交(Intersection)、差(Difference)和广义笛卡儿积(Extended Cartesian Product)。

(2) 关系的更新操作：插入(Insert)、删除(Delete)、修改(Update)。

关系的基本运算只有并、差、笛卡儿积、投影、选择 5 种，其他三种运算并不增加关系的表达能力，而只是方便关系的运算，换句话说，其他三种运算均可由关系的基本运算进行推导。

在关系运算中,还可使用如下辅助运算符。

(1) 算术运算符:+、-、×、÷。

(2) 比较运算符:>、≥、<、≤、=、≠。

(3) 逻辑运算符:¬(逻辑非)、∧(逻辑与)、∨(逻辑或)。

(4) 属于运算符:∈(属于)。

4.1.1 传统的集合运算

关系的传统集合运算是将关系看作是元组的集合,是从关系的水平方向(行)对元组进行的运算,包括并、交、差、广义笛卡儿积等。

1. 并

设R、S均为 n 元关系,且相对应属性的值域相同,则R与S的并也是一个 n 元关系,其定义为:

$$R \cup S=\{t \mid t \in R \land \neg t \in S \lor \neg t \in R \land t \in S \lor t \in R \land t \in S\}$$

其中:

(1) t表示元组,其集合表示法是将组成元组的所有数据用圆括号括起来。例如,将学号、姓名、性别、出生日期和籍贯组合成('U201116793','王微','女','1999-03-28','湖北')就代表了学生关系中的一个元组。

(2) t∈R表示元组t属于关系R,t∈S表示元组t属于关系S。

(3) ¬是逻辑非运算,¬t∈R表示元组t不属于关系R,¬t∈S表示元组t不属于关系S。

根据定义,关系的并运算的结果由属于R和属于S的所有元组并消除重复的元组后构成。如图4.2和图4.3所示,符号"★"表示只存在于关系R中的元组,符号"○"表示只存在于关系S中的元组,符号"●"表示既存在于R中、又存在于S中的公共元组,则图4.4为关系R与关系S并运算的结果。

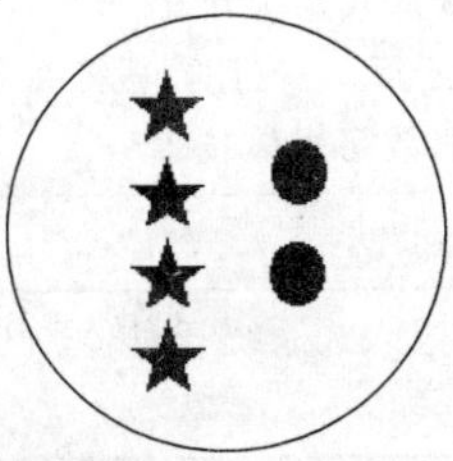

图4.2 关系R的元组

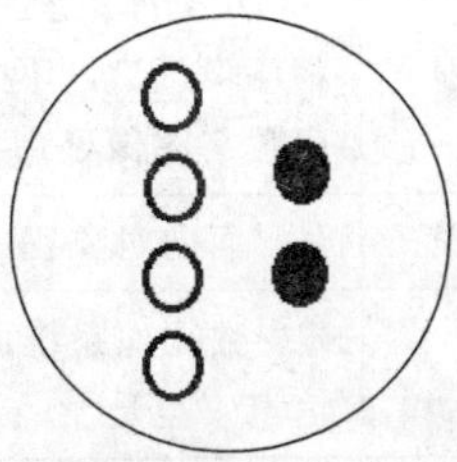

图4.3 关系S的元组

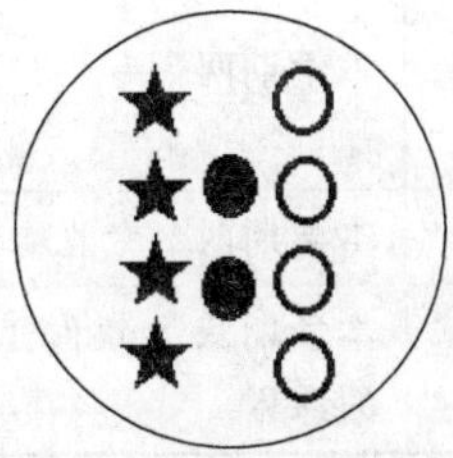

图4.4 R∪S的元组

2. 差

设R、S均为 n 元关系,且相对应属性的值域相同,则R与S的差也是一个 n 元关系,其定义为:

$$R-S=\{t \mid t \in R \land \neg t \in S\}$$

根据定义,关系的差运算的结果由属于R、但不属于S的元组构成,图4.5为关系R与关系S差运算的结果。

3. 交

设 R、S 均为 n 元关系，且相对应属性的值域相同，则 R 与 S 的交也是一个 n 元关系，其定义为：

$$R \cap S=\{t \mid t \in R \wedge t \in S\}$$

根据定义，关系的交运算的结果由既属于 R 又属于 S 的元组构成，图 4.6 为关系 R 与关系 S 交运算的结果。

关系的交运算不是关系的基本运算，可用关系的差运算实现：

$$R \cap S=R-(R-S)$$

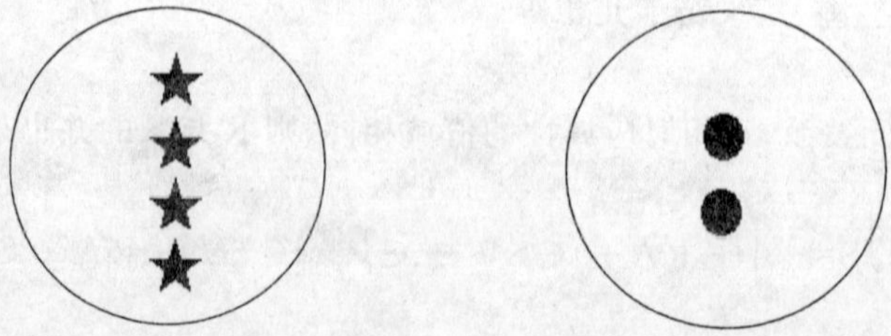

图 4.5　R－S 的元组　　　图 4.6　R∩S 的元组

例 4-1　某校软件学院有软件工程和数字媒体技术两个专业，设关系 R 为前者在本学期所开设课程的集合，关系 S 为后者在本学期所开设课程的集合：

R={('数据库系统原理'),('嵌入式系统开发'),('面向对象程序设计'),('网络与信息安全')}
S={('计算机三维建模'),('面向对象程序设计'),('数字图像处理技术'),('数字媒体技术')}

则 R 与 S 的并、交、差的意义及结果如表 4.1 所示。

表 4.1　关系 R 与关系 S 的并、交、差的意义及结果

关系运算	意　义	结　果
R∪S	本学期两个专业共开设的课程	{('数据库系统原理'),('嵌入式系统开发'),('面向对象程序设计'),('网络与信息安全'),('计算机三维建模'),('数字图像处理技术'),('数字媒体技术')}
R∩S	本学期两个专业均开设的课程	{('面向对象程序设计')}
R－S	本学期只为软件工程专业开设的课程	{('数据库系统原理'),('嵌入式系统开发'),('网络与信息安全')}

4. 广义笛卡儿积(Extended Cartesian Product)

设关系 R 是一个 n 元关系，其属性有 R_1、R_2、R_3、…、R_n，关系 S 是一个 m 元关系，其属性有 S_1、S_2、S_3、…、S_m，则关系 R、S 的广义笛卡儿积定义为：

$$R \times S=\{t_R \cap t_S \mid t_R \in R \wedge t_S \in S\}$$

其中：

(1) t_R表示关系 R 任意一个元组(r_1, r_2, r_3, …, r_n)；

(2) t_S表示关系 S 任意一个元组(s_1, s_2, s_3, …, s_m)；

(3) $t_R \cap t_S$表示关系 R 与 关系 S 的笛卡儿积中的一个元组(r_1, r_2, r_3, …, r_n, s_1, s_2, s_3, …, s_m)。

实际上,关系 R 与关系 S 的广义笛卡儿积中的每一个元组都是由关系 R 中的任意一个元组和关系 S 中的任意一个元组拼接而成的。假设关系 R 和关系 S 中分别有 k_r和 k_s个元组,则其广义笛卡儿积中将拥有 $k_r \times k_s$个元组,且每一个元组有 $n+m$ 列。

例 4-2 设关系 R 表示课程的集合,其表格表示如图 4.7 所示。关系 S 表示课堂的集合,其表格表示如图 4.8 所示,求 R×S 的结果。

课程编号	课程名称	课程性质	学时数
C004	理论力学	必修	48
C008	C++程序设计	必修	64
C009	Python	选修	32
C011	古典哲学	选修	32

图 4.7 关系 R

课堂编号	课堂名称	课程编号
2017-2018-2-A003	C++程序设计基础-土木工程1701-	C008
2017-2018-2-A004	C++程序设计基础-土木工程1704-	C008
2017-2018-2-A005	理论力学-工程力学1701-2	C004
2017-2018-2-B009	Python选修1	C009
2017-2018-2-B011	古典哲学	C011
2017-2018-2-B012	Python选修2	C009
2017-2018-2-B013	Python选修3	C009

图 4.8 关系 S

根据广义笛卡儿积的定义,R×S 的结果如图 4.9 所示。从图中可看出,R×S 中的每一个元组,都是关系 R 的每一个元组与关系 S 的每一个元组的连接,一共有 28 个元组,个数是关系 R 的元组数和关系 S 的元组数的乘积。

课程编号	课程名称	课程性质	学时数	课堂编号	课堂名称	课程编号
C004	理论力学	必修	48	2017-2018-2-A003	C++程序设计基础-土木工程1701-	C008
C004	理论力学	必修	48	2017-2018-2-A004	C++程序设计基础-土木工程1704-	C008
C004	理论力学	必修	48	2017-2018-2-A005	理论力学-工程力学1701-2	C004
C004	理论力学	必修	48	2017-2018-2-B009	Python选修1	C009
C004	理论力学	必修	48	2017-2018-2-B011	古典哲学	C011
C004	理论力学	必修	48	2017-2018-2-B012	Python选修2	C009
C004	理论力学	必修	48	2017-2018-2-B013	Python选修3	C009
C008	C++程序设计	必修	64	2017-2018-2-A003	C++程序设计基础-土木工程1701-	C008
C008	C++程序设计	必修	64	2017-2018-2-A004	C++程序设计基础-土木工程1704-	C008
C008	C++程序设计	必修	64	2017-2018-2-A005	理论力学-工程力学1701-2	C004
C008	C++程序设计	必修	64	2017-2018-2-B009	Python选修1	C009
C008	C++程序设计	必修	64	2017-2018-2-B011	古典哲学	C011
C008	C++程序设计	必修	64	2017-2018-2-B012	Python选修2	C009
C008	C++程序设计	必修	64	2017-2018-2-B013	Python选修3	C009
C009	Python	选修	32	2017-2018-2-A003	C++程序设计基础-土木工程1701-	C008
C009	Python	选修	32	2017-2018-2-A004	C++程序设计基础-土木工程1704-	C008
C009	Python	选修	32	2017-2018-2-A005	理论力学-工程力学1701-2	C004
C009	Python	选修	32	2017-2018-2-B009	Python选修1	C009
C009	Python	选修	32	2017-2018-2-B011	古典哲学	C011
C009	Python	选修	32	2017-2018-2-B012	Python选修2	C009
C009	Python	选修	32	2017-2018-2-B013	Python选修3	C009
C011	古典哲学	选修	32	2017-2018-2-A003	C++程序设计基础-土木工程1701-	C008
C011	古典哲学	选修	32	2017-2018-2-A004	C++程序设计基础-土木工程1704-	C008
C011	古典哲学	选修	32	2017-2018-2-A005	理论力学-工程力学1701-2	C004
C011	古典哲学	选修	32	2017-2018-2-B009	Python选修1	C009
C011	古典哲学	选修	32	2017-2018-2-B011	古典哲学	C011
C011	古典哲学	选修	32	2017-2018-2-B012	Python选修2	C009
C011	古典哲学	选修	32	2017-2018-2-B013	Python选修3	C009

图 4.9 关系 R 与关系 S 的广义笛卡儿积 R×S

4.1.2 专门的关系运算

专门的关系运算不但可以从关系的水平方向(行)对元组进行运算,还可从关系的垂直方向(列)对关系的属性进行运算,包括选择 δ、连接∞、投影 π 等。

1. 选择运算

设关系 R 是一个 n 元关系,其关系模式为 $R(R_1, R_2, R_3, \cdots, R_n)$,X 是 R 的一个属性组,$f$ 是一个针对 X 属性组进行计算的条件表达式,则选择运算就是指从关系 R 中提取满足给定条件 f 的行组成一个新的关系,记作:

$$\delta_{f(X)}(R)=\{t \mid t \in R \wedge f(X)=\text{True}\}$$

例 4-3 设"课程"关系如图 4.7 所示,要求从"课程"关系中提取所有选修课的所有信息。结果如图 4.10 所示。

$\delta_{课程性质='选修'}(课程)$

课程编号	课程名称	课程性质	学时数
C009	Python	选修	32
C011	古典哲学	选修	32

图 4.10 所有的选修课程

2. 连接

设关系 R 是一个 n 元关系,其关系模式为 $R(R_1, R_2, R_3, \cdots, R_n)$,$t_R=(r_1, r_2, r_3, \cdots, r_n)$表示关系 R 的任意一个元组;关系 S 是一个 m 元关系,其关系模式为 $S(S_1, S_2, S_3, \cdots, S_m)$,$t_S=(s_1, s_2, s_3, \cdots, s_m)$表示关系 S 的任意一个元组,则关系 R 与关系 S 的连接的定义为:

$$R \underset{f_\theta}{\infty} S=\{t_R \cap t_S \mid t_R \in R \wedge t_S \in S \wedge f_\theta \text{值为 True}\}$$

其中,f_θ称为连接条件,是一个形如 $R_i\theta S_j$ 的条件表达式(θ 为比较运算符),或者用逻辑运算符把形如 $R_i\theta S_j$ 的式子连接起来的组合条件表达式。

实际上,关系 R、S 的连接结果就是在关系 R 与关系 S 的广义笛卡儿积中,将不满足条件 f_θ 的行删除。当 θ 为"="比较运算符时,就是最常用的等值连接;当 θ 为其他比较运算符时称为不等值连接;在等值连接的基础上,如果消除重复列,则该连接可称为自然连接,这也是最常用的一种连接。

例 4-4 将如图 4.11 所示的关系 R 与如图 4.8 所示的关系 S 做一个等值连接运算:

$$R \underset{R.课程编号=S.课程编号}{\infty} S$$

连接结果如图 4.12 所示。

课程编号	课程名称	课程性质	学时数
C004	理论力学	必修	48
C005	会计学	必修	56
C008	C++程序设计	必修	64
C009	Python	选修	32
C011	古典哲学	选修	32

图 4.11 "课程"关系 R

与例 4-2 的结果(见图 4.9)相比可知,关系的连接运算不是关系的基本运算,可用关系的广义笛卡儿积和选择运算实现,如下所示:

$$R \underset{f_\theta}{\infty} S=\underset{f_\theta}{\delta}(R \times S)$$

课程编号	课程名称	课程性质	学时数	课堂编号	课堂名称	课程编号
C004	理论力学	必修	48	2017-2018-2-A005	理论力学-工程力学1701-2	C004
C008	C++程序设计	必修	64	2017-2018-2-A003	C++程序设计基础-土木工程1701-:	C008
C008	C++程序设计	必修	64	2017-2018-2-A004	C++程序设计基础-土木工程1704-(	C008
C009	Python	选修	32	2017-2018-2-B009	Python选修1	C009
C009	Python	选修	32	2017-2018-2-B012	Python选修2	C009
C009	Python	选修	32	2017-2018-2-B013	Python选修3	C009
C011	古典哲学	选修	32	2017-2018-2-B011	古典哲学	C011

图 4.12 关系 R 与关系 S 的等值连接结果

3. 投影

设关系 R 是一个 n 元关系，其关系模式为 $R(R_1, R_2, R_3, \cdots, R_n)$，$(i_1, i_2, i_3, \cdots, i_k)$是$(1,2,3,\cdots,n)$的一个子集，且 $1 \leqslant i_1 < i_2 < i_3 < \cdots < i_k \leqslant n$，则投影运算是指从关系 R 中提取给定列$(R_{i_1}, R_{i_2}, R_{i_3}, \cdots, R_{i_k})$并去掉重复元组组成一个新的关系，记作：

$$\pi_{(R_{i_1}, R_{i_2}, R_{i_3}, \cdots, R_{i_k})}(R) = \{(r_{i_1}, r_{i_2}, r_{i_3}, \cdots, r_{i_k})\}$$

例 4-5 从如图 4.7 所示的关系 R 中提取每一门课程的名称与学时数，运算为投影运算：

$$\pi_{(\text{课程名称},\text{学时数})}(R)$$

其结果如图 4.13 所示。

课程名称	学时数
理论力学	48
C++程序设计	64
Python	32
古典哲学	32

图 4.13 每一门课程的名称与学时

例 4-6 如果关系 R 如图 4.7 所示，关系 S 如图 4.8 所示，则下列关系运算表达式的运算结果是提取所有选修课的课程名称和其对应课堂的名称，请指出该关系表达式的运算次序。

$$\pi_{R.\text{课程名称},S.\text{课堂名称}}(\delta_{S.\text{课程性质}='\text{选修}'}(R \underset{R.\text{课程编号}=S.\text{课程编号}}{\infty} S))$$

该关系表达式的运算次序如下。

第一步：先做关系 R 与关系 S 的连接运算：

$$R \underset{R.\text{课程编号}=S.\text{课程编号}}{\infty} S$$

第二步：在第一步的结果上，做选择运算：

$$\delta_{S.\text{课程性质}='\text{选修}'}(\text{第一步的结果})$$

第三步：在第二步的结果上，做投影运算：

$$\pi_{R.\text{课程名称},S.\text{课堂名称}}(\text{第二步的结果})$$

4.2 SQL 查询基础

SQL(Structured Query Language)是关系数据库的标准查询语言，不仅具有关系代数和关系演算语言的双重特点，还提供了许多附加功能，如丰富的查询功能、数据定义功能和数据控制功能，是集数据查询语言、数据定义语言、数据操纵语言和数据控制语言于一体的关系数据库语言。

SQL 查询是 SQL 的核心，是一种对存储在 SQL Server 数据库中的数据用 SELECT 语句表达的查询请求，其功能是从指定的 SQL 数据源中提取满足用户要求的数据，并以结果集的形式返回给用户。

1. 数据源的组成

SQL 数据源由一个或多个表源构成，表源可以是以下三种之一。

(1) 基表：本地服务器中的数据表。

(2) 视图：本地服务器中的视图。

(3) 链接表：远程服务器中的表或视图。

2. 结果集的构成

结果集由行和列组成，是对用 SELECT 语句提取数据源中的数据的表格排列，与 SQL 数据表的结构相同，因此，结果集还可以作为其他查询的数据源。

在 SQL 查询请求中一般要描述与结果集相关的 5 个主要特性。

(1) 结果集中的列的数量和列的属性。结果集的每个列的属性如下：

① 列的名称、数据类型、大小以及数值列的精度和小数位数；

② 列中数据值的来源。

(2) 数据源中所包含的表源，以及这些表源之间的所有逻辑关系。

(3) 表源中的行所必须达到的条件，凡是不符合条件的行会被忽略。如缺省，则表源中的所有行均会向结果集提供数据支撑。

(4) 对表源中的行或者列中的数据如何完成数学统计(如计数、求和、求平均值等)。如缺省，则是对表源中的数据的直接提取，属于简单查询。

(5) 结果集中行的排列顺序。如缺省，结果集中行的顺序是无法预测的(因为 SQL 会自动对查询做优化处理)。

3. SELECT 语句的语法框架

数据查询基本上是通过 SELECT 语句进行的，SELECT 语句的完整语法较复杂，其主要子句可归纳如下：

```
SELECT [ALL | DISTINCT] [TOP (expression) [PERCENT] [ WITH TIES ] ] select_list
[ INTO new_table_name]
FROM data_source
[ WHERE line_search_conditions]
[ GROUP BY group_by_list]
[ HAVING group_search_conditions]
[ ORDER BY order_list [ ASC | DESC ] ]
```

可在多个查询之间使用 UNION、INTERSECT 和 EXCEPT 运算符(即关系的并、交、差操作)，以便将各个查询的结果集归并到一个结果集中。

SELECT 语句的语法框架也规定了各子句的位置顺序，在书写时，不能随意更改。各子句意义简述如下。

(1) SELECT select_list：描述结果集的特性(1)。

SELECT 子句实现关系的投影运算，其主要功能是通过选择列表 select_list 来描述结果集的数据结构(结果集由哪些列构成，包括列名、类型、大小等)及这些列的数据来源(从数据源的哪一个表源的哪一列中提取数据)。

select_list 是一个逗号分隔的表达式列表。每个表达式同时定义格式(数据类型和大小)和结果集列的数据来源。通常，选择列表 select_list 中的每个表达式都是对数据所在的源表或视图中的列的引用，但也可能是对任何其他表达式(例如常量或 T-SQL 函数)的引用。

(2) INTO new_table_name：指定使用结果集的结构和数据来创建一个新表。

(3) FROM data_source：描述结果集的特性(2)。

FROM 子句 data_source 中的所有表源包括基表、视图或者导出表(可以是另一条 SELECT 语句执行后的结果集，也可以是由表值构造函数构成的集合)组成了查询要使用的数据源。

在 FROM 子句中，如果数据源有多个表源时，通过 JOIN 运算符和 ON 子句组成连接规范，实现关系的连接运算。这些连接规范定义了 SQL Server 从一个表导航到另一个表时使用的特定路径。

(4) WHERE line_search_conditions：描述结果集的特性(3)。

WHERE 子句定义一个针对数据源的行筛选器，实现关系的选择运算。该筛选器定义了表源中的行要满足 SELECT 语句的要求所必须达到的条件。只有符合条件的行才向结果集提供数据，不符合条件的行，其数据将不被采用。

(5) GROUP BY group_by_list：与聚合函数(包含在选择列表中，例如 SUM、MIN、MAX、COUNT、AVG 等)一起描述结果集的特性(4)。

GROUP BY 子句根据 group_by_list 列中的值的个数将数据源中的行分成几组，以方便使用聚合函数(例如 SUM 可用于求和)对每一组数据进行行数统计或者对指定的列值做数学统计分析。

(6) HAVING group_search_conditions：配合 GROUP BY 子句，描述结果集的特性(4)。

HAVING 子句定义一个针对分组后的组数据进行组筛选的组筛选器。HAVING 子句通常与 GROUP BY 子句一起使用。

(7) ORDER BY order_list [ASC | DESC]：描述结果集的特性(5)。

ORDER BY 子句定义了结果集中数据行的排列顺序，order_list 指定一个或多个排序列(字段)，关键字 ASC 和 DESC 用于指定数据行的排列顺序是升序还是降序。

4. 单个 SELECT 语句的执行顺序

在 SELECT 语句执行时，其主要组件(包括各子句、JOIN 运算符、聚合函数等)的执行顺序与书写顺序并不一致。明白各子句的执行顺序，对 SELECT 语句的理解是有积极意义的。

各子句的执行顺序如下。

(1) FROM 子句：确定数据源中的表源。

(2) JOIN 谓词运算符和 ON 子句(常包含在 FROM 子句中)：建立表源之间的连接。

(3) WHERE 子句：行筛选。

(4) GROUP BY 子句：行分组。

(5) 聚合函数(必须包含在 SELECT 子句的选择列表中)：组统计。

(6) HAVING 子句：组筛选。

(7) SELECT 子句中的选择列表< select_list >：提取列以建立结果集。

(8) DISTINCT 或者 ALL 谓词运算符：消除或者保留(默认)重复行。

(9) ORDER 子句：结果集中行的排序。

(10) TOP 子句(需要 ORDER 子句的配合)：行截取。

(11) INTO 子句：以结果集的结构和内容为准，建立新表。

4.3 单表查询

在现实世界中，事物和事物之间是有联系存在的，不会存在孤立的事物。保存在数据库中描述事物的数据也与现实世界中的事物一样，数据之间也是有联系存在的，但这些有联系的相关数据会根据其数据结构的不同，分散保存在不同的数据表中。

单表查询表示查询所使用的数据源只有一个(一个数据表、一个视图或者一个链接表)。换句话说,单表查询只从一个孤立的表源中提取数据,根本不考虑与该表源数据有联系的保存在其他表源中的数据,因此,单表查询能提取信息的范围非常狭窄。

在本教材所用的学生成绩管理系统数据库中的选课成绩表中保存的是学生所修课程的成绩,其关系模式如下:

选课成绩(学号,课堂编号,成绩)

由此可知,在选课成绩表中并没有学生、课堂、课程的名称数据。当查询的内容包含学生的名字或者课程的名称时,由于相关数据不在选课成绩表中,所以这样的查询无法用单表查询来实现。

虽然单表查询所涉及的信息量与信息范围比较狭窄,无法完成较为复杂的查询,但这也正是单表查询的优势所在,凸显单表查询的简单和易学的特点,可作为学习 SQL 查询的起点和基础。

4.3.1 基本查询

如果使用 SELECT 语句从 SQL 数据源中提取结果集,则至少应包含 SELECT 子句和 FROM 子句,数据源中的所有行均可为结果集提供数据。

SELECT 子句实现关系的投影运算,其主要作用是完成对结果集特性(1)的描述,即定义结果集由哪些列构成以及这些列的数据来源。

FROM 子句完成对结果集特性(2)的描述,即数据源中所包含的表源,以及这些表源之间的所有逻辑关系。

基本查询的语法为:

```
SELECT [ ALL | DISTINCT ] <select_list>
      FROM table_name | view_name
<select_list> ::= { *
                    | column_name [ AS column_alias ]
                    | expression AS column_alias
                    | { column_alias = expression }
                 } [ , ...n ]
```

参数说明如下。

(1) ALL:谓词运算符。指定在结果集中可以包含重复行。ALL 是默认值。

(2) DISTINCT:谓词运算符。指定在结果集中只能包含唯一行,即去掉重复行。

(3) *:指定返回 FROM 子句中的所有表和视图中的所有列。

(4) column_name:指定提取数据源的哪一列的数据和复制该列的属性数据(包括列名、类型、宽度等结构数据)到结果集中。

(5) column_alias:给结果集指定的列命名一个新名称。

(6) expression:常量、函数以及由一个或多个运算符连接的列名、常量和函数的任意组合,或者是子查询。

例 4-7 从学院表中提取各个学院的所有信息。

```
SELECT * FROM 学院 ;
```

本例为最简单的 SELECT 语句，其执行结果如图 4.14 所示。

学院编号	学院名称	学院电话	学院地址
01	生命学院	027-87541111	东11-8楼
02	土木学院	027-87542222	南2-4楼
03	经济学院	027-87543333	经管大楼-4楼
04	社会学院	027-87544444	东6-3楼
05	外国语学院	027-87545555	科技楼-3楼
06	计算机学院	027-87546666	南一楼-4楼

图 4.14 从数据源中提取所有列

例 4-8 从学院表中提取所有学院的名称、电话组成一个学院电话表。

语句 1：

```
SELECT 学院名称, 学院电话 FROM 学院 ;
```

语句 2：

```
SELECT 学院名称, RIGHT(LTRIM(RTRIM(学院电话)),8) AS 教务办电话
    FROM 学院 ;
```

语句 1 从学院表中提取学院名称、学院电话两列数据到结果集中，结果集中这两列的名字与学院表中相应列的名字一样，执行结果如图 4.15(a)所示。

语句 2 中，有一个计算列“RIGHT(LTRIM(RTRIM(学院电话)),8)”，该列在结果集中无名字，“AS 教务办电话”的含义是将这一列命名为“教务办电话”。

在语句 2 中，SQL 函数 LTRIM 和 RTRIM 的功能分别是删除字符串左端和右端的空格，其详细用法请参见 6.1.3 节。语句 2 的执行结果如图 4.15(b)所示。

学院名称	学院电话
生命学院	027-87541111
土木学院	027-87542222
经济学院	027-87543333
社会学院	027-87544444
外国语学院	027-87545555
计算机学院	027-87546666

(a) 语句1结果

学院名称	教务办电话
生命学院	87541111
土木学院	87542222
经济学院	87543333
社会学院	87544444
外国语学院	87545555
计算机学院	87546666

(b) 语句2结果

图 4.15 从数据源中提取特定列

例 4-9 查询教师表中的职称有哪几种。

```
SELECT 职称 FROM 教师 ;
```

上述语句的执行结果如图 4.16 所示。但从结果来看，并没有完全达到效果，因为有相同行的存在，例如，“副教授”就出现了多次。

如果在 SELECT 子句中加上 DISTINCT，使得结果集中只保留唯一行，语句如下：

```
SELECT DISTINCT 职称 FROM 教师 ;
```

上述语句的执行结果如图 4.17 所示。

职称
副教授
教授
讲师
副教授
教授
讲师
副教授
副教授
讲师
副教授
讲师
副教授

图 4.16　有重复行

职称
副教授
讲师
教授

图 4.17　无重复行

4.3.2　条件查询

WHERE 子句的功能是定义一个针对数据源的行筛选器。数据源中只有符合条件的数据行才能向结果集提供数据；不符合条件的行，其中的数据将被忽略。

WHERE 的语法为：

```
WHERE < line_search_condition >
```

参数说明：< line_search_condition >定义行筛选器中的条件，数据源中的每一行都得经过行筛选器的筛选，只有满足行筛选器中的条件的行才能参与查询。

在< line_search_condition >中，可出现常量、函数、列名、变量、子查询等任何一种实体，还可以用算术运算符或字符串串联运算符对这些实体进行组合以产生更复杂的表达式。

例 4-10　列出学分在 3 分以下(不包含 3 分)的所有选修课程的名称和它们的学分数和学时数。

```
SELECT 课程名称, 学分数, 学时数
  FROM 课程
  WHERE 学分数 < 3 AND 课程性质 = '选修';
```

课程名称	学分数	学时数
Python	2	32
中国古典文学鉴赏	1	18
古典哲学	2	32

图 4.18　例 4-10 的执行结果

运算符是一种符号，用来指定要在一个或多个表达式中执行的操作。在 SQL 中所使用的运算符如表 4.2 所示。

表 4.2　SQL 运算符

运　算　符	描　　述
算术运算符	+、-、*、/、%
逻辑运算符	NOT、AND、OR
字符串串联运算符	+
比较运算符	=、>、<、>=、<=、<>、!=、!<、!>
谓词运算符	BETWEEN：如果操作数在某个范围之内，那么就为 TRUE LIKE：如果操作数与一种模式相匹配，那么就为 TRUE IN：如果操作数等于表达式列表中的一个，那么就为 TRUE IS：空值或非空值的判断

在谓词运算符中，除 BETWEEN、LIKE、IN、IS 外，还有 ALL、ANY、SOME、EXISTS 等，但它们常用于子查询中(IN 也可以)。

谓词运算符的运算结果为逻辑值(也称布尔值)，但它们不属于逻辑运算符，因为谓词运算符的作用对象不是逻辑值。

本节主要介绍谓词运算符的用法。注意，所有谓词运算符的优先级是一样的，但高于逻辑运算符。

1. 谓词运算符 BETWEEN

BETWEEN 运算符的语法为

```
test_expression [ NOT ] BETWEEN begin_expression AND end_expression
```

BETWEEN 测试 test_expression 的值是否在由 begin_expression 和 end_expression 组成的闭区间之内；而 NOT BETWEEN 测试 test_expression 的值是否不在由 begin_expression 和 end_expression 组成的闭区间之内。

例 4-11 查询学时数在 40 和 60 之间的所有课程的名称和学时数。

```
SELECT 课程名称, 学时数
  FROM 课程
  WHERE 学时数 BETWEEN 40 AND 60
```

2. 谓词运算符 LIKE

LIKE 运算符的语法为：

```
string_expression [ NOT ] LIKE pattern_string
```

参数说明如下。

(1) string_expression：任何有效的字符数据类型的表达式。

(2) pattern_string：模式串，可以包括如表 4.3 所示的通配符。

表 4.3 SQL 模式通配符

%	匹配零个或多个字符的任意字符串，例如 WHERE 主演 LIKE '%杰拉德·巴特勒%'，将查找在“主演”中的任意位置包含“杰拉德·巴特勒”的所有影片
_(下画线)	匹配任何单个字符，例如 WHERE 片名 LIKE '_ _'，将查找片名是 3 个字符的所有影片
[ ]	匹配范围或集合内的任何单个字符，例如范围“[a-f]”、集合“[abcdef]”。WHERE 电话 LIKE '027-87[1-4]%'表示筛选条件是电话以 027-87 打头并且后跟 1～4 的任何单个数字的所有行
[^]	匹配不属于指定范围或集合内的任何单个字符，例如范围“[^a-f]”、集合“[^abcdef]”。WHERE 电话 LIKE '027-87[^1-4]%'表示筛选条件是电话以 027-87 打头并且后跟的字符不是介于字符“1”与字符“4”之间的所有行

例 4-12 查询四川籍(特指省份，不包括直辖市)男学生的所有信息。

```
SELECT *
  FROM 学生
  WHERE 籍贯 LIKE '四川%' AND 性别 = '男';
```

例 4-12 的执行结果如图 4.19 所示。

学号	姓名	性别	籍贯	出生日期	专业班级	入学时间	学制	学院编号
U201701007	胡永杰	男	四川省成都市	1997/3/1	生物医学工程1703	2017/9/1	4	1
U201702020	徐勇	男	四川省乐山市	1996/12/1	交通工程1702	2017/9/1	4	2
U201704007	吴伟文	男	四川省绵阳市	1998/2/5	社会工作1701	2017/9/1	4	4

图 4.19 例 4-12 的执行结果

在本例中,WHERE 筛选子句也可写成:

```
WHERE LEFT(籍贯, 2) = '四川' AND 性别 = '男'
```

3. 谓词运算符 IN

IN 运算符的语法为:

```
test_expression [ NOT ] IN value_set
value_set : : = ( expression [ ,...n ] )
```

IN 测试 test_expression 的值是否在集合 value_set 中,而 NOT IN 测试 test_expression 的值是否不在集合 value_set 中。

例 4-13 查询郑涛、郭豪、苏永红、蒋波四位同学的学号、姓名、籍贯、专业班级和学院编号。

```
SELECT 学号, 姓名, 籍贯, 专业班级, 学院编号
  FROM 学生
  WHERE 姓名 IN ('郑涛', '郭豪', '苏永红', '蒋波') ;
```

本例中的条件也可写成:

```
姓名 = '郑涛' OR 姓名 = '郭豪' OR 姓名 = '苏永红' OR 姓名 = '蒋波'
```

但不可写成:

```
姓名 = '郑涛' OR '郭豪' OR '苏永红' OR '蒋波'
```

4. 空值或非空值的判断

语法:

```
expression IS [ NOT ] NULL
```

测试 expression 的计算结果是 NULL 值,还是非 NULL 值。

Expression 可以是数据表中的某列,也可以是对某列或某些列进行计算的表达式。如果某列的值是 NULL 值,则 expression 的计算结果为 NULL 值,否则,结果为非 NULL 值。

例 4-14 查找还未设置密码的教师的所有信息。

```
SELECT  *
  FROM  教师
  WHERE  密码 IS NULL
```

注意:空值的判断不能使用"="比较运算符,例如"密码= NULL"是错误的。

4.3.3 生成表查询

一般情况下,SELECT 语句生成一个默认结果集,该结果集被 SQL Server 直接发送到

客户端的网络缓存中，其他 Transact-SQL 语句或变量都不能引用结果集中的数据。但可以运用游标，使得结果集能被其他 Transact-SQL 语句使用。此外，还可以使用 INTO 子句将结果集保存为一个临时的或者永久的表对象，从而其他 Transact-SQL 语句可继续处理该表中的数据。

语法为：

```
INTO new_table_name
```

参数说明如下。

new_table_name：以 SELECT 语句执行后的结果集为内容，创建新表。

注意：当选择列表 select_list 中包括计算列时，新表中的相应列不再是计算列，其类型由其值的类型来确定。

例 4-15 将工程力学 1701 班所有学生的学号、姓名、出生日期信息永久保存到当前数据库的新数据表"工程力学 1701"中。

```
SELECT 学号, 姓名, 出生日期
  INTO 工程力学 1701
  FROM 学生
  WHERE 专业班级 = '工程力学 1701';
```

INTO 子句的优点是能将一个复杂的查询分解成递进式的一个个简单查询，使得后续查询可以利用前面查询的结果(请参见例 4-28 和例 4-36)。

注意：生成表查询并不显示查询结果，但可用如下 SELECT 语句显示新数据表"工程力学 1701"的内容：

```
SELECT * FROM [工程力学 1701];
```

4.3.4 聚合查询

这是一种实用性非常强的数据查询方式，已经不再是简单地从数据库中提取基础数据，而是对海量的基础数据在行筛选的基础上进行简单分类、多维度分类、简单统计或复杂统计后提取信息意义高度浓缩化的高质量的数据。

本节只介绍对数据如何进行简单分类和统计(包括 SUM、AVG、MIN、MAX 和 COUNT)的聚合查询。

那么什么是聚合查询？所谓聚合查询就是按照分组列(在 GROUP 子句中指定)不同值的个数 n，将数据源中指定的行(满足 WHERE 条件的行)分成 n 个组(缺省 GROUP 的情况下分成一个组)，并且可对每一个组做进一步的组筛选(由 HAVING 子句实现)，再针对每一组返回一个统计性的摘要行(该摘要行中的统计数据由 SELECT 子句中的聚合函数提供)。

根据聚合查询的定义，只有 SELECT 子句中的聚合函数是必需的，GROUP 子句和 HAVING 子句是可选的。因此，聚合查询有下列三种实现方式：

(1) 仅由聚合函数实现聚合查询。

(2) 由聚合函数和 GROUP 子句共同实现。

(3) 由聚合函数、GROUP 子句和 HAVING 子句共同实现。

1. 仅由聚合函数实现聚合查询

SQL 提供诸多用于数据统计的聚合函数，共有 COUNT(计数)、SUM(求和)、AVG(求平均值)、MIN(求最小值)、MAX(求最大值)、STDEV(求标准偏差)、STDEVP(求总体标准偏差)、VAR(求方差)、VARP(求总体方差)9 种。

本章将介绍前 5 种简单、常用的聚合函数，它们的语法及意义如表 4.4 所示。

表 4.4　聚合函数的意义

聚合函数	意　义
COUNT(*)	返回组中的行数(包括空值组成的行和重复行)
COUNT(expression)	返回组中由 expression 确定的所有非空值的个数
COUNT(DISTINCT expression)	返回组中由 expression 确定的所有非空的唯一值的个数
SUM(expression)	返回组中由 expression 确定的所有非空值的和
SUM(DISTINCT expression)	返回组中由 expression 确定的所有非空的唯一值的和
AVG(expression)	返回组中由 expression 确定的所有非空值的平均值
AVG(DISTINCT expression)	返回组中由 expression 确定的所有非空的唯一值的平均值
MIN(expression)	返回组中由 expression 确定的各非空值的最小值
MAX(expression)	返回组中由 expression 确定的各非空值的最大值

上述聚合函数均为确定性函数，这表示任何时候使用一组特定的输入值调用聚合函数所返回的值都是相同的。

聚合函数只能在以下位置作为表达式的一部分使用：

(1) SELECT 语句的选择列表 select_list 中。

(2) HAVING 子句的组筛选器中。

聚合函数的作用是根据 GROUP 子句指定的分组列对数据源中的数据行进行分组后，对每一组执行统计，并返回单个统计值。

在没有 GROUP 子句指定分组列的情况下，由系统默认：数据源中所有通过行筛选器筛选(WHERE 子句定义的筛选条件)的行组成一个组，因此，根据聚合查询的定义，最终的结果集中只有一个摘要行。

例 4-16　统计全校共开设的课程数量。

```
SELECT COUNT( * ) as 课程门数 FROM 课程 ;
```

课程门数
11

图 4.20　例 4-16 的结果

上述语句的执行结果如图 4.20 所示。

2. 由聚合函数和 GROUP 子句共同实现

Group 子句的作用就是为聚合查询指定分组列，并根据分组列的不同值的个数，将数据源中所有满足行筛选器的行分成几个组，再由聚合函数对每一组进行统计产生摘要行。

语法：

```
GROUP BY < group_by_list >
< group_by_list > : : = < group_by_expression > [ ,...n ]
```

参数说明如下。

(1) group_by_list：分组列表，可由多个分组列组成。

(2) group_by_expression：分组列(或者称分组依据)，可以是单独的表列或视图列，也可以是关于表列或视图列的非聚合表达式，其意义是根据其值的个数将数据源中的行分成几个组。

在数据行分组之前，将忽略所有不满足行筛选器(由 WHERE 子句提供)的行(即这些行不参与分组操作)。

例 4-17 统计 2017—2018 学年第一学期每一个课堂的平均成绩，显示每一个课堂的编号和平均成绩。

在学生成绩管理系统中，课堂编号的格式为“学年-学期-序号”，例如本例中的 2017—2018 学年第一学期的课堂编号前缀为“2017-2018-1”。

```
SELECT 课堂编号, AVG(成绩) AS 平均成绩
    FROM  选课成绩
    WHERE 课堂编号 LIKE '2017 - 2018 - 1 % '
    GROUP BY 课堂编号;
```

语句执行结果如图 4.21 所示。

例 4-18 根据院系统计男女生的人数，显示每一个学院的编号、性别以及人数。

```
SELECT 学院编号, 性别, COUNT( * ) AS 人数
   FROM 学生
    GROUP BY 学院编号, 性别 ;
```

这是一个多分组列的聚合统计，首先根据学院编号的值将学生分组，再将相同院系的学生根据性别再分组，语句的执行结果如图 4.22 所示。

课堂编号	平均成绩
2017-2018-1-A001	80
2017-2018-1-A002	73
2017-2018-1-A003	79
2017-2018-1-A004	74
2017-2018-1-A005	76
2017-2018-1-A006	74
2017-2018-1-B007	79
2017-2018-1-B008	NULL

图 4.21　按课堂分组后的统计结果图

学院编号	性别	人数
01	男	12
02	男	15
03	男	12
04	男	3
01	女	7
02	女	10
03	女	9
04	女	6

图 4.22　按院系、性别分组后的统计结果

3. 由聚合函数、GROUP 子句和 HAVING 子句共同实现

HAVING 子句一般与 GROUP BY 子句配合使用，指定组或聚合的搜索条件。如果不使用 GROUP BY 子句，而单独使用 HAVING 子句，则其行为与 WHERE 子句一样。

语法为：

```
HAVING < group_search_conditions >
```

参数说明如下。

< group_search_conditions >：指定组或聚合应满足的搜索条件。

注意：在 HAVING 子句中不能使用 text、image 和 ntext 数据类型，也不能使用列的别名。

例 4-19 查询各种职称的教师人数。

```
SELECT 职称, COUNT( * ) AS 人数
    FROM 教师
    GROUP BY 职称
```

语句的执行结果如图 4.23 所示。

如果要去掉无职称教师(职称为 NULL)的这一行，可以使用下述两条语句，这两条语句均可得到如图 4.24 所示的结果。

职称	人数
NULL	1
副教授	6
讲师	3
教授	2

图 4.23 存在 NULL

职称	人数
副教授	6
讲师	3
教授	2

图 4.24 屏蔽 NULL

语句 1：使用 WHERE 子句

```
SELECT 职称, COUNT( * ) AS 人数
    FROM 教师
    WHERE 职称 IS NOT NULL
    GROUP BY 职称 ;
```

语句 2：使用 HAVING 子句

```
SELECT 职称, COUNT( * ) AS 人数
    FROM 教师
    GROUP BY 职称
    HAVING 职称 IS NOT NULL ;
```

语句 1 使用 WHERE 子句定义一个行筛选器，将数据源中“职称”为 NULL 的数据行屏蔽在查询外。

语句 2 使用 HAVING 子句定义一个组筛选器，将“职称‘列为空值的组屏蔽(不进入查询结果集)。

如果限定人数，则可使用下面的语句屏蔽人数小于等于 2 的组(注意：在 HAVING 子句中不可使用列别名)：

```
SELECT 职称, COUNT( * ) AS 人数
    FROM 教师
    GROUP BY 职称
      HAVING COUNT( * ) > 2;
```

注意：上述 SELECT 语句中的 HAVING 子句定义的组筛选器不可用 WHERE 子句实现，因为在 WHERE 子句中不能使用聚合函数。

4.3.5 结果集的数据排序

结果集中数据行的顺序往往是无序的，是按照数据源中数据行的处理顺序排列的。通

过排序,使得结果集中的数据行按某种规则,以某种顺序重新排列成有序的数据行,这将方便浏览以及提升数据的某种实际意义。

1. ORDER 子句

ORDER 子句的语法为:

```
ORDER BY order_by_list
order_by_list  ::=
    { order_by_expression [ ASC | DESC ] } [ ,...n ]
```

参数说明如下。

(1) order_by_list:排序列表,可包含多个排序列。

(2) order_by_expression:排序列。可以是一个表列、视图列或列别名,也可以是一个表示该名称或别名在选择列表 select_list 中所处位置的非负整数。

(3) [ASC | DESC]:可缺省。ASC 代表升序(默认),DESC 代表降序。

在多个排序列的情况下,例如"ORDER BY 性别,职业",结果集内的行将首先按性别进行第一次排列,然后针对同性别的行再按职业进行第二次排列。

ORDER 子句中的排序列可以不是选择列表 select_list 中的列。但是,如果已指定了 DISTINCT 或者该 SELECT 语句包含 GROUP 子句,则排序列必须是选择列表 select_list 内指定的列。

注意:

(1) ntext、text、image 或 xml 列不能用于 ORDER 子句。

(2) 在排序时,所有的空值均被视为最低的可能值,即在升序排列中位于最开始位置,在降序排列中位于最末位置。

例 4-20 从教师表中提取每一位教师的姓名和职称,要求按职称的字典顺序排列显示。

```
SELECT 姓名, 职称
   FROM 教师
   ORDER BY 职称 ;
```

本语句的执行结果如图 4.25 所示。

姓名	职称
江波	NULL
李纯	副教授
黄红	副教授
张远	副教授
王志强	副教授
李亚伦	副教授
周兰	副教授
欧阳淑芳	讲师
赵建刚	讲师
张亚男	讲师
张勤	教授
李丽	教授

图 4.25 按职称的字典顺序排列

对于汉字的排序,在某些场合下往往有着特殊的要求,例如:

(1) 按照汉字的笔画;

(2) 按照汉语单词或词组的意义,举例说明如下。

① 甲、乙、丙、丁……;

② 第一季度、第二季度、第三季度、第四季度;

③ 星期一、星期二、星期三……。

在 SQL 中,可以利用 CASE 表达式将无序(这里特指不符合文字意义的顺序)的文字串转换为相应的数字(按照文字的意义定义的顺序号),从而可对数字进行排序,就可在文字的意义上实现文字的有序排列。

在例 4-20 中,如果要求按照职称的意义进行排序,即按照教授、副教授、讲师、助教、无职称的顺序排列,则如下的语句执行后,可得到如图 4.26 所示的结果。

```
SELECT 姓名, 职称
   FROM 教师
   ORDER BY CASE
              WHEN 职称 = '教授' THEN 1
              WHEN 职称 = '副教授' THEN 2
              WHEN 职称 = '讲师' THEN 3
              WHEN 职称 = '助教' THEN 4
              ELSE 5
           END ;
```

姓名	职称
李丽	教授
张勤	教授
李亚伦	副教授
周兰	副教授
张远	副教授
王志强	副教授
李纯	副教授
黄红	副教授
张亚男	讲师
欧阳淑芳	讲师
赵建刚	讲师
江波	NULL

图 4.26 按职称的意义排列

2. TOP 子句

TOP 子句可用于 SELECT、UPDATE、INSERT、DELETE 等 SQL 语句中,以限制查询结果集返回客户端的行数或者限制更新、插入、删除的行数。

本节只讨论 TOP 子句在 SELECT 语句中的应用,语法如下:

```
[ TOP ( expression ) [ PERCENT ] [ WITH TIES ] ]
```

参数说明如下。

(1) TOP(expression):指示只能从结果集返回由 expression 指定数目的第一组行。

(2) TOP(expression) PERCENT:指示只能从查询结果集返回由 expression 指定的百分比数目(相对于结果集的大小)的第一组行。

(3) WITH TIES 指定从结果集中再返回一些额外的行,这些额外的返回行与 TOP 限制后从结果集返回的最后一行,在 ORDER 子句指定的排序列上的值是相同的。

TOP 子句位于 SELECT 子句的选择列表< select_list >之前、ALL 或 DISTINCT 之后,且必须与 ORDER 子句配合使用才有意义。

例 4-21 提取课堂编号为 2017-2018-2-B009 的课堂中,成绩最高的前三名学生的学号,要求显示学号和成绩。

```
SELECT TOP(3) 学号, 成绩
   FROM 选课成绩
   WHERE 课堂编号 = '2017 - 2018 - 2 - B009'
   ORDER BY 成绩 DESC ;
```

本例的执行结果是提取某课堂成绩最好的前三名,如图 4.27 所示。

如果还需要提取与成绩并列第三的其他学生,则在 TOP(3)的后面加上 WITH TIES 即可:

```
SELECT TOP(3) WITH TIES 学号, 成绩
   FROM 成绩
   WHERE 课堂编号 = '2017 - 2018 - 2 - B009'
   ORDER BY 成绩 DESC ;
```

执行结果是按照成绩的降序提取成绩表中的前三名,还包括并列第三的所有学生,如图 4.28 所示。

学号	成绩
U201703018	95
U201703017	92
u201701006	88

图 4.27　例 4-21 的执行结果

学号	成绩
U201703018	95
U201703017	92
U201703004	88
u201701006	88

图 4.28　WITH TIES 的执行效果

4.4　多表查询

在实际应用系统中，大部分的查询均是使用多表查询完成的，因为想得到的结果数据往往分散保存在不同的数据表中。例如本书所展示的学生成绩管理系统中，所有与学生相关的数据根据其结构的不同而分类保存在不同数据表中。

(1) 学院表：保存学院的基础数据，例如学院编号、学院名称、学院电话、学院地址等。

(2) 课程表：保存学校所开设的所有课程的基础数据，例如课程编号、课程名称、学时数、学分数、课程性质、课程介绍等。

(3) 课堂表：保存与课程对应的课堂的所有数据，例如课堂编号、课堂名称、开课年份、开课学期、课堂状态、成绩激活等。

(4) 选课成绩表：保存学生所修课程的成绩数据，例如学号、课堂编号、成绩等。

(5) 学生表：保存学生的基础数据，例如学号、姓名、性别、籍贯、出生日期、专业班级等。

……

数据查询是数据库系统的核心任务，同样也是各个相关阶层的人们非常关注的核心问题。例如以下的查询就说明了不同用户所关心的信息各不相同，且数据一般也都不在一个数据表中：

(1) 某学生目前已完成的学业情况。

(2) 某班级或者某课堂的学生在修完某门课程后的成绩分布状态。

(3) 某学生在某个学期、某个学年或者毕业时的个人成绩单。

(4) 某班级的课表。

(5) 某教师的课表。

(6) 某课堂不及格的学生的名单。

……

从上述查询可以看出，上述的各个问题都是单表查询无法完成的，因为它们所涉及的数据位于多个相关数据表中。下面以一个非常简单的查询为例。

数据查询要求：查询"计算机学院"共开设了哪些课程，要求显示课程的名称。

分析如下：

以数据表为单位来分析如何从已知数据推导出结果数据，从而得到这次查询需要从哪几个表中提取结果数据，分析过程如下：

(1) "计算机学院"是已知数据，其意义是学院的名称，只有学院表的学院名称列中保存有学院的名称数据。

(2)“课程名称”是需要通过查询得到的结果数据，它保存在课程表的课程名称列中。

综上所述，本次查询至少需要从学院表、课程表两个数据表中提取结果数据，这样的查询称为多表查询。

以上分析仅仅是针对多表查询的数据来源，并不是多表查询的执行过程。实际上，多表查询的执行过程大概可分为以下两步。

第一步：表连接。本次查询需要在学院表和课程表两个数据表之间做一个连接。

第二步：提取数据。本次查询是根据已知数据“计算机学院”组成一个搜索条件，从相关表的连接结果中提取相关的基础数据。

4.4.1 连接概述

在多表查询中，首先要做的一件事就是完成相关表之间的连接。当数据源中包含两个相关表时，需要做一个连接；数据源中包含三个相关表时，需要做两个连接；以此类推，多表查询时，需要做的表之间的连接数只比表的个数少 1。

1. 连接的目的

下面以图 4.29(a)所示的缩小版的学院表和图 4.29(c)所示的缩小版的课程表为例，说明表连接的目的。

学院编号	学院名称
01	生命学院
02	土木学院
03	经济学院
04	社会学院
05	外国语学院
06	计算机学院

(a) 学院表

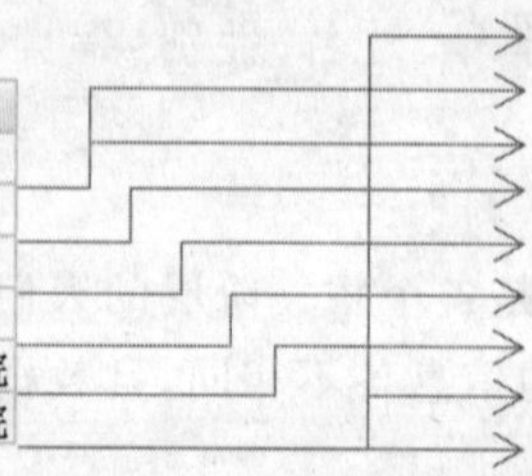

(b) 数据行的导航路径

课程编号	课程名称	学时数	学分数	学院编号
C001	数据库技术与应用	32	2	06
C002	生物化学	88	5.5	01
C003	药剂学	48	3	01
C004	理论力学	48	3	02
C005	会计学	56	3.5	03
C006	社会工作概论	64	4	04
C007	英美文化概论	32	2	05
C008	C++程序设计基础	64	4	06
C009	Python	32	2	06

(c) 课程表

图 4.29 学院表和课程表的行数据导航路径示意图

查询“计算机学院”开设了哪些课程，即想得到的结果中只有一列数据，该列数据就是计算机学院开设的所有课程的名称，如图 4.30 所示。

如果能在学院表、课程表之间建立如图 4.29(b)所示的数据行导航路径，就能够从课程表中准确提取到“计算机学院”开设的所有课程的名称。

2. 连接的结果展示

两个相关表之间的连接是使用关系的连接运算完成的，例如，如图 4.31 所示的关系连接运算就可以完成学院表和课程表之间的连接。

课程名称
数据库技术及应用
C++程序设计基础
Python

图 4.30 计算机学院开设的课程

$$\text{学院} \underset{\text{学院.学院编号}=\text{课程.学院编号}}{\bowtie} \text{课程}$$

图 4.31 学院表和课程表之间的连接运算

这是一个等值连接,因为在连接条件中使用的运算符是“=”,其连接结果如图 4.32 所示。

学院编号	学院名称	课程编号	课程名称	学时数	学分数	学院编号
06	计算机学院	C001	数据库技术与应用	32	2	06
01	生命学院	C002	生物化学	88	5.5	01
01	生命学院	C003	药剂学	48	3	01
02	土木学院	C004	理论力学	48	3	02
03	经济学院	C005	会计学	56	3.5	03
04	社会学院	C006	社会工作概论	64	4	04
05	外国语学院	C007	英美文化概论	32	2	05
06	计算机学院	C008	C++程序设计基础	64	4	06
06	计算机学院	C009	Python	32	2	06

图 4.32 学院表与课程表的连接结果

对比图 4.29 和图 4.32,可以发现图 4.29 中的每一条导航路径所连接的数据行就是图 4.32 中的一个数据行,也就是说,表之间数据行的导航是用表的连接实现的。所以,在连接完成后,只要知道学院的名称,就能从图 4.32 所示的连接结果中准确地提取到该学院所开设的所有课程的名称。

3. 连接条件

两个表的连接必须给出连接条件,其作用是决定一个表的任一数据行和另一个表的哪些数据行进行行的拼接,而拼接后的复合行将进入连接的结果。

连接条件在 ON 子句中指定,语法如下:

```
ON < join_conditions >
```

注意:连接条件< join_conditions >可以是关系表达式或逻辑表达式。如果在条件中使用“=”,则此连接称为等值连接;如果使用“<”“>”“<=”“>=”“<>”“!=”“!<”“!>”,则称为非等值连接;如果在等值连接的基础上消除结果集中的重复“列”,那么此连接就称为自然连接。

在连接条件中,运算符两边的表达式中所包含表列的列名可以不同,表列的数据类型也可以不同,但运算符两边的表达式的计算结果的类型必须相容。

连接条件最常见的写法是将两个表的公共列的名字用比较运算符连接起来(注意:在列名前必须加上表名限制,以限定列的所属)。

公共列有以下两种常见形态:

(1) 公共列在两个表中均为主键。

(2) 公共列是一个表的主键,但在另一个表中是外键。

例如,连接学院表和课程表的单连接条件:

```
ON 学院.学院编号 = 课程.学院编号
```

这是一对多的连接,其含义是学院表中的任意一行可以与课程表中的多行进行行拼接后,再进入连接的结果。

如果连接条件中不包含主键列,则该连接就有可能是多对多的连接。这种情况要特别小心,有可能会对聚合查询的结果有影响。

4. 连接类型

在 SQL 中,数据表的连接运算相当于关系的连接运算,关系的连接运算符是∞,而 SQL 中表的连接运算符是用谓词 JOIN 表示的。

1) 连接的分类

在数据表的连接运算中,对于两个表内那些满足连接条件的行可进行行的拼接,而拼接后的复合行将进入连接的结果。那么,对于两个表中不满足连接条件的那些行怎么处理呢?

在 SQL 中,对于不满足连接条件的行,一共有 4 种不同的处理方式和实现方法,如表 4.5 所示。

表 4.5 对于不满足连接条件的数据行的 4 种不同的处理方式和实现方法

处 理 方 式	实 现 方 法	表 示 方 法
凡是不满足连接条件的行均不能进入连接的结果	内部连接	INNER JOIN
左边表中不满足连接条件的行仍然可以进入连接的结果(在这些行的右边配多个相应数量的空值)	左外连接	LEFT [OUTER] JOIN
右边表中不满足连接条件的行仍然可以进入连接的结果(在这些的左边配多个相应数量的空值)	右外连接	RIGHT [OUTER] JOIN
第 2 种处理方式和第 3 种处理方式的组合。	全外连接	FULL [OUTER] JOIN

另外,表之间的连接还可以不使用连接条件,这就是交叉连接,相当于关系的广义笛卡儿积。交叉连接的应用极少,本书不予介绍。

综上所述,表之间的连接可做如图 4.33 所示的分类。

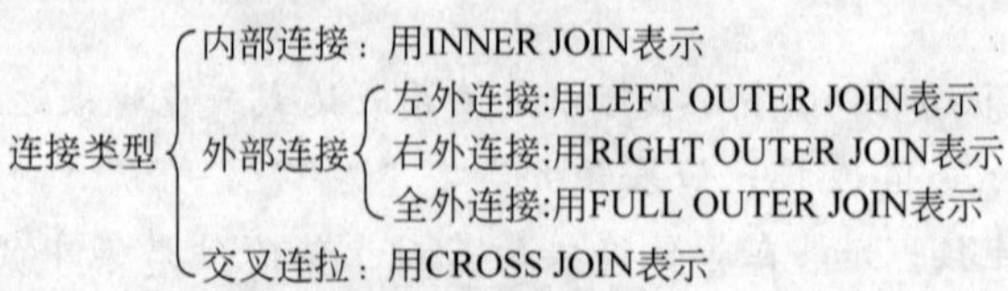

图 4.33 连接的分类

2) 连接类型的确定方法

一个连接的类型是由连接表的排列顺序和对于不满足连接条件的数据行的处理方式共同决定的。

例如,为了解学生的选课情况,需查询每一个课堂的选课人数(包括选课人数为 0 的课堂),要求显示每一个课堂的编号、名称和选课人数,分析如下。

(1) 课堂表中存放了所有课堂的编号和名称;

(2) 选课人数只能通过对选课成绩表的课堂编号列进行 Count 聚合得到。

(3) 课堂表和选课成绩表有公共列课堂编号存在,且课堂编号列在课堂表中是主键、在选课成绩表中是外键,因此,两个表可直接连接,连接条件是"课堂.课堂编号=选课成绩.课堂编号"。

(4) 通过筛选条件"选课成绩.成绩 IS NULL"可确定只有本学期的选课数据才能参与查询。

综合上述 4 种情形可知,数据源中只需要课堂表和选课成绩表两个表源,如果在两个表之间做内部联接,则无法查询选课人数为 0 的课堂,所以必须在两个表之间做外部连接。

若两个表的排列顺序确定为课堂表和选课成绩表，则两表之间的外部连接可写成：

```
课堂 LEFT OUTER JOIN 选课成绩    或    课堂 LEFT JOIN 选课成绩
```

表两个表的排列顺序确定为选课成绩表和课堂表，则两表之间的外部连接可写成：

```
选课成绩 RIGHT OUTER JOIN 课堂   或    选课成绩 RIGHT JOIN 课堂
```

也就是说，当课堂表在 JOIN 运算符的左边时，采用左外连接；当课堂表在 JOIN 运算符的右边时，采用右外连接。

内部连接、全外连接、交叉连接对连接表的排列顺序是无关紧要的，只有左外连接和右外连接需要注意连接表的排列顺序。

3）JOIN 的特性及意义

根据内部连接和外部连接的定义，可推断出 JOIN 运算符具有如下特性。

(1) INNER JOIN 的特性：收缩性，因为抛弃不满足连接条件的数据行。

(2) LEFT JOIN、RIGHT JOIN、FULL JOIN 的特性：扩张性，因为不满足连接条件的数据行仍然可以进入连接结果。

如果在连接规范中使用了外部连接，那么就意味着我们的目的是想利用其扩张性来扩大连接结果的范围，因此，就必须小心地使用内部连接以避免再度缩小连接结果的范围。

例如，在课堂表、选课成绩表和学生表三个表之间采用下面的混合连接方式：

```
课堂 LEFT JOIN 选课成绩 INNER JOIN 学生
```

如果先做课堂表与选课成绩表之间的左外连接便得到一个扩张的连接结果，但是再与学生表做一个内部连接，则又缩小了扩张后的连接结果，从而失去了课堂表与选课成绩表之间的左外连接的意义。所以，应该先做选课成绩表与学生表之间的内部连接，再将其连接结果与课堂表之间做左外连接。

5. 连接规范

所谓连接规范就是在多表查询中，如何表达相关表之间的连接条件、连接类型以及连接的运算顺序。

连接规范既可以在 FROM 子句中指定，也可以在 WHERE 子句中指定。

1）在 FROM 子句中指定连接规范

语法如下：

```
FROM <data_source>
<data_source> ::=   <table_source>
                   | { <table_source> [ <join_type> JOIN <table_source>
                           ON <join_condition> ] [ ...n ] }
<table_source> ::= { table_name | view_name } [ [AS] table_alias ]
<join_type> ::= INNER | { { LEFT | RIGHT | FULL } [ OUTER ] } | CROSS
```

参数说明如下。

(1) table_alias：表别名。是表或视图在本次查询中的临时名称，其作用范围局限于本次查询。

(2) <join_type>：连接类型。

(3) <join_condition>：连接条件。当选择 CROSS JOIN 时，省略不写。

表别名可带来使用上的方便，亦可用于区分自连接和命名导出表(所谓导出表就是子查询返回的结果集或者由表值构造函数 VALUES 直接定义的集合)，也可用于在连接中引用特定表的列。例如，当数据源的多个表源存在同名的列时，SQL Server 要求使用表名、视图名或别名来限定列名，以明确指出从哪一个表源中提取列到结果集中。

表别名往往是一个缩短了的名称，能够缩短 SELECT 语句的长度，也能方便对 SELECT 语句的理解。

注意：如果在 SELECT 语句中定义了表别名，则不能再使用原表名或原视图名来限定列名。

例 4-22 在 FROM 子句中指定选课成绩表和学生表的连接规范(采用内部连接)。

```
FROM 选课成绩 INNER JOIN 学生 ON 选课成绩.学号 = 学生.学号
```

2) 在 WHERE 子句中指定连接规范

这是连接规范的简写方式，但只有在连接类型是内部连接的情况下，才能在 WHERE 子句中指定连接规范。

当 WHERE 子句中既有连接条件又有行筛选条件时，连接条件在前，行筛选条件在后，两者用逻辑运算符 AND 连接起来。

例 4-23 在 WHERE 子句中指定选课成绩表和学生表的连接规范(注意：连接类型默认为内部连接)。

```
FROM 选课成绩, 学生
WHERE 选课成绩.学号 = 学生.学号
```

在 SELECT 语句中，存在三种作用层次不同的条件：连接条件、行筛选条件、组筛选条件。而行筛选条件就出现在 WHERE 子句中，所以推荐使用第一种方式，即在 FROM 子句中指定连接规范，可使得 SELECT 语句的条件作用层次变得清晰。

3) 连接的运算顺序

连接的运算顺序是在连接规范中，由 JOIN-ON 对的层次结构决定的，按照从上而下(或从左至右)、从里而外的顺序进行连接运算。

例 4-24 给出下面的连接规范，指出每一个连接的运算顺序。

```
FROM 选课成绩
    RIGHT OUTER JOIN 课堂 ON 选课成绩.课堂编号 = 课堂.课堂编号
    LEFT OUTER JOIN 课程 ON 课程.课程编号 = 课堂.课程编号
```

把上述连接规范按照如图 4.34 所示的形态展现 JOIN-ON 对的层次结构。

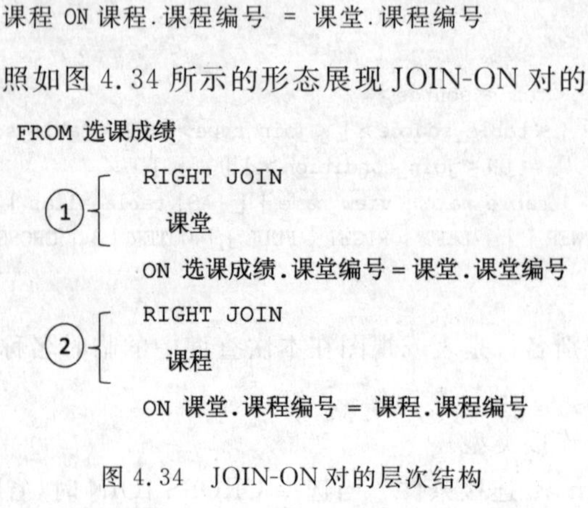

图 4.34 JOIN-ON 对的层次结构

从上述 JOIN-ON 对的层次结构中，可以看出这两个连接之间不存在嵌套，按从上而下的顺序。

第一步：以选课成绩作为左边表，课堂作为右边表，“选课成绩.课堂编号＝课堂.课堂编号”作为连接条件，运算“选课成绩 RIGHT JOIN 课堂”连接。

第二步：以第一步的连接结果作为左边表，课程表作为右边表，“课堂.课程编号＝课程.课程编号”作为连接条件，运算“[第一步的连接结果] RIGHT JOIN 课程”连接。

例 4-25 给出下面的连接规范，指出每一个连接的运算顺序。

```
FROM 学生
    INNER JOIN 选课成绩 ON 学生.学号 = 选课成绩.学号
    RIGHT JOIN 课程
    LEFT JOIN 课堂 ON 课程.课程编号 = 课堂.课程编号
        ON 选课成绩.课堂编号 = 课堂.课堂编号
```

把上述连接规范按照如图 4.35 所示的形态展现 JOIN-ON 对的层次结构。

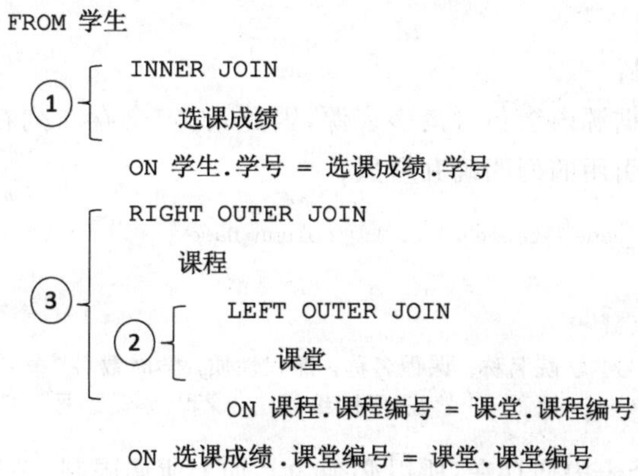

图 4.35 JOIN-ON 对的层次结构

从如图 4.35 所示的 JOIN-ON 对的层次结构中，可看出这两个连接之间存在嵌套，按从上而下、从内而外的顺序。

第一步：以学生表作为左边表，选课成绩表作为右边表，“学生.学号＝选课成绩.学号”作为连接条件，运算“学生 INNER JOIN 选课成绩”连接；

第二步：以课程表作为左边表，以课堂表作为右边表，“课程.课程编号＝课堂.课程编号”作为连接条件，运算“课程 RIGHT JOIN 课堂”连接。

第三步：以第一步的连接结果作为左边表，第二步的连接结果作为右边表，“选课成绩.课堂编号＝课堂.课堂编号”作为连接条件，运算“[第一步的连接结果] RIGHT JION [第二步的连接结果]”连接。

综合连接的运算顺序和 JOIN 的特性，便可判断一个连接规范的正确性。例如，图 4.36 所示的连接规范是不正确的，其原因就是没有正确利用 JOIN 运算的收缩或扩大特性，而使得用右连接扩大的数据范围，又因为内部连接而缩小。

所以判断采用混合连接方式的连接规范是否正确的简单方法就是：通过连接的运算顺序，来看内部连接的对象是否是外部连接的结果，如果是，则该连接规范可能有问题。

在多表查询中，如果只采用内部连接或者只采用外部连接，则连接的运算顺序不影响连

```
FROM 课堂
    RIGHT JOIN 选课成绩ON课堂.课堂编号 = 选课成绩.课堂编号
    INNER JOIN 学生 ON 选课成绩.学号 = 学生.学号
```

其JOIN-ON的层次结构:

```
        FROM 课堂
      ┌RIGHT JOIN
  ①  ┤    选课成绩
      └ON 课堂.课堂编号 = 选课成绩.课堂编号
      ┌INNER JOIN
  ②  ┤    学生
      └ON 选课成绩.学号 = 学生.学号
```

图 4.36　一个不正确的连接规范

接的结果。

6. 列名的所属限制

在多表查询中,数据源内会包含诸多表源,因此,肯定会存在列在不同表源中同名的现象,可采用如下格式对引用的列明确其所属。

```
{ table_name | view_name | table_alias }.{ column_name | * }
```

例如:

```
SELECT 学院.学院编号, 学院名称, 课程名称, 课程性质, 学时数
    FROM 学院 INNER JOIN 课程 ON 学院.学院编号 = 课程.学院编号
```

学院编号列在两个表中均存在,所以必须为其加上所属限制,例如“学院.学院编号”,明确其来自学院表。而学院名称、课程名称、课程性质、学时数等列在数据源中是独一无二的,不存在同名列,故可不加所属限制。

4.4.2　内部连接

在多表查询中,如果表之间的连接采用内部连接,就意味着两个表中只有满足连接条件的行才可以进行行拼接后进入连接的结果集,而不满足条件的行将不会参与查询。

例 4-26　查询教师欧阳淑芳所上的所有课堂,要求按照开课年份和开课学期的升序,显示课堂名称、开课年份、开课学期。

```
SELECT 课堂.课堂名称, 课堂.开课年份, 课堂.开课学期
    FROM 教师 INNER JOIN 课堂 ON 教师.教师编号 = 课堂.教师编号
    WHERE 教师.姓名 = '欧阳淑芳'
    ORDER BY 课堂.开课年份, 课堂.开课学期 ;
```

结果如图 4.37 所示。

课堂名称	开课年份	开课学期
理论力学-土木工程17-1-3	2017-2018	一

图 4.37　例 4-26 的结果

例 4-27 查询王志强老师所教的所有学生的名单，显示学号、姓名、成绩、专业班级。

```
SELECT 学生.学号, 学生.姓名, 成绩, 专业班级
    FROM 教师 INNER JOIN
        课堂 ON 教师.教师编号 = 课堂.教师编号 INNER JOIN
        选课成绩 ON 课堂.课堂编号 = 选课成绩.课堂编号 INNER JOIN
        学生 ON 选课成绩.学号 = 学生.学号
    WHERE 教师.姓名 = '王志强';
```

结果如图 4.38 所示。

学号	姓名	成绩	专业班级
U201702009	朱向前	88	土木工程1704
U201702010	杨洁	78	土木工程1704
U201702011	马东	65	土木工程1705
U201702012	罗伟	85	土木工程1705
U201702013	赵鹏飞	74	土木工程1706
U201702014	谢军	66	土木工程1706
U201702015	彭婷婷	64	土木工程1706
U201702021	许卫民	68	工程力学1701
U201702022	刘心怡	76	工程力学1701
U201702023	蒋波	81	工程力学1701
U201702024	徐见洲	75	工程力学1702
U201702025	王子轩	74	工程力学1702

图 4.38　例 4-27 的结果

例 4-28 列出最受欢迎(特指选修人数)的前三门课程，要求按选修人数的降序排列课程的名称和选修人数。

```
SELECT 课程.课程编号, COUNT( * ) AS 选修人数
    INTO #temp
    FROM 课程 INNER JOIN
        课堂 ON 课程.课程编号 = 课堂.课程编号 INNER JOIN
        选课成绩 ON 课堂.课堂编号 = 选课成绩.课堂编号
    GROUP BY 课程.课程编号 ;
SELECT TOP 3 课程名称, 选修人数
    FROM 课程 INNER JOIN #temp ON 课程.课程编号 = #temp.课程编号
    ORDER BY 选修人数 DESC ;
```

本例再次展示了 INTO 子句的作用，将一个较复杂的查询分解为两个递进式的较简单的查询(即后续查询要使用前面查询的结果)，结果如图 4.39 所示。

例 4-29 统计计算机学院每一位教师本学期的教学工作量(指学时数)，要求显示教师编号和学时数，并按学时数的降序排列。

```
SELECT 教师.教师编号, SUM(课程.学时数) AS 学时数
    FROM 教师
        INNER JOIN 课堂 ON 教师.教师编号 = 课堂.教师编号
        INNER JOIN 课程 ON 课堂.课程编号 = 课程.课程编号
        INNER JOIN 学院 ON 教师.学院编号 = 学院.学院编号
    WHERE 课堂.开课年份 = '2017－2018' AND 课堂.开课学期 = '一' AND
        学院名称 = '计算机学院'
```

```
GROUP BY 教师.教师编号
ORDER BY 学时数 DESC
```

结果如图 4.40 所示。

课程名称	选修人数
古典哲学	50
Python	48
中国古典文学鉴赏	46
数据库技术与应用	25
理论力学	20
C++程序设计基础	15
药剂学	9
社会工作概论	9
生物化学	5
会计学	4

图 4.39　例 4-28 的结果

教师编号	学时数
T010	32
T011	32

图 4.40　例 4-29 的结果

4.4.3　外部连接

外部连接有左外连接、右外连接和全外连接三种。右外连接可看作是左外连接的翻版；全外连接应用极少；左外连接可用在某些特殊的场合下，例如各个企业、事业单位的相关物品或财务的月盘存、季度盘存、半年盘存或年度盘存等。

本节只介绍左外连接的相关情况，右外连接可参考左外连接。

简单地讲，所谓左外连接，就是将左边表不满足连接条件的那些行，在它们的右边配上相应数量(等于右边表的列数)的空值 NULL，再加入到内部连接的结果集中。

对于下面的连接规范：

```
FROM 教师 LEFT JOIN 课堂 ON 教师.教师编号 = 课堂.教师编号
```

如果教师表如图 4.41 所示，课堂表如图 4.42 所示，则两表的左外连接的结果如图 4.43 所示。

教师编号	姓名
T002	李丽
T004	王志强
T008	周兰
T010	李纯

图 4.41　教师表

课堂编号	课堂名称	开课年份	开课学期	教师编号
2017-2018-2-A003	C++程序设计基础-土木工程1701-3	2017-2018	二	T010
2017-2018-2-A005	理论力学-工程力学1701-2	2017-2018	二	T004
2017-2018-2-A007	生物化学-生科1701-2	2017-2018	二	T002
2017-2018-2-B009	Python选修1	2017-2018	二	T010

图 4.42　课堂表

教师编号	姓名	课堂编号	课堂名称	开课年份	开课学期	教师编号
T002	李丽	2017-2018-2-A007	生物化学-生科1701-2	2017-2018	二	T002
T004	王志强	2017-2018-2-A005	理论力学-工程力学1701-2	2017-2018	二	T004
T008	周兰	NULL	NULL	NULL	NULL	NULL
T010	李纯	2017-2018-2-A003	C++程序设计基础-土木工程1701-3	2017-2018	二	T010
T010	李纯	2017-2018-2-B009	Python选修1	2017-2018	二	T010

图 4.43　教师表与课堂表左外连接后的连接结果

图 4.41 所示的教师表(左边表)的第 3 行(其他行均满足内部连接的条件)中的教师,在图 4.42 所示的课堂表(右边表)中并没有与该教师对应的课堂,在左外连接的作用下,在其右边配上空值,仍然可以进入如图 4.43 所示的连接结果中,即该行可以继续参与查询,同时这也表明该教师在这学期没有上课。

例 4-30 为了了解学生在 2017—2018 学年第二学期的选课情况,需查询选课人数在 12 人以下的每一个课堂(包括选课人数为 0 的课堂),要求显示每一个课堂的编号和选课人数。

```
SELECT 课堂.课堂编号, COUNT(成绩) AS 选课人数
    FROM 课堂 LEFT JOIN 选课成绩 ON 课堂.课堂编号 = 选课成绩.课堂编号
    WHERE 课堂.开课年份 = '2017 - 2018' AND 课堂.开课学期 = '二'
    GROUP BY 课堂.课堂编号
    HAVING COUNT( * ) < 12 ;
```

课堂编号	选课人数
2017-2018-2-A001	5
2017-2018-2-A002	5
2017-2018-2-A003	8
2017-2018-2-A004	7
2017-2018-2-A005	5
2017-2018-2-A006	4
2017-2018-2-A007	5
2017-2018-2-A008	9
2017-2018-2-B013	0

图 4.44 例 4-30 的执行结果

从图 4.44 所示的结果中可以看出,编号为"2017-2018-2-B013"的课堂无人选修,如果将例 4-30 中的语句改为如下所示,则执行后的结果如图 4.45 所示。

```
SELECT 课堂.课堂编号, COUNT( * ) AS 选课人数
    FROM 课堂 LEFT JOIN 选课成绩 ON 课堂.课堂编号 = 选课成绩.课堂编号
    WHERE 课堂.开课年份 = '2017 - 2018' AND 课堂.开课学期 = '二'
    GROUP BY 课堂.课堂编号
    HAVING COUNT( * ) < 12 ;
```

课堂编号	选课人数
2017-2018-2-A001	5
2017-2018-2-A002	5
2017-2018-2-A003	8
2017-2018-2-A004	7
2017-2018-2-A005	5
2017-2018-2-A006	4
2017-2018-2-A007	5
2017-2018-2-A008	9
2017-2018-2-B013	1

图 4.45 例 4-30 修改后的执行结果

从图 4.45 所示的结果中可以看出,原本无人选修的编号为"2017-2018-2-B013"的课堂,现在却变成了有 1 个学生选修,这个结果显然是不正确的,那么请思考:COUNT(成绩)与 COUNT(*)有什么区别?

4.4.4 结果集的归并处理

使用谓词运算符(UNION、EXCEPT、INTERSECT)可以将多个结果集合并成一个结果集。

语法为:

```
< SELECT_Statement >
{ UNION [ ALL ] | EXCEPT | INTERSECT }
< SELECT_statement >
```

参数说明如下。

(1) UNION:集合运算符,实现关系的"并"运算,其功能是产生一个新结果集。该新结果集中将包含前后两个结果集的所有的唯一行(新结果集的结构与前面的结果集一样)。如果指定 ALL,则新结果集中可包含重复行。

(2) EXCEPT：集合运算符，实现关系的“差”运算，其功能是产生一个新结果集。该新结果集中将包含前面结果集的，且不在后面结果集中出现的行。

(3) INTERSECT：集合运算符，实现关系的“交”运算，其功能是产生一个新结果集。该新结果集中只包含前后两个结果集的公共唯一行。

注意：

(1) 如果需要 INTO 子句，则只能出现在第一个 SELECT 语句中。

(2) 如果需要 ORDER 子句，则只能出现在最后一个 SELECT 语句中，且排序列只能从第一个 SELECT 子句的选择列表 select_list 中选择。

例 4-31 从学生表中提取湖北省和其他省的人数。

```
SELECT '湖北' AS 省份, count( * ) AS 人数
    FROM 学生
    WHERE 籍贯 LIKE '湖北%'
UNION
SELECT '其他' AS 省份, count( * ) AS 人数
    FROM 学生
    WHERE 籍贯 NOT LIKE '湖北%';
```

省份	人数
湖北	19
其他	55

图 4.46 例 4-31 的执行结果

本例的执行结果如图 4.46 所示。

例 4-32 查询土木工程、工程力学两个专业的学生在 2017—2018 学年均选修过的必修课程，要求显示课程编号、课程名称，按课程编号的升序排列，并将查询结果保存到临时表 Temp3 中。

```
SELECT 课程.课程编号, 课程.课程名称
    INTO Temp3
    FROM 课程 INNER JOIN
        课堂 ON 课程.课程编号 = 课堂.课程编号 INNER JOIN
        选课成绩 ON 课堂.课堂编号 = 选课成绩.课堂编号 INNER JOIN
        学生 ON 选课成绩.学号 = 学生.学号
    WHERE 课堂.开课年份 = '2017-2018' AND 课程.课程性质 = '必修' AND
          学生.专业班级 LIKE '土木工程%'
INTERSECT
SELECT 课程.课程编号, 课程.课程名称
    FROM 课程 INNER JOIN
        课堂 ON 课程.课程编号 = 课堂.课程编号 INNER JOIN
        选课成绩 ON 课堂.课堂编号 = 选课成绩.课堂编号 INNER JOIN
        学生 ON 选课成绩.学号 = 学生.学号
    WHERE 课堂.开课年份 = '2017-2018' AND 课程.课程性质 = '必修' AND
          学生.专业班级 LIKE '工程力学%'
    ORDER BY 课程.课程编号;
```

要注意在对查询结果集进行归并时，INTO 子句和 ORDER 子句的位置及排序列的选择限制。

例 4-33 给出如表 4.6 所示的十二星座查询表，查询什么星座的人没有出现在教师表中。

表 4.6 十二星座查询表

01 月 20 日太阳进入水瓶座	07 月 23 日太阳进入狮子座
02 月 19 日太阳进入双鱼座	08 月 23 日太阳进入处女座
03 月 21 日太阳进入白羊座	09 月 23 日太阳进入天秤座
04 月 20 日太阳进入金牛座	10 月 24 日太阳进入天蝎座
05 月 21 日太阳进入双子座	11 月 23 日太阳进入射手座
06 月 22 日太阳进入巨蟹座	12 月 22 日太阳进入摩羯座

```
SELECT *
    FROM ( VALUES ('水瓶座'), ('双鱼座'), ('白羊座'), ('金牛座'),
                ('双子座'), ('巨蟹座'), ('狮子座'), ('处女座'),
                ('天秤座'), ('天蝎座'), ('射手座'), ('摩羯座')
        ) AS 星座表( 星座 )
EXCEPT
SELECT DISTINCT
        CASE
            WHEN 出生日期 BETWEEN STR(YEAR(出生日期),4) + '/1/20'
                AND STR(YEAR(出生日期),4) + '/2/18' THEN '水瓶座'
            WHEN 出生日期 BETWEEN STR(YEAR(出生日期),4) + '/2/19'
                AND STR(YEAR(出生日期),4) + '/3/20' THEN '双鱼座'
            WHEN 出生日期 BETWEEN STR(YEAR(出生日期),4) + '/3/21'
                AND STR(YEAR(出生日期),4) + '/4/19' THEN '白羊座'
            WHEN 出生日期 BETWEEN STR(YEAR(出生日期),4) + '/4/20'
                AND STR(YEAR(出生日期),4) + '/5/20' THEN '金牛座'
            WHEN 出生日期 BETWEEN STR(YEAR(出生日期),4) + '/5/21'
                AND STR(YEAR(出生日期),4) + '/6/21' THEN '双子座'
            WHEN 出生日期 BETWEEN STR(YEAR(出生日期),4) + '/6/22'
                AND STR(YEAR(出生日期),4) + '/7/22' THEN '巨蟹座'
            WHEN 出生日期 BETWEEN STR(YEAR(出生日期),4) + '/7/23'
                AND STR(YEAR(出生日期),4) + '/8/22' THEN '狮子座'
            WHEN 出生日期 BETWEEN STR(YEAR(出生日期),4) + '/8/23'
                AND STR(YEAR(出生日期),4) + '/9/22' THEN '处女座'
            WHEN 出生日期 BETWEEN STR(YEAR(出生日期),4) + '/9/23'
                AND STR(YEAR(出生日期),4) + '/10/23' THEN '天秤座'
            WHEN 出生日期 BETWEEN STR(YEAR(出生日期),4) + '/10/24'
                AND STR(YEAR(出生日期),4) + '/11/22' THEN '天蝎座'
            WHEN 出生日期 BETWEEN STR(YEAR(出生日期),4) + '/11/23'
                AND STR(YEAR(出生日期),4) + '/12/21' THEN '射手座'
            ELSE '摩羯座'
        END AS 星座
    FROM 教师 ;
```

本例中,使用表值构造函数 VALUES 将十二星座的名字构造成一个 12 行 1 列的集合(每一行的数据用一对括号括起来)作为 EXCEPT 左边查询的表源,从而使得 EXCEPT 左边查询的结果集中包含十二星座的名字。

4.5 子查询

在单表或多表查询的SELECT语句中，行筛选条件或组筛选条件中的比较数据是永远静止不变的，例如下面SELECT语句筛选条件中的比较数据“32”就是永恒的：

```
SELECT *
    FROM 课程
    WHERE 学时数 >= 32 ;
```

实际上，随着数据库系统使用时间的不断延续，数据的增、删、改等操作随时在进行，数据库的状态（包括数据的数量、相关数据之间的内涵）是随时在变化的，但是行筛选条件中的“32”这个数据是永远不变的。

如果在某个查询中，需要比较的数据不是永远静止不变的，而是在数据库状态的不断变化过程中取数据库状态在某一时刻的固定状态中的某一个数据，例如，查询自“数据库技术与应用”课程开课以来获得最高分的人数有多少：

```
SELECT COUNT( * ) AS 人数
    FROM 选课成绩
        INNER JOIN 课堂 ON 选课成绩.课堂编号 = 课堂.课堂编号
        INNER JOIN 课程 ON 课堂.课程编号 = 课程.课程编号
    WHERE 课程.课程名称 = '数据库技术与应用' AND
          选课成绩.成绩 = ("数据库技术与应用"课程开课以来的最高分 )
```

“数据库技术与应用”课程开课以来的最高分是数据库运行状态的一部分，是随数据库使用时间的延续而动态变化的，这时，就可使用子查询（如下面语句中带下画线的部分），在本查询执行的这一时刻，提取到这个固定数据返回给本查询，例如：

```
SELECT COUNT( * ) AS 人数
  FROM 选课成绩
       INNER JOIN 课堂 ON 选课成绩.课堂编号 = 课堂.课堂编号
       INNER JOIN 课程 ON 课堂.课程编号 = 课程.课程编号
  WHERE 课程.课程名称 = '数据库技术与应用' AND 选课成绩.成绩 = (
          SELECT MAX(选课成绩.成绩) AS 最高分
            FROM 选课成绩 INNER JOIN
               课堂 ON 选课成绩.课堂编号 = 课堂.课堂编号 INNER JOIN
                 课程 ON 课堂.课程编号 = 课程.课程编号
            WHERE 课程.课程名称 = '数据库技术与应用'
        );
```

子查询是一个嵌套在SELECT、INSERT、UPDATE或DELETE语句或其他子查询中的查询。包含子查询的查询称为外部查询，而子查询（子查询本身可以是单表查询，也可以是多表查询）也称为内部查询。

子查询是为外部查询服务的，一般来说，子查询在整个查询的执行期间只执行一次，而且是先执行子查询，再执行其外部查询。但有时也有例外，有时内部子查询和外部查询的执行是交叉进行的，这时内部子查询就需要执行多次，见例4-38。

可在外部查询的许多位置指定子查询。

(1) 在 WHERE 子句的行筛选条件 line_search_condition 或者 HAVING 子句的组筛选条件 group_search_condition 中。

① 使用比较运算符(注：必须是单值子查询)。

② 使用 ANY、SOME 或 ALL 修饰的比较运算符。

③ 使用 IN 或 NOT IN 运算符。

④ 使用 EXISTS 或 NOT EXISTS 运算符。

(2) 在 FROM 子句中：使用子查询的结果集作为外部查询的数据源。

(3) 在 SELECT 子句 select_list 中：使用子查询的结果集作为外部查询结果集的一部分(注：必须是单值子查询)。

(4) 在 UPDATE、DELETE 和 INSERT 语句中(本书不介绍)。

子查询的 SELECT 语句必须用圆括号括起来，还需受到下列限制的制约：

(1) ntext、text 和 image 数据类型不能用在子查询的选择列表中。

(2) 包含 GROUP 的子查询不能使用 DISTINCT 关键字。

(3) 不能指定 INTO 子句。

(4) 只有指定了 TOP 时才能指定 ORDER。

4.5.1 单值子查询

所谓单值子查询是指结果集中只有一行一列一个数据的子查询，例如：

```
SELECT 学院编号
    FROM 学院
    WHERE 学院名称 = '生命学院';
```

由于学院表中数据的特殊性，不存在同名学院，所以，上述 SELECT 语句的执行结果只有一行一列一个数据，如果作为子查询，则它就是一个单值子查询，例如下面的 SELECT 语句就是查询"生命学院"所开设课程的所有信息：

```
SELECT 课程.*
    FROM 课程
    WHERE 学院编号 = ( SELECT 学院编号
                          FROM 学院
                          WHERE 学院名称 = '生命学院');
```

正因为单值子查询的结果集中只有一个数据，故可以将单值子查询的结果集看成是一个普通的单个数据。所以单值子查询与比较运算符配合可出现在 WHERE 子句的 line_search_condition 中，也可出现在 HAVING 子句的 group_search_condition 中，亦可出现在 SELECT 子句的选择列表 select_list 中作为结果集中的一列。

1. 单值子查询出现在行筛选条件中

例 4-34 假设生物科学 1702 班的吴冰同学的姓名是唯一的，查询与吴冰同学同乡(指相同省份)的所有学生的姓名和专业班级。

```
SELECT 姓名, 专业班级
    FROM 学生
```

```
WHERE LEFT(籍贯,3) = ( SELECT LEFT(籍贯,3) AS 省份
                       FROM 学生
                       WHERE 姓名 = '吴冰' AND
                             专业班级 = '生物科学 1702'
                     ) AND 姓名 <> '吴冰';
```

子查询的执行结果如图 4.47 所示，本例的执行结果如图 4.48 所示。

省份
广东省

图 4.47 例 4-34 中子查询的执行结果

姓名	专业班级
安嘉路	生物科学1702
吴冰	生物科学1702
余彬彬	土木工程1701
穆青青	国际商务1701

图 4.48 例 4-34 的执行结果

2. 单值子查询出现在组筛选条件中

例 4-35 在所有的"数据库技术与应用"课堂中，查询比"数据库-交通工程 1701-2"课堂的平均分高的其他课堂的课堂编号和平均分。

```
SELECT 课堂.课堂编号, AVG(选课成绩.成绩) AS 平均分
  FROM 选课成绩 INNER JOIN
       课堂 ON 选课成绩.课堂编号 = 课堂.课堂编号 INNER JOIN
       课程 ON 课堂.课程编号 = 课程.课程编号
  WHERE 课程.课程名称 = '数据库技术与应用' AND
        课堂.课堂名称 <> '数据库 - 交通工程,1701 - 2'
  GROUP BY 课堂.课堂编号
  HAVING AVG(选课成绩.成绩) > (
          SELECT AVG(选课成绩.成绩) AS 平均分
            FROM 选课成绩 INNER JOIN
              课堂 ON 选课成绩.课堂编号 = 课堂.课堂编号 INNER JOIN
              课程 ON 课堂.课程编号 = 课程.课程编号
            WHERE 课程.课程名称 = '数据库技术与应用' AND
                  课堂.课堂名称 = '数据库 - 交通工程 1701 - 2'
          );
```

子查询的执行结果如图 4.49 所示，本例的执行结果如图 4.5 所示。

平均分
77

图 4.49 例 4-35 子查询的执行结果

课堂编号	平均分
2017-2018-1-A001	80
2017-2018-2-A001	79

图 4.50 例 4-35 的执行结果

3. 单值子查询的结果作为查询结果集中的一列

这种用法往往是把单值子查询的结果作为正常值的比对出现。

例 4-36 在所有的"数据库技术与应用"课堂中，显示每一个课堂的平均分和所有课堂总平均分的比对情况，要求显示每一个课堂的编号和平均分、所有课堂的总平均分(作为比对值)。

本例子查询的嵌套较为复杂，分以下三步写出查询语句。

第一步：先做一个生成表查询，因为后续的两步均要用到第一步的结果，其执行结果如

图 4.51 所示。

求各个课堂的平均分，并将结果送到临时表“#各课堂平均分”表中保存。

```
SELECT 课堂.课堂编号, AVG(选课成绩.成绩) AS 平均分
    INTO #各课堂的平均分
    FROM 选课成绩 INNER JOIN
         课堂 ON 选课成绩.课堂编号 = 课堂.课堂编号 INNER JOIN
         课程 ON 课堂.课程编号 = 课程.课程编号
    WHERE 课程.课程名称 = '数据库技术与应用'
    GROUP BY 课堂.课堂编号 ;
```

第二步：在第一步的执行结果上，求所有课堂的总平均分，其执行结果如图 4.52 所示。

```
SELECT AVG(平均分) AS 总平均分
    FROM #各课堂的平均分
```

课堂编号	平均分
2017-2018-1-A001	80
2017-2018-1-A002	73
2017-2018-2-A001	79
2017-2018-2-A002	77

图 4.51　第一步的执行结果——各课堂的平均分

总平均分
77

图 4.52　第二步的执行结果——所有课堂的总平均分

第三步：在第一步和第二步的执行结果上，查询每一个课堂的平均分和所有课堂的总平均分的差异比较。

```
SELECT *, (第二步的 SELECT 语句)  AS 总平均分
    FROM #各课堂的平均分
```

将第二步的 SELECT 语句代入第三步：

```
SELECT *, (SELECT AVG(平均分) AS 总平均分
             FROM #各课堂的平均分
         ) AS 总平均分
    FROM #各课堂的平均分
```

课堂编号	平均分	总平均分
2017-2018-1-A001	80	77
2017-2018-1-A002	73	77
2017-2018-2-A001	79	77
2017-2018-2-A002	77	77

图 4.53　第三步的执行结果

上述语句的执行结果如图 4.53 所示。

如果将第一步的 SELECT 语句(注意，需删除语句中的 INTO 子句)也代入进来，则本例的查询可用一条 SELECT 语句完成：

```
SELECT *,(SELECT AVG(平均分) AS 总平均分
             FROM (SELECT 课堂.课堂编号, AVG(选课成绩.成绩) AS 平均分
                   FROM 选课成绩 INNER JOIN
                     课堂 ON 选课成绩.课堂编号 = 课堂.课堂编号 INNER JOIN
                     课程 ON 课堂.课程编号 = 课程.课程编号
                   WHERE 课程.课程名称 = '数据库技术与应用'
                   GROUP BY 课堂.课堂编号
                   ) AS 各课堂的平均分
         ) AS 总平均分
    FROM (SELECT 课堂.课堂编号, AVG(选课成绩.成绩) AS 平均分
```

```
        FROM 选课成绩 INNER JOIN
            课堂 ON 选课成绩.课堂编号 = 课堂.课堂编号 INNER JOIN
            课程 ON 课堂.课程编号 = 课程.课程编号
        WHERE 课程.课程名称 = '数据库技术与应用'
        GROUP BY 课堂.课堂编号
    ) AS 各课堂的平均分 ;
```

思考：如果进一步要求各个课堂的平均分和所有课堂总平均分的差异值，则本题的第三步应该做怎样的修改？各课堂平均分与所有课堂总平均分差异值的计算方法（保留一位小数）为：

$$\frac{\text{某个课堂的平均分}-\text{总平均分}}{\text{总平均分}}\times 100\%$$

图 4.54 给出修改后第三步的执行结果，可作为参考。

课堂编号	平均分	总平均分	差异值(%)
2017-2018-1-A001	80	77	3.9
2017-2018-1-A002	73	77	-5.19
2017-2018-2-A001	79	77	2.6
2017-2018-2-A002	77	77	0

图 4.54　加入差异值的执行结果

4.5.2　多值子查询

所谓多值子查询是指结果集中有多行多列多个数据的子查询。

可使用 ANY、SOME、ALL 修饰的比较运算符或者 IN、EXISTS 运算符（特指相关子查询），可出现在 WHERE 子句的行筛选条件 line_search_condition 中、HAVING 子句的组筛选条件 group_search_condition 中，或者直接作为外部查询的数据源出现在 FROM 子句中。

1. 子查询直接作为外部查询的数据源

这是一种极为常见的查询方式，经常用于扩充聚合查询的结果集，即在聚合查询的结果集中增加某些相关列。

例 4-37　在所有选修课堂中，统计选课人数在 18 人以上的每一个课堂，要求显示每一个课堂的课堂编号、课堂名称和选课人数。

```
SELECT 课堂.课堂编号, 课堂名称, 选课人数
    FROM 课堂 INNER JOIN
        ( SELECT 课堂.课堂编号, COUNT( * ) AS 选课人数
            FROM 课程 INNER JOIN
                课堂 ON 课程.课程编号 = 课堂.课程编号 INNER JOIN
                选课成绩 ON 课堂.课堂编号 = 选课成绩.课堂编号
            WHERE 课程性质 = '选修'
            GROUP BY 课堂.课堂编号
            HAVING COUNT( * ) > 18
        ) AS T ON 课堂.课堂编号 = T.课堂编号 ;
```

本例中多值子查询的执行结果如图 4.55 所示，本例的执行结果如图 4.56 所示。

课堂编号	选修人数
2017-2018-1-B007	28
2017-2018-1-B008	19
2017-2018-2-B009	35
2017-2018-2-B011	31

图 4.55　例 4-37 多值子查询的执行结果

课堂编号	课堂名称	选修人数
2017-2018-1-B007	中国古典文学鉴赏2017-2018-1	28
2017-2018-1-B008	古典哲学2017-2018-1	19
2017-2018-2-B009	Python选修1	35
2017-2018-2-B011	古典哲学	31

图 4.56　例 4-37 的执行结果

2. ALL、ANY 和 SOME 的用法

对于多值子查询，其结果集中可能有多个数据，不能像单值子查询一样作为普通的单个数据看待，所以不能直接使用比较运算符，而必须通过 ALL、ANY 和 SOME 的修饰(位于比较运算符的右边)后，使得比较运算符能作用于集合中的所有数据。

ALL：指定比较运算要作用于集合中的每一个数据，如果所有的比较运算都满足比较关系，则比较的最终结果为真，否则，只要有一个比较运算不满足比较关系，则比较的最终结果为假。

ANY 和 SOME：ANY 和 SOME 的含义是一样的，均指定比较运算要作用于集合中的每一个数据，只要有一个比较运算满足比较关系，则比较的最终结果为真，否则，就是所有的比较运算均不满足比较关系，则比较的最终结果为假。

例 4-38　在“C++程序设计基础-土木工程 1704-6”课堂中找出比“C++程序设计基础-工程力学 1701-3”课堂所有学生的成绩还要高的那些学生的学号、姓名。

```
SELECT 学生.学号, 学生.姓名,选课成绩.成绩
    FROM 课堂 INNER JOIN
         选课成绩 ON 课堂.课堂编号 = 选课成绩.课堂编号 INNER JOIN
         学生 ON 选课成绩.学号 = 学生.学号
    WHERE 课堂.课堂名称 = 'C++程序设计基础 - 土木工程 1704 - 6' AND
          选课成绩.成绩 > ALL(
                SELECT 选课成绩.成绩
                    FROM 课堂 INNER JOIN
                         选课成绩 ON 课堂.课堂编号 = 选课成绩.课堂编号
                    WHERE 课堂.课堂名称 = 'C++程序设计基础 - 工程力学 1701 - 3'
                    ) ;
```

本例子查询的执行结果如图 4.57 所示，本例的执行结果如图 4.58 所示。

成绩
88
92
84
78
86
68
66
92

图 4.57　例 4-38 子查询的执行结果

学号	姓名	成绩
U201702011	马东	94

图 4.58　例 4-38 的执行结果

实际上，本题还可以用单值子查询实现，其子查询为求“C++程序设计基础-工程力学 1701-3”课堂的最高成绩，这样就得到一个单值。

```
SELECT 学生.学号, 学生.姓名,选课成绩.成绩
   FROM 课堂 INNER JOIN
        选课成绩 ON 课堂.课堂编号 = 选课成绩.课堂编号 INNER JOIN
        学生 ON 选课成绩.学号 = 学生.学号
   WHERE 课堂.课堂名称 = 'C++程序设计基础－土木工程 1704－6' AND
         选课成绩.成绩 >(
              SELECT MAX(选课成绩.成绩)
                  FROM 课堂 INNER JOIN
                       选课成绩 ON 课堂.课堂编号 = 选课成绩.课堂编号
                  WHERE 课堂.课堂名称 = 'C++程序设计基础－工程力学 1701－3'
                      );
```

3. IN 的用法

IN 用于对数据在子查询结果集中的存在性做测试运算,其语法为:

```
test_expression [ NOT ] IN ( subquery )
```

或

```
[ NOT ] test_expression IN ( subquery )
```

如果测试值存在于子查询的结果集中,则 IN 运算的结果为真,否则为假。NOT 是逻辑运算符,可对 IN 运算的结果取反。

例 4-39 在 2017—2018 学年第二学期中,查询出各课堂平均分最高的前三个优秀课堂(包括并列第三)的优秀上课教师,要求输出优秀教师的编号、姓名和优秀课堂的名称。

```
SELECT 教师.教师编号, 教师.姓名, 课堂.课堂名称
   FROM 学院 INNER JOIN
        教师 ON 教师.学院编号 = 学院.学院编号 INNER JOIN
        课堂 ON 教师.教师编号 = 课堂.教师编号
   WHERE 课堂.课堂编号 IN (
         SELECT TOP(3) WITH TIES 课堂.课堂编号
             FROM 课堂 INNER JOIN
                  选课成绩 ON 课堂.课堂编号 = 选课成绩.课堂编号
             WHERE 课堂.开课年份 = '2017－2018' AND 课堂.开课学期 = '二'
             GROUP BY 课堂.课堂编号
             ORDER BY AVG(选课成绩.成绩) DESC
                        );
```

本例子查询的结果如图 4.59 所示,显然,这是一个多值子查询。本例的执行结果如图 4.60 所示。

课堂编号
2017-2018-2-A004
2017-2018-2-A003
2017-2018-2-A001
2017-2018-2-A008

图 4.59 例 4-39 子查询的执行结果

教师编号	姓名	课堂名称
T011	张亚男	C++程序设计基础-土木工程1704-6
T010	李纯	C++程序设计基础-土木工程1701-3
T012	黄红	数据库-工程力学1701-2
T001	张远	药剂学-生药1701-生药工程1701-3

图 4.60 例 4-39 的执行结果

思考:如果输出结果还要加上每一个优秀课堂的平均分,那么本题的 SELECT 语句应该怎样写?

4. EXISTS

EXISTS 主要用于对相关子查询的结果集中数据行的存在性做测试运算,其语法为:

```
[NOT]EXISTS ( subquery )
```

如果相关子查询结果集中存在数据行，则 EXISTS 运算的结果为真，否则为假。NOT 是逻辑运算符，可对 EXISTS 运算的结果取反。

所谓的相关子查询就是在相关子查询的条件中，使用其外部查询数据源的数据。其特点是相关子查询可能需要重复执行多次(重复执行的次数等同于外部查询数据源满足条件的行数)。

例 4-40 查询常思同学未选修，但吴美兰同学已选修的课程的编号和名称。

```
SELECT KCH.课程编号, KCH.课程名称
   FROM 学生 INNER JOIN
        选课成绩 ON 学生.学号 = 选课成绩.学号 INNER JOIN
        课堂 ON 选课成绩.课堂编号 = 课堂.课堂编号 INNER JOIN
        课程 AS KCH ON 课堂.课程编号 = KCH.课程编号
   WHERE 学生.姓名 = '吴美兰' AND NOT EXISTS(
        SELECT 课程.课程编号
           FROM 学生 INNER JOIN
                选课成绩 ON 学生.学号 = 选课成绩.学号 INNER JOIN
                课堂 ON 选课成绩.课堂编号 = 课堂.课堂编号 INNER JOIN
                课程 ON 课堂.课程编号 = 课程.课程编号
           WHERE 学生.姓名 = '常思' AND 课程.课程编号 = KCH.课程编号
        ) ;
```

吴美兰同学选修的课程如图 4.61 所示，常思同学选修的课程如图 4.62 所示，最终本例的执行如果如图 4.63 所示。

课程编号	课程名称
C010	中国古典文学鉴赏
C003	药剂学
C011	古典哲学

图 4.61 吴美兰同学选修的课程

课程编号	课程名称
C006	社会工作概论
C011	古典哲学
C010	中国古典文学鉴赏

图 4.62 常思同学选修的课程

课程编号	课程名称
C003	药剂学

图 4.63 例 4-40 的执行结果

上述 SELECT 语句括号中的子查询是一个相关子查询，在其条件中包含了外部查询的数据“KCH.课程编号”。

```
WHERE 学生.姓名 = '常思' AND 课程.课程编号 = KCH.课程编号
```

其左边“课程.课程编号”是子查询自己表源课程表中的数据，右边“KCH.课程编号”是外部查询数据源“课程 AS KCH”表中的数据。

注意：由于内外查询具有名字相同的表源，所以，给外部查询中的表源课程表换了一个新名字 KCH，以便在相关子查询中使用它的数据。

本章小结

本章内容由关系代数和 SQL 查询两部分构成，在关系代数中，主要介绍了关系的几种运算，包括传统的集合运算(并、交、差、笛卡儿积)和专门的关系运算(投影、选择、连接、除)，并指明关系的基本运算只有并、差、笛卡儿积、投影、选择 5 种，其他三种(交、连接、除)均可

通过5种基本运算来实现。

关系R和S的并运算，记为R∪S，其结果为合并R、S中的元组，并消除重复的元组后组成一个新的关系。

关系R和S的差运算，记为R−S，其结果是从R的元组中去掉属于S的元组后组成一个新的关系。

关系R和S的交运算，记为R∩S，其结果是从R的元组中提取属于S的元组后组成一个新的关系。

关系R和S的广义笛卡儿积运算，记为R×S，其结果是将R中的每一个元组与S中的每一个元组对接后组成一个新的关系，其元组的个数等于两个关系元组个数的乘积，其列数等于两个关系的列数之和。

关系R的选择运算，记为$\delta_{f(X)}(R)$，其结果是从R中提取满足条件f的那些元组组成一个新的关系。

关系R和S的连接运算，记为$R \underset{f_\theta}{\infty} S$，其结果是在两个关系的广义笛卡儿积的基础上，提取满足条件f的那些元组后组成一个新的关系。如果运算符θ为等于比较运算符，则该连接称为等值连接；如果运算符θ为其他比较运算符，则该连接称为不等值连接；如果在等值连接的基础上消除重复列，则该连接称为自然连接。

关系R的投影运算，记为$\pi_{(R_{i_1},R_{i_2},R_{i_3},\cdots,R_{i_k})}(R)$，其结果是从R中提取由$(R_{i_1},R_{i_2},R_{i_3},\cdots,R_{i_k})$规定的那些列组成一个新的关系。

在SQL查询中，由浅入深介绍了单表查询、多表查询和子查询的概念和用法。

单表查询可作为理解查询的基础，其特点是查询数据源中只有一个表源。以单表查询为基石，整个查询的框架可分为基本查询、条件查询、生成表查询、聚合查询、结果集的数据排序5大部分，并重点讲解了条件查询和聚合查询。

基本查询包含SELECT子句和FROM子句，SELECT子句完成关系的投影运算，FROM子句指定本次查询所用数据源由哪一个表源组成。

条件查询由WHERE子句实现，完成关系的选择运算。在条件中可使用的运算符如下。

(1) 算术运算符：＋、－、＊、/、％。

(2) 字符串串联运算符：＋。

(3) 比较运算符：＝、＞、＜、＞＝、＜＝、＜＞、!＝、!＜、!＞。

(4) 逻辑运算符：NOT、AND、OR。

(5) 谓词运算符有如下几个。

① BETWEEN：如果操作数在某个范围之内，那么就为TRUE。

② LIKE：如果操作数与一种模式相匹配，那么就为TRUE。

③ IN：如果操作数等于表达式列表中的一个，那么就为TRUE。

④ IS：空值或非空值的判断。

本章中重点介绍了谓词运算符BETWEEN、LIKE、IN、IS的使用方法，这些谓词运算符的运算结果为逻辑值，但它们不是逻辑运算符，所有的谓词运算符的优先级是一样的，但高于逻辑运算符。

生成表查询由 INTO 子句实现，可将结果集保存到一个临时表或者数据表中，INTO 子句必须位于 FROM 子句之前。生成表查询经常用于将一个复杂的查询分解为几个递进式的较简单的查询。

聚合查询与条件查询一样，也是本章的重点之一，由 5 个聚合函数（COUNT、SUM、AVG、MIN、MAX）、GROUP 子句、HAVING 子句共同配合完成对数据进行数学意义上的统计任务。

结果集的数据排序由 ORDER 子句实现，完成结果集中数据的行排序。

多表查询也是本章的重点，其意义是查询数据源中包含两个或两个以上的表源，必须在 FROM 子句中指明这些表源以及这些表源之间的逻辑关系。

所谓表源之间的逻辑关系是指采用何种连接类型，例如内部连接、外部连接（左外连接、右外连接、完全连接）、交叉连接。其中，内部连接是本章的重点，外部连接是本章的难点。连接条件完成对这些表源之间的等值连接运算或者不等值连接运算，以实现表源之间的数据向导。

结果集的归并处理完成集合的并、交、差运算，分别由运算符 Union、Intersect、Except 实现。

所谓子查询就是嵌套在外部查询中的一个查询，通俗地讲，就是在一条 SELECT 命令中包含另一条 SELECT 命令，前者称为外部查询，后者称为子查询或内部查询。查询的嵌套可以有多层。

本章详细介绍了子查询的各种用法，并重点介绍了在 WHERE 子句和 FROM 子句中子查询的用法和目的。

当子查询的结果集只有一个数据（一行一列）时，称为单值子查询；当子查询的结果集有多个数据（多行、多列）时，称为多值子查询。

子查询可出现在外部查询的多个地方，最为常见的是出现在 WHERE 子句和 FROM 子句中，即子查询的结果可作为外部查询的条件组成部分或者作为外部查询的数据源中的表源之一。

习　题　4

一、填空题

(1) 关系运算的核心是________。

(2) 关系运算的对象是________，关系运算的结果是________。

(3) SQL 查询数据源可包含________、________和________三种表源。

(4) 基本查询中必须包含 SELECT 子句和________子句。

(5) SELECT 子句相当于关系的________操作。

(6) 如果要求结果集中不包含重复行，则必须在 SELECT 子句中使用________运算符。

(7) 给出 SELECT 子句：SELECT 学生.＊，其中“学生.＊”的含义是________。

(8) 如果只需要结果集中的前三行，TOP 子句应写成________。如果还需要并列第三的那些行，则 TOP 子句应写成________。

(9) WHERE子句的作用是对数据行进行筛选,相当于关系的________操作。

(10) 在数据表学生表中有出生年月这一列,要定义一个从18岁到24岁的行筛选器,则WHERE子句应写成(采用谓词运算符BETWEEN)________或者(采用比较运算符)________。

(11) 如果要将籍贯为空值的学生屏蔽在查询外,则条件应写成________。

(12) 聚合查询有________、________、________三种实现方式。

(13) 基本聚合函数有________、________、________、________、________5种。

(14) 在没有分组列的情况下做聚合查询,则查询结果集中有________行。

(15) 如果以性别作为分组列(无组筛选器),则结果集中包含________行。

(16) 如果以专业、班级作为分组列(无组筛选器),则结果集中的行数等于(用一句话)________。

(17) 如果要按照专业、班级分类汇总各班的人数,则聚合函数应写成________。

(18) 如果要按照籍贯统计各省的人数(但籍贯列为空值的不纳入统计),则聚合函数应写成________。

(19) 在ORDER子句中,DESC的含义是________。

(20) 对于子句"ORDER BY 成绩 DESC",可使用TOP(3)提取成绩的前三名,如果还要把并列第三的情况考虑在内,则TOP子句应写成________。

(21) 数据表之间的INNER JOIN相当于关系的________运算。

(22) 数据表之间的CROSS JOIN相当于关系的________运算。

(23) 所谓数据表的等值连接,是因为在连接条件中使用了________运算符。

(24) 所谓数据表的自然连接,就是在________的基础上,消除重复列。

(25) 连接类型有________、外部连接和________三种,其中,外部连接又分为________、________和________三种。

二、简答题

(1) 简要叙述SQL查询的结果集的几个主要属性。

(2) SELECT语句包含哪几个子句?各个子句的作用分别是什么?

(3) 试述关系数据语言的分类。

(4) 关系的基本运算包括哪几种?

(5) SELECT语句的各个子句的书写顺序是怎样的?

(6) SELECT语句的各个子句的执行顺序是怎样的?

(7) 简述组筛选器与行筛选器的异同之处。

(8) 举例说明内部连接和外部连接的连接特性。

三、SQL命令

(1) 查询每门课程的所有信息。

(2) 查询所有教师的姓名、性别和职称信息。

(3) 查询所有学生所属的学院有哪些。

(4) 查询所有教师的姓名、年龄、出生月份。

(5) 查询每一个学院的名称、电话(要求电话中不包含区号)和院系地址。

(6) 已知十二生肖的顺序为鼠、牛、虎、兔、龙、蛇、马、羊、猴、鸡、狗、猪,且1900年为鼠年，请查询每一位同学的生肖，要求输出学号、姓名、出生日期、生肖。

(7) 查询选修学分在4分以上(包含4分)的所有课程信息。

(8) 找出年龄为32～48岁(请使用BETWEEN运算符)的所有副高以上教师的编号、姓名。

(9) 查询四川籍(包括直辖市)女生的学号、姓名、性别、籍贯、出生日期、专业班级等信息。

(10) 查询万刚、金耀亮、付学军、张辉几位同学的学号、姓名、籍贯(注意：要求籍贯只显示省份或直辖市的名称，请参考CHARINDEX函数及CASE表达式)。

(11) 查询尚未填写课程介绍的课程。

(12) 将所有选修课程的信息保存到临时表"#选修课程"中。

(13) 查询2017—2018学年第一学期所有成绩未激活的课堂的编号、名称，并将这信息保存到数据表"成绩未激活"中。

(14) 统计教师的总人数。

(15) 统计必修课程和选修课程各自的门数。

(16) 查询课程表中一共有多少门课，以及修完这些课程能获得多少学分，要求输出课程门数和总学分。

(17) 查询每个课堂的人数及平均分(只需要人数在8人以上的课堂)。

(18) 按照学分数的降序排列每一门课程，输出课程的编号、名称、学时数及学分数。

(19) 按照所属院系、专业班级统计学生的人数，并按照学院编号的升序及专业班级的降序排列。

(20) 按性别的降序、年龄的升序，列出学生的学号、姓名、性别、出生日期等信息。

(21) 统计每一个学生在各自选修的所有课程中的最高分、最低分、平均分及选课门数(还未考试的课程不计入统计结果)。

(22) 查询成绩为85～90分的学生的学号、姓名、课程名称及该课的分数，并按照学号的升序排列。

(23) 将分配给编号为T003的教师的所有课堂的信息(课堂编号、课堂名称、开课年份、开课学期、课程编号)保存到临时表#T003中。

(24) 查询2017-2018-2-A001课堂且成绩为80～90分的所有学生的学号(提示：请在筛选条件中使用BETWEEN运算符)。

(25) 查询讲授"数据库技术与应用"课程的上课教师的所有信息。

(26) 列出教学效果最好(特指平均分)的前三个课堂，要求按平均分的降序排列课堂的名称和平均分。

(27) 查询学习"理论力学"课程的学生的学号、姓名、分数。

(28) 查询付学军同学的课程成绩单，要求列出课程名称、成绩。

(29) 查询副高以上职称和其他职称的人数(提示：副高以上职称有教授、副教授；请使用UNION谓词运算符)。

(30) 查询常思同学未选修的课程有哪些。

(31) ★假设邓亦凡同学的姓名是唯一的，请查找与"邓亦凡"同年同月出生(出生日可以不同)的其他学生的姓名和出生日期。

(32) ★在选修“数据库技术与应用”课程的所有班级中，找出不低于“经济学 1701”的平均分的其他班级的名称和平均分。

(33) ★查询所有课程的选修情况，要求列出课程编号、课程名称、选修人数。

(34) 已知十二生肖的顺序为鼠、牛、虎、兔、龙、蛇、马、羊、猴、鸡、狗、猪，且 1900 年为鼠年，统计每一个生肖的学生人数，要求输出生肖和相应生肖的人数。

(35) ★请查询比“土木工程 1706”班级所有同学的“理论力学”课程成绩都要高的其他班级的同学的学号、姓名、“理论力学”课程的成绩。

(36) ★请查询比“土木工程 1706”班级所有同学的“理论力学”课程成绩都要高的，且与“土木工程 1706”班级同一个课堂的其他班级的同学的学号、姓名、“理论力学”课程的成绩。

(37) ★查询常思同学所选修课程的名称、学分数和学时数。

提示：有“★”号的题请用子查询。

第5章 索引与视图

索引和视图是数据库常用的对象。索引是为了快速地从数据库中找到所需要的数据，SQL Server 提供了类似于图书的目录作用的索引技术，用户可以使用索引技术在大量数据里快速查询。视图是为了更方便地服务于应用程序，SQL Server 提供了数据库的三级模式中外模式的对象——视图，用户可以简化所使用数据表。

本章主要介绍索引和视图的概念以及在 SQL Server 2012 数据库系统中索引和视图的基本操作。

5.1 索　　引

在数据库中，索引的含义与日常意义上的"索引"一词并无多大区别，如小时候查字典中使用的索引，它是用于提高数据库数据访问速度的数据库对象。

5.1.1 索引的基本概念

在关系数据库中，索引(Index)是一种单独地、物理地对数据库表中一列或多列的值进行排序的一种存储数据结构，它是某个表中一列或若干列值的集合和相应的指向表中物理标识这些值的数据页的逻辑指针清单。索引是数据库中一种特殊类型的对象，它与数据库中的表有着紧密的关系。

数据库索引的作用相当于图书的目录，可以根据目录中的页码快速找到所需的内容。一本书中，利用目录可以快速查找所需内容，而无须翻阅整本书。在数据库中，索引使数据库程序无须对整个表进行扫描，就可以在其中找到所需数据。书中的目录是一个标题列表，其中注明了各章节标题所对应的页码；而数据库中的索引是一个表中所包含的关键字对应的值的列表，其中注明了表中关键字和所包含的各个值在数据库表中对应物理行所在的存储位置，如图 5.1 所示。

当数据库表中有大量记录时，对表进行查询有两种方式：第一种方式是对全表进行搜索，将所有记录一一取出，和查询条件进行一一对比，然后返回满足条件的记录，这样做会消耗大量数据库系统时间，并造成大量的磁盘 I/O 操作；第二种方式是在表中建立索引，然后先在索引中根据关键字找到符合查询条件的索引值，再通过保存在索引中的数据库表中数据的相应物理位置所处的页码，快速找到数据表中所对应的记录。从图 5.1 中可以看到，索引可以避免对数据库表的全表扫描，一些查询可以仅在索引页中扫描少量索引页及数据页，而不是遍历数据库表中所有的数据页。但注意，并不是所有的数据库表建索引就检索快，若要检索表的数据记录比较少，则即使不用索引也可以一次性把所有数据读取出来，只需要做

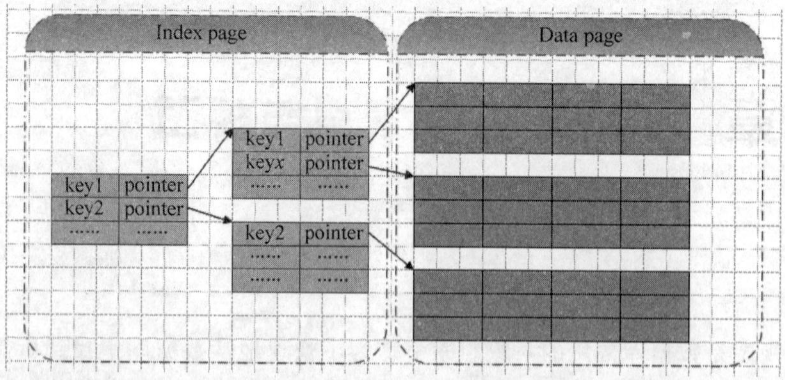

图 5.1　数据库索引与数据表的示意图

一次读写操作；如果使用索引，则首先检索索引，至少读取一次索引数据，再根据索引检索结果去读取相应的数据，再读取一次表数据，至少要做两次读写操作，这显然比不用索引至少多读写一次，这样用索引检索数据就不快了。

一般来说，创建索引可以大大提高系统的性能，主要表现在以下方面：

(1) 通过创建索引，可以大大加快数据的检索速度，这是创建索引最主要的原因。

(2) 通过创建唯一性索引，可以保证数据库表中每一行数据的唯一性。

(3) 可以加速表和表之间的连接，在实现数据的参照完整性方面特别有意义。

(4) 在使用分组和排序子句进行数据检索时，利用索引可以减少排序和分组的时间。

(5) 在数据查询的过程中，SQL Server 都会对查询语句进行优化。查询优化器如果发现所查数据已建索引，一般来说会根据索引优化所建立的查询执行路径，它将决定选择哪些索引可以使得该查询速度最快。

例如，从“学院”表中提取“学院名称”为“计算机学院”的“学院电话”和“学院地址”，则可使用下面的命令：

```
SELECT 学院名称,学院电话,学院地址
FROM 学院
WHERE 学院名称 = '计算机学院'
```

如果在“学院名称”那列上没有索引，那么 SQL Server 就可能对数据库中的数据表进行全表扫描，对表中的数据一行一行地查询，观察数据库表中每一行的“学院名称”列的内容。为了找出满足检索条件的那些行，必须访问表中的每一行。对于数据量大的数据表来说，表的检索可能要花费数分钟甚至数小时。

如果在“学院名称”列上创建了索引，就可以提高 SQL Server 查询所需数据的速度。SQL Server 首先搜索针对“学院名称”列所建的索引，找到关键字“学院名称”为“计算机学院”的值，然后根据索引中的物理位置信息确定其在数据表中的物理页和行。由于索引是进行了排序和分类的，并且索引的行和列的数据比较少，所以对索引全部搜索一遍很快，这样就加速了数据的检索。

在数据库中建立索引会提高检索或查找的效率，但这并不是说表中的每个字段都需要建立索引，因为增删记录时除了对表中的数据进行处理外，还需要对每个索引进行维护，索引将额外占用磁盘空间，并且会降低增加、删除和修改的速度。在通常情况下，只对表中经

常查询的字段才创建索引。

5.1.2 索引的分类

数据库索引是数据库管理系统中一个排序了的数据结构，协助快速查询、更新数据库表中的数据。索引的实现通常使用 B+树或 B-树及其变种，根据索引关键字的顺序与创建索引的数据表的物理顺序是否相同，索引可分为**聚集（簇）索引**（Clustered Index）和**非聚集（非簇）索引**（Nonclustered Index）。非聚集索引和聚集索引比较起来，聚集索引有着更快的检索速度。

聚集索引是指数据库表中数据的行物理顺序与索引关键字值的逻辑顺序相同。在创建聚集索引时，一般要重新组织数据库表中的数据，这些数据要按指定的一个或多个列的值排序。聚集索引的叶结点也包含实际的数据，因此用它查找数据很快，但每个表只能建一个聚集索引，因为一个表的物理顺序只有一种情况。在聚集索引中，叶结点即数据结点，所有数据行的存储顺序与索引关键字值的顺序一致。如图 5.2 所示，该例子是以学生的姓名作为索引关键字，在索引中只描述了姓名和数据所在的页码，该例子中的索引是一个二级索引。一般使用聚集索引的场合为：

(1) 此列包含有限数目的不同值。

(2) 所查询的结果返回为一个区间的值。

(3) 所查询的结果返回某个值相同的大量结果集。

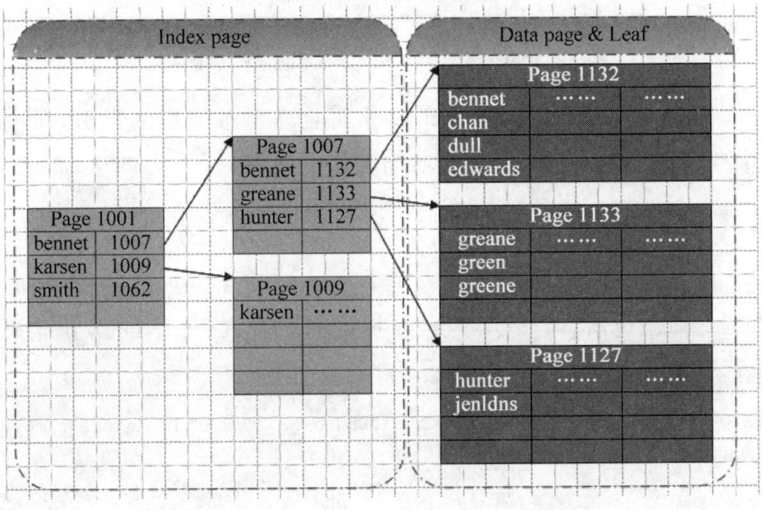

图 5.2 聚集索引(二级索引)示意图

非聚集索引是指数据库表中的行物理顺序与索引关键字的值的逻辑顺序不匹配，如图 5.3 所示。聚集索引和非聚集索引都采用了 B+树或 B-树的结构，但非聚集索引的叶子层并不与实际的数据页相重叠，而采用叶子层只包含指针，这个指针指向数据表中的记录所在的数据页。非聚集索引比聚集索引层次多，添加记录不会引起数据顺序的重组。该例子是以学生的姓名作为索引关键字，是一个多级索引结构，前面索引结构中不仅有数据的物理页码，还有下一层索引页码，在叶子层中的指针直接指向数据的物理页码。一般使用非聚集索引的场合为：

(1) 此列包含了大量数目不同的值。

(2) 所查询的结果返回的是少量的结果集。

(3) order by 子句中使用了该列。

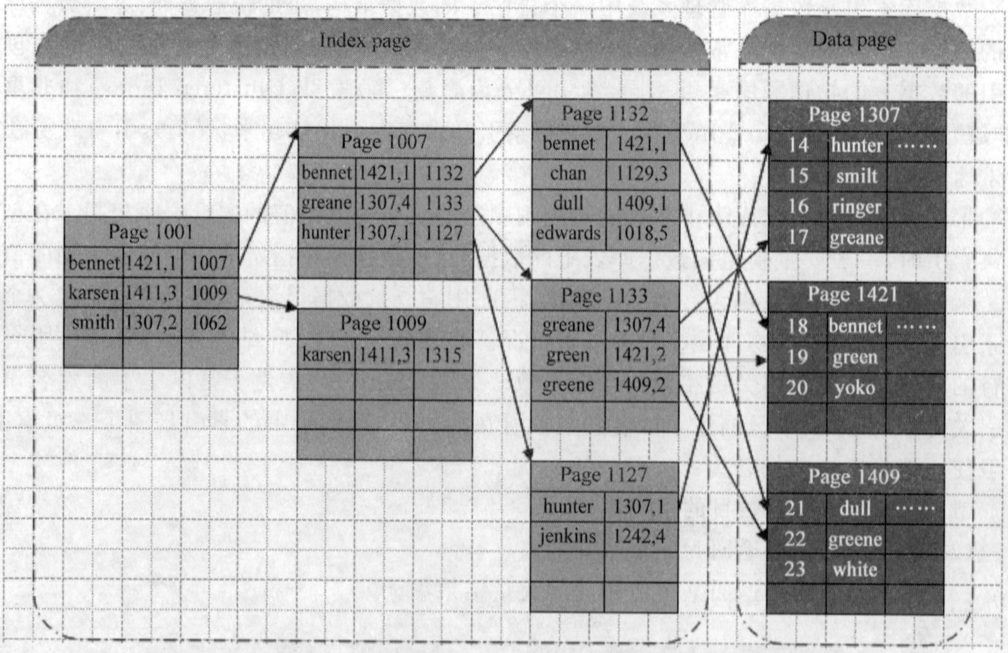

图 5.3　非聚集索引(三级索引)示意图

根据数据库的功能，在 SQL Server 2012 中可创建 4 种类型的索引，即主键索引、唯一索引、聚集索引和多关键字索引。下面将介绍如何创建索引。

5.1.3　创建索引

在 SQL Server 2012 中，可以在表或视图上创建索引。一般在设计数据库时，在向数据库表中插入数据之前创建索引。SQL Server 提供了 CREATE INDEX 语句来创建索引，该语句的语法格式如下：

```
CREATE [UNIQUE] [CLUSTERED | NONCLUSTERED] INDEX index_name ON [database_name. table_or_view_
name(column[ASC|DESC][,…n])
```

各选项的含义如下。

(1) UNIQUE：为表或视图创建唯一索引。唯一索引不允许两行具有相同的索引键值。聚集索引必须唯一。

(2) CLUSTERED：创建聚集索引，创建聚集索引时，键值的逻辑顺序决定表中对应行的物理顺序。聚集索引的底层(或称叶级别)包含该表的实际数据行。一个表或视图只允许同时有一个聚集索引。如果没有指定 CLUSTERED，则创建非聚集索引。

(3) NONCLUSTERED：创建一个非聚集索引。对于非聚集索引，数据行的物理排序独立于索引排序。

(4) index_name：索引的名称。索引名称在表或视图中必须唯一，但在数据库中不必唯一。索引名称必须符合标识符的命名规则。

(5) database_name：数据库的名称。

(6) column：索引所基于的一列或多列。指定两个或多个列名，可为指定列的组合值创建组合索引，即多关键字索引。在 table_or_vlew_name 后的括号中，按排序优先级列出组合索引中要包括的列。

(7) [ASC|DESC]：确定索引列的升序或降序排序方向，默认值为 ASC。

下面利用这个索引语句建立不同类型的索引，一般是唯一索引和非唯一索引、主键索引和非主键索引、聚集索引和非聚集索引、单关键字索引和多关键字索引。

1. 主键索引

主键索引是唯一索引的特殊类型。对于数据库表来说，在数据库定义表时，一般会定义一个主键，主键值要求具有唯一性。SQL Server 2012 在创建表时，将自动为表的主键创建主键索引，索引的名字由系统自动产生，其形式为 PK_表名。主键索引一般也是聚集索引，如图 5.4 所示。

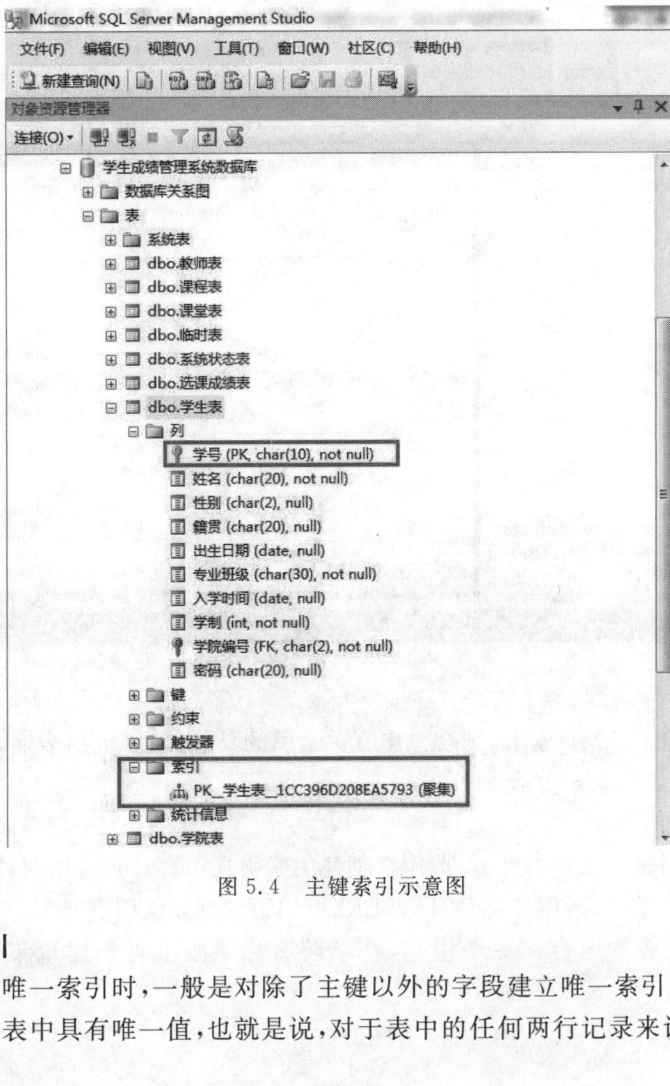

图 5.4　主键索引示意图

2. 唯一索引

在表中建立唯一索引时，一般是对除了主键以外的字段建立唯一索引，组成该索引的字段或字段组合在表中具有唯一值，也就是说，对于表中的任何两行记录来说，索引关键字的值都各不相同。

如果表中一行以上的记录在索引关键字上具有相同的值，则不能建立唯一索引。如果表中的一个字段或多个字段的组合在多行记录中具有 NULL 值，则不能建立唯一索引。

例如，如果在一个学生信息表中包含学号和姓名等相关字段，一般学号会作为主关键字，系统会自动创建相应的主键索引，因为学号肯定唯一。如果对学生信息表中的姓名字段创建唯一索引，则认为任何两个学生就不可能同姓名，但现实中学生还是有同名同姓的，因此姓名字段不适合建立唯一索引。

例 5-1 在学院表中，除了学院编号字段是唯一的，学院名称字段也具有唯一值，而且在查找数据时，用户更容易用学院名称作为关键字来查找，因此对学院表中的学院名称字段建立唯一索引。创建唯一索引的命令为：

```
CREATE UNIQUE INDEX SCHOOLNAME ON 学院(学院名称)
```

查看已建唯一索引的步骤：单击 dbo. 学院表下属的索引，如果创建索引成功，则会看到刚才创建的索引 SCHOOLNAME，如图 5.5 所示。

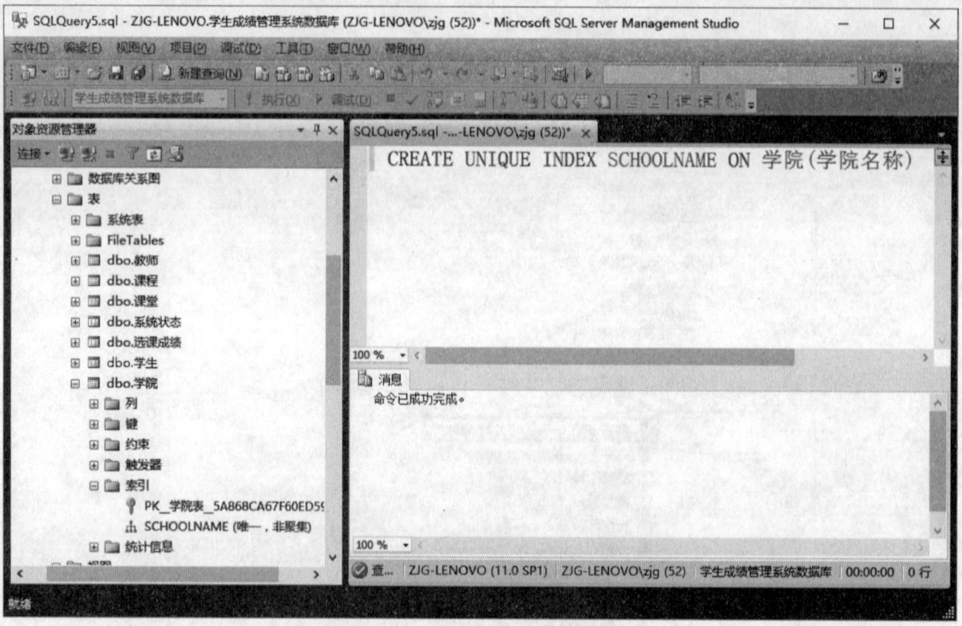

图 5.5 唯一索引创建示意图

双击 SCHOOLNAME 索引，则会弹出有关索引的具体信息（包括表名、索引名称、索引类型、索引键列），如图 5.6 所示。

3. 聚集索引

除了主键索引是聚集索引外，一般用户创建的索引在没有特别说明时均为非聚集索引。如果需要创建聚集索引，请用带有 CLUSTERED 的语句创建索引。

例 5-2 学院表中已存在一个主键，在学院名称字段上再创建聚集索引，看看结果如何。

执行如下 SQL 语句：

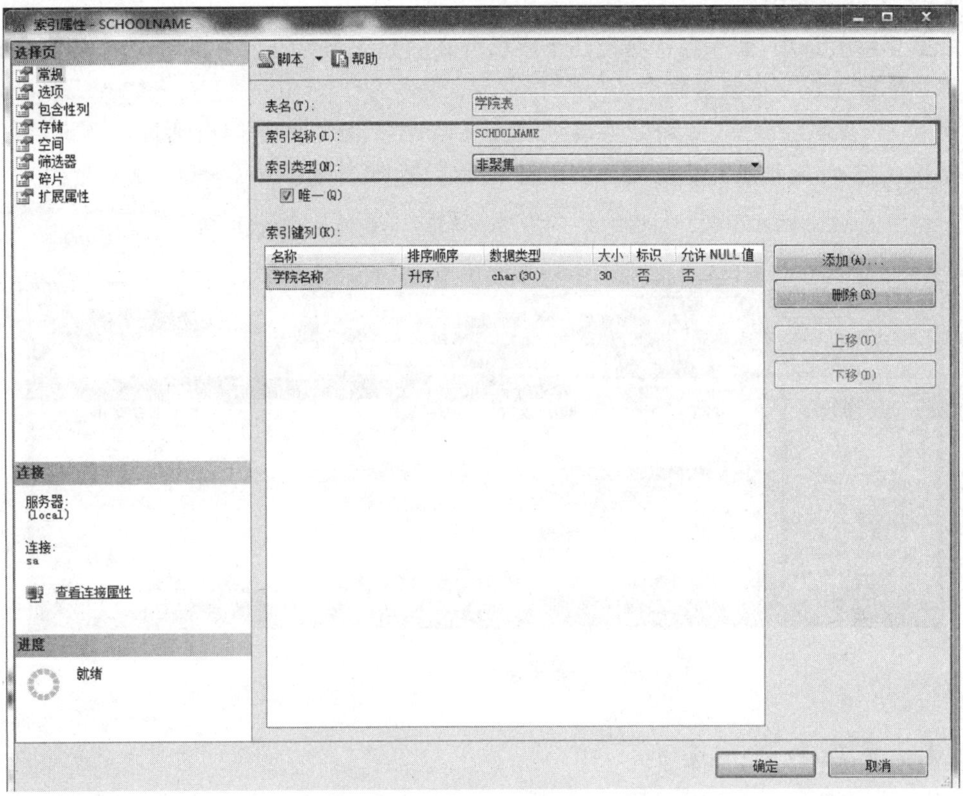

图 5.6　查看索引的具体信息

```
CREATE UNIQUE CLUSTERED INDEX 学院 ON 学院(学院名称)
```

说明：一个表中只能建立一个聚集索引，如果再创建第二个聚集索引时，将提示无法创建的信息，如图 5.7 所示。所以建立第二个聚集索引时，需要删除表中已经存在的聚集索引。

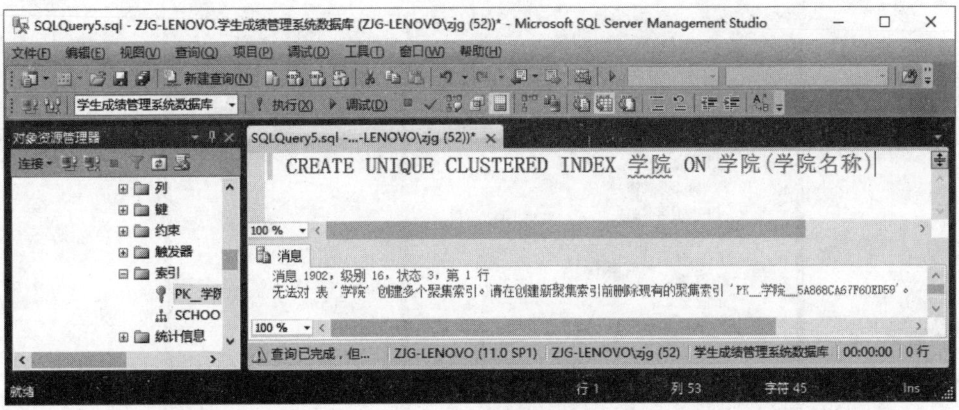

图 5.7　建立多个聚集索引时的系统提示

由于已经存在的聚集索引名为“PK __学院__ 5A868CA67F60ED59”，所以无法对一个表再建立聚集索引。

4. 多关键字索引

在数据库查询中，如果经常要把几个字段合在一起作为关键字来查询，为了提高查询效率可以建立多关键字的复合索引。

例 5-3 在学院表中，如果会经常对学院名称、学院地址和学院电话进行查询，可以建立以学院名称、学院地址和学院电话为关键字的索引，如图 5.8 所示，SQL 命令为：

```
CREATE NONCLUSTERED INDEX SCHOOL ON 学院(学院名称, 学院地址, 学院电话)
```

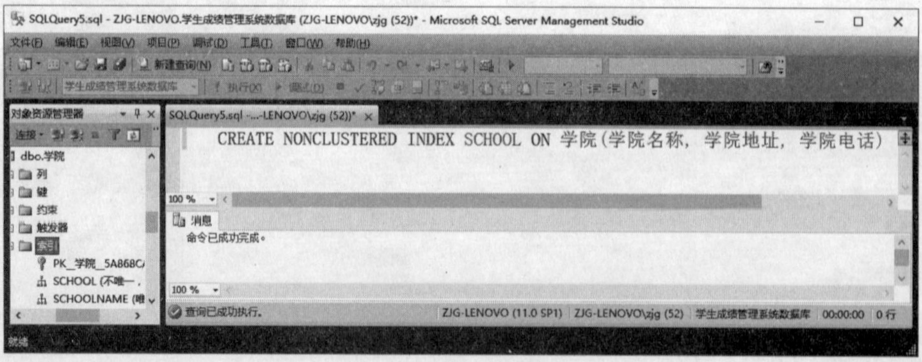

图 5.8 创建多关键字索引示意图

5.1.4 管理和使用索引

在表中创建索引后，一般数据库管理系统自动管理和使用索引，可以通过管理平台来查看索引，也可通过 Transact-SQL 语句来查看索引。

1. 用 SQL Server 管理平台查看修改索引

在 SQL Server 管理平台中选择数据库，展开要查看索引的表对象，选择展开"索引"对象将会列出该表的所有索引，如图 5.9 所示。

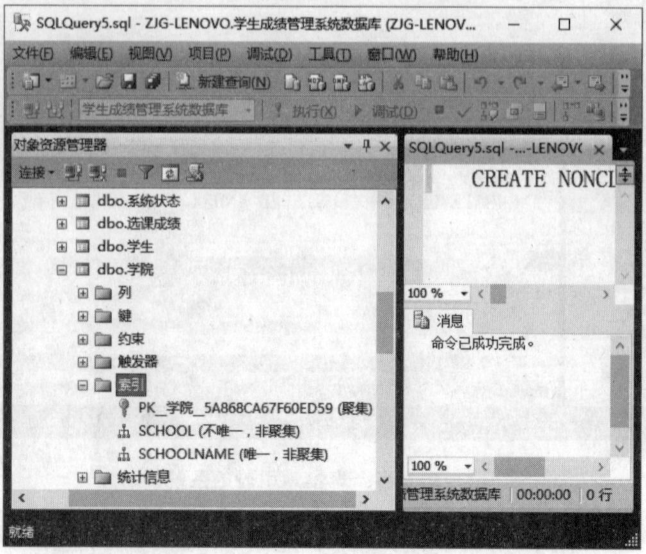

图 5.9 查看索引

然后在要查看的索引上右击，在弹出的快捷菜单中选择“属性”选项，将弹出如图 5.10 所示的“索引属性”窗口，在此窗口中可以查看、修改索引的相关属性。但是要注意的是，在该对话框中不能修改索引的名称，修改索引名称需要使用系统存储过程 sp_rename。例如，拟把学院表中索引名为 SCHOOL 的索引更名为 SCHOOL_add_tel 的语句如下：

```
use 学生成绩管理系统数据库
go
sp_rename '学院.SCHOOL', 'SCHOOL_add_tel'
```

注意：在原来的索引名前一定要有表名作为前缀，以便找到相应的索引名。

若要在管理平台中更改索引名称，如图 5.11 所示，在快捷菜单中选择“重命名”选项。

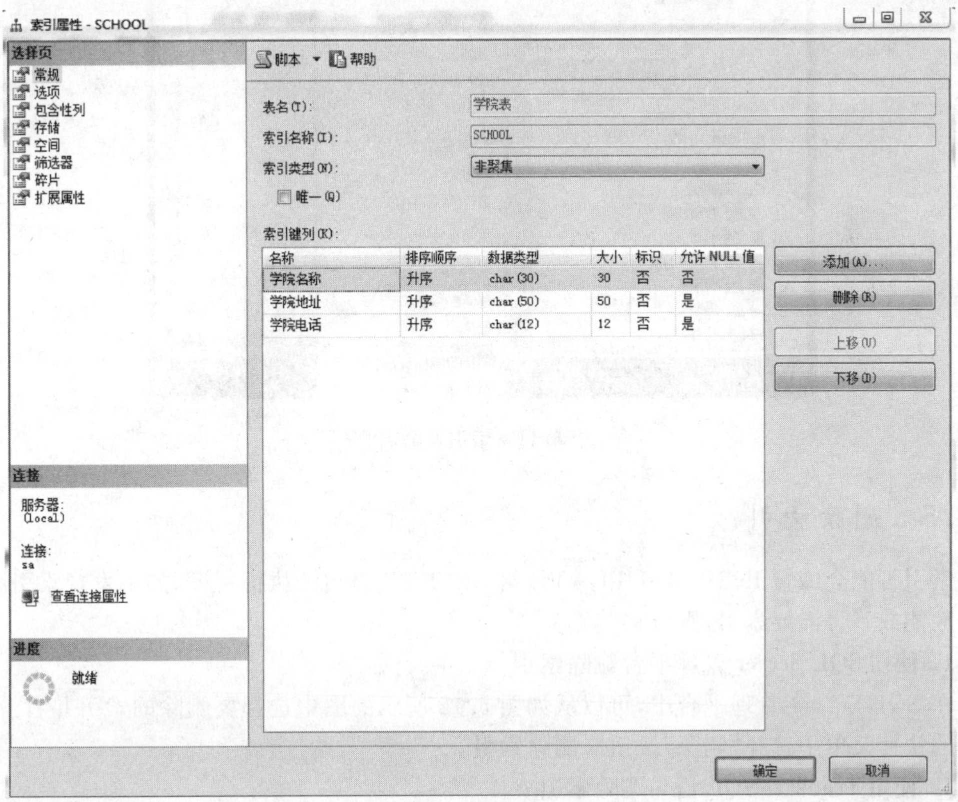

图 5.10　索引属性

2. 使用系统存储过程查看索引

sp_helpindex 系统存储过程可以查看表中所有索引的信息，其语法格式如下：

```
sp_helpindex 表名
```

例 5-4　查看学院表的索引，其操作为：

```
use 学生成绩管理系统数据库
go
sp_helpindex  学院
```

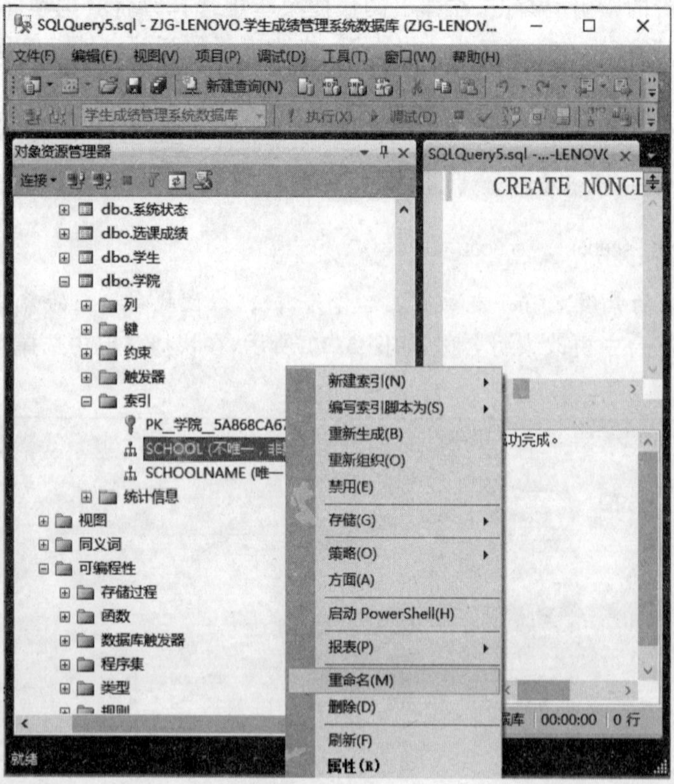

图 5.11　索引重命名

5.1.5　删除索引

索引可能会减慢 INSERT、UPDATE 相 DELETE 语句的执行速度，如果发现索引阻碍整体性能或不再需要索引，则可将其删除。

1. 使用 SQL Server 管理平台删除索引

在 SQL Server 管理平台中，可以从如图 5.12 所示的图中选择要删除的索引并右击，在弹出的快捷菜单中选择“删除”按钮来删除索引。

2. 使用 Transact-SQL 语句删除索引

SQL Server 2012 的删除索引语句的语法格式如下：

```
DROP INDEX index_name[,...n]
ON[database_name.[schema_name.]table_or_view_name]
```

各选项的含义如下。

(1) index_name：要删除的索引名称。

(2) database_name：数据库的名称。

(3) schema_name：该表或视图所属模式的名称。

(4) table_or_view_name：与该索引关联的表或视图的名称。

删除索引时要注意：

(1) 执行 DROP INDEX 后，SQL Server 将重新获得以前由索引占用的空间，此后可将

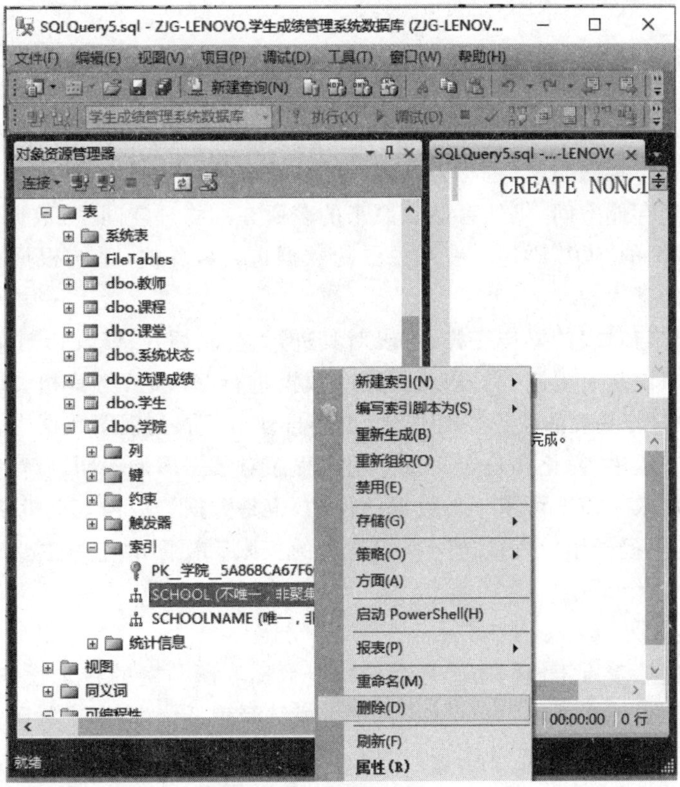

图 5.12 删除索引

该空间用于任何数据库对象。

(2) 不适用于通过定义 PRIMARY KEY 或 UNIQUE 约束创建的索引。若要删除该约束和相应的索引,应使用带有 DROP CONSTRAINT 子句的 ALTER TABLE 语句。

(3) 删除视图或表时,将自动删除视图或表创建的索引。

(4) 删除索引视图的聚集索引时,将自动删除同一视图的所有非聚集索引和自动创建的统计信息。

例 5-5 删除学院表内名为 SCHOOL 的索引。

执行如下 SQL 语句即可。

```
use 学生成绩管理系统数据库
go
IF EXISTS (SELECT name FROM sysindexes WHERE name = 'SCHOOL')
DROP INDEX SCHOOL ON 学院
```

5.2 视　　图

视图是关系数据库中提供给用户以多种角度观察数据库中数据的重要机制。用户通过视图来浏览表中感兴趣的数据,而数据的物理存放位置仍在原来表中。一般在开发应用系统时,如果某应用程序模块所需的数据在数据库的多个表中,或是数据库一个表中的部分数据，则会创建相关的数据库视图，也称子模式。

5.2.1 视图的基本概念

视图(View)是从一个或多个表(或视图)导出的特殊的表，视图的作用相当于对数据库中的数据进行筛选。视图与表(也称为基表)不同，视图是一个虚表，即视图所对应的数据不额外占用实际物理存储空间，仍然存储在原来的表所在的物理空间中，数据库中只存储视图的定义，即建立视图的SQL语句。在对视图的数据进行操作时，系统根据视图的定义去操作与视图相关联的基表。

对视图的操作与对表的操作一样，可以对其进行查询、插入、修改和删除，但对数据的这些操作对于视图来说是有限制的。当对视图的数据进行修改时，与其相关的基表的数据也会发生变化；同样，若基表的数据发生变化，也会自动地反映到视图数据中。

视图通常用来集中、简化和自定义每个用户程序对数据库的不同理解，以及每个应用程序对数据的具体需求。视图可用于对数据的保护，也是数据的一种安全机制，允许用户通过视图访问数据，而不授予用户直接访问视图基表的权限。视图的作用主要表现在以下几个方面。

1. 定制特定数据

视图使用户能够着重于他们所感兴趣的特定数据和所负责的特定任务，不必要的数据或敏感数据可以不出现在视图中。例如，在学生成绩管理系统中，各个教师只关心自己所讲授的课程和本课堂的学生数据，学生也只关心自己所选课程的数据，而不关注和自己不相干的数据。这样，可以根据实际情况，专门为不同的用户创建不同的视图，其视图就是他所关心的特定数据，以后他在查询数据时，只需要从视图中查询即可。

2. 简化操作

视图可以简化用户设计查询语句的方式。当设计的查询语句涉及聚合函数，同时还要显示其他字段的信息时，可能还会需要关联到其他表，这样，查询语句可能会很长，设计也比较难，这时，也可以创建一些视图，简化查询语句。

视图可以简化用户操作数据的方式，可将经常使用的连接、投影、联合查询和选择查询定义为视图，这样，用户每次对特定的数据执行进一步操作时，不必指定全部条件和限定。

例如，一个用于报表目的的应用，并执行子查询、外连接及联合，以便从一组表中检索数据的复合查询，就可以创建一个视图。视图简化了对该报表数据的访问，因为每次生成报表时无须提交基表的查询，而是查询视图中的数据。

3. 安全性

通过视图，用户只能查询和修改他们所能见到的数据，数据库中的其他数据则既看不见也取不到。数据库授权命令可以使每个用户对数据库的检索限制到特定的数据库对象上，但不能授权到数据库特定行和特定列上。通过视图，用户可以被限制在数据的不同子集上：

(1) 使用权限可被限制在基表的行的子集上。

(2) 使用权限可被限制在基表的列的子集上。

(3) 使用权限可被限制在基表的行和列的子集上。

(4) 使用权限可被限制在多个基表的连接所限定的行上。

(5) 使用权限可被限制在基表中的数据的统计汇总上。

(6) 使用权限可被限制在另一视图的一个子集上，或是一些视图和基表合并后的子集上。

5.2.2 视图的创建

数据库视图的创建可以通过 SQL Server 管理平台和 Transact-SQL 语句实现，通过 Transact-SQL 语句创建视图，其语句的语法结构如下：

```
CREATE VIEW[ schema_name. ]view_name[ (column[, …n]) ]
AS
select_statement
[WITH CHECK OPTION]
```

各选项的含义如下。

(1) schema_name：视图所属架构的名称。

(2) view_name：视图的名称。视图名称必须符合有关标识符的命名规则，可以选择是否指定视图所有者名称。

(3) select_statement：定义视图的 SELECT 语句。该语句可以使用多个表和其他视图，利用 SELECT 命令从表中或视图中选择构成新视图的列。

(4) WITH CHECK OPTION：主要是针对通过视图修改的数据都必须符合 select_statement 中所设置的条件。

一般在创建数据库视图后，一旦使用该视图时，系统会自动将满足视图 SQL 语句的对应基表中的数据导入到相应内存中。

1. 为查询特定数据创建视图

例 5-6 如果经常查询课程的名称、学分、学时和课程性质，而不需要表中的其他数据，则只关注这些数据，为这些特定的数据建立一个视图。

视图创建语句为：

```
CREATE VIEW  课程基本信息
AS
SELECT 课程名称,学时数,学分数,课程性质 FROM 课程 ;
```

具体查看视图，单击学生成绩管理系统数据库，单击视图，显示已经成功创建的视图——课程基本信息，如图 5.13 所示。

在所选中的视图上单击鼠标右键，单击“编辑前 200 行”命令，则显示视图下的数据如图 5.14 所示。

例 5-7 在学生成绩管理系统数据库中创建学分大于等于 3 分的相关课程信息视图，该视图选择一个基表(课程)中的数据来显示学分大于等于 3 分的虚拟表。

可执行如下 SQL 语句：

```
CREATE VIEW 大于等于 3 学分课程信息
AS
SELECT * FROM 课程 WHERE 学分数> = 3
```

例 5-8 在学生成绩管理系统数据库中创建“C++程序设计基础”课程的学生成绩信息视图，该视图选择 4 个基表(学生、课程、课堂和选课成绩)中的数据来显示相关信息的虚拟

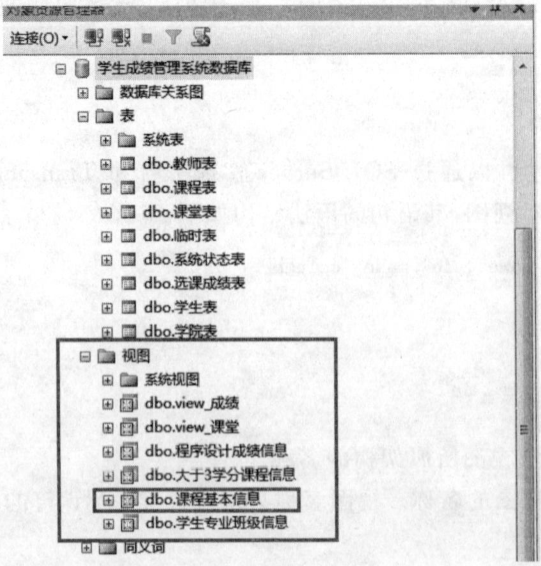

图 5.13　查看视图

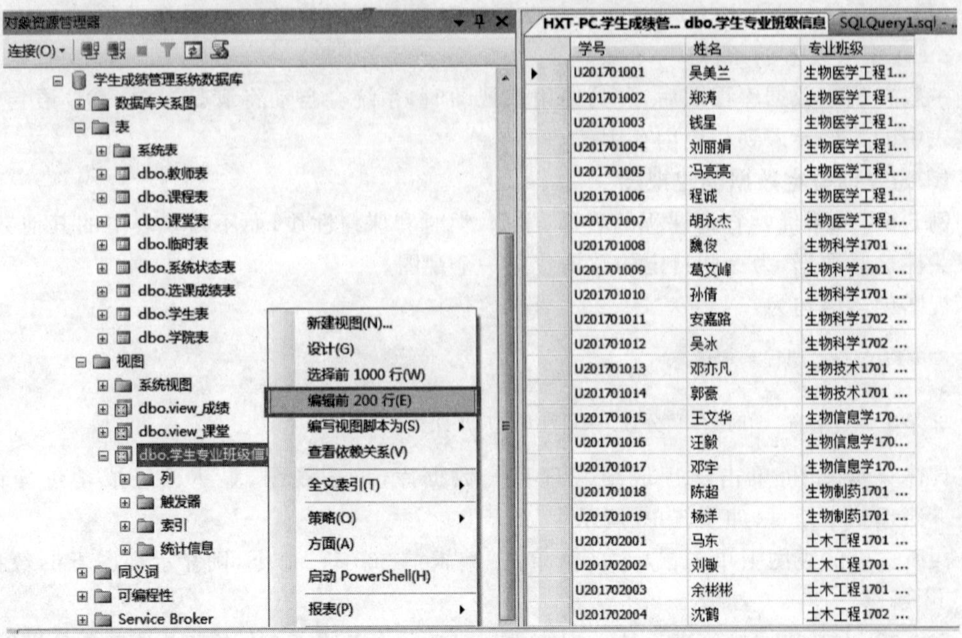

图 5.14　查看数据

表。如图 5.15 所示，执行如下 SQL 语句：

```
CREATE VIEW 程序设计成绩信息
AS
SELECT  学生.学号,姓名,专业班级,课程名称,成绩
FROM 学生 INNER JOIN 选课成绩 ON 学生.学号 = 选课成绩.学号
          INNER JOIN 课堂 ON 选课成绩.课堂编号 = 课堂.课堂编号
          INNER JOIN 课程 ON 课堂.课程编号 = 课程.课程编号
```

```
WHERE 课程名称 = 'C++程序设计基础'
```

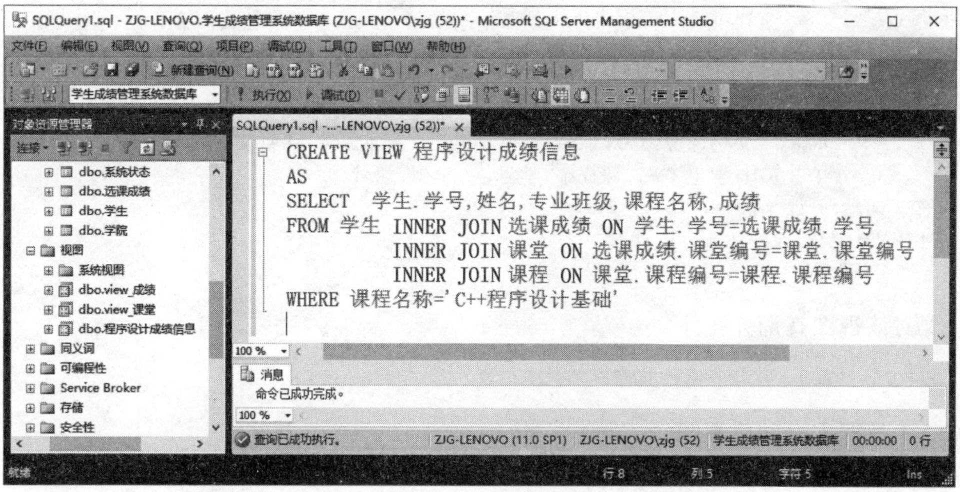

图 5.15　多表建视图示意图

2. 为简化 SQL 语句创建视图

例 5-9　查询土木工程、工程力学两个专业的学生在 2017—2018 学年均选修过的必修课程，要求显示课程编号、课程名称，并按课程编号的升序排列。

SQL 语句如下：

```
SELECT 课程.课程编号, 课程.课程名称
FROM 课程 INNER JOIN 课堂 ON 课程.课程编号 = 课堂.课程编号
         INNER JOIN 选课成绩 ON 课堂.课堂编号 = 选课成绩.课堂编号
         INNER JOIN 学生 ON 选课成绩.学号 = 学生.学号
WHERE 课堂.开课年份 = '2017 - 2018'
     AND 课程.课程性质 = '必修'
     AND  学生.专业班级 LIKE '土木工程 %'
INTERSECT
SELECT 课程.课程编号, 课程.课程名称
FROM 课程 INNER JOIN 课堂 ON 课程.课程编号 = 课堂.课程编号
         INNER JOIN 选课成绩 ON 课堂.课堂编号 = 选课成绩.课堂编号
         INNER JOIN 学生 ON 选课成绩.学号 = 学生.学号
WHERE 课堂.开课年份 = '2017 - 2018'
     AND 课程.课程性质 = '必修'
     AND 学生.专业班级 LIKE '工程力学 %'
ORDER BY 课程.课程编号 ;
```

如果想简化这个语句的话，可以利用视图。

1）建立视图

```
CREATE VIEW 土木工程和工程力学选课信息
AS
SELECT 课程.课程编号, 课程.课程名称
FROM 课程 INNER JOIN 课堂 ON 课程.课程编号 = 课堂.课程编号
         INNER JOIN 选课成绩 ON 课堂.课堂编号 = 选课成绩.课堂编号
         INNER JOIN 学生 ON 选课成绩.学号 = 学生.学号
```

```
WHERE 课堂.开课年份 = '2017-2018'
    AND 课程.课程性质 = '必修'
    AND  学生.专业班级 LIKE '土木工程%'
INTERSECT
SELECT 课程.课程编号, 课程.课程名称
FROM 课程 INNER JOIN 课堂 ON 课程.课程编号 = 课堂.课程编号
        INNER JOIN 选课成绩 ON 课堂.课堂编号 = 选课成绩.课堂编号
        INNER JOIN 学生 ON 选课成绩.学号 = 学生.学号
WHERE 课堂.开课年份 = '2017-2018'
    AND 课程.课程性质 = '必修'
    AND 学生.专业班级 LIKE '工程力学%'
```

2）对该视图查询并排序

```
SELECT * FROM  土木工程和工程力学选课信息
```

3. 为数据安全创建视图

例 5-10 如果经常要查询学生的学号、姓名和所在的专业班级，并且不希望学生表中的其他个人隐私信息被一般人查询，则可为这些特定的数据建立一个视图。

视图创建语句为：

```
CREATE VIEW  学生专业班级信息
AS
SELECT 学号,姓名,专业班级 FROM 学生 ;
```

4. 用 WITH CHECK OPTION 创建视图

在例 5-7 中建立的视图是不带 WITH CHECK OPTION 的视图，如图 5.16 和图 5.17 所示。

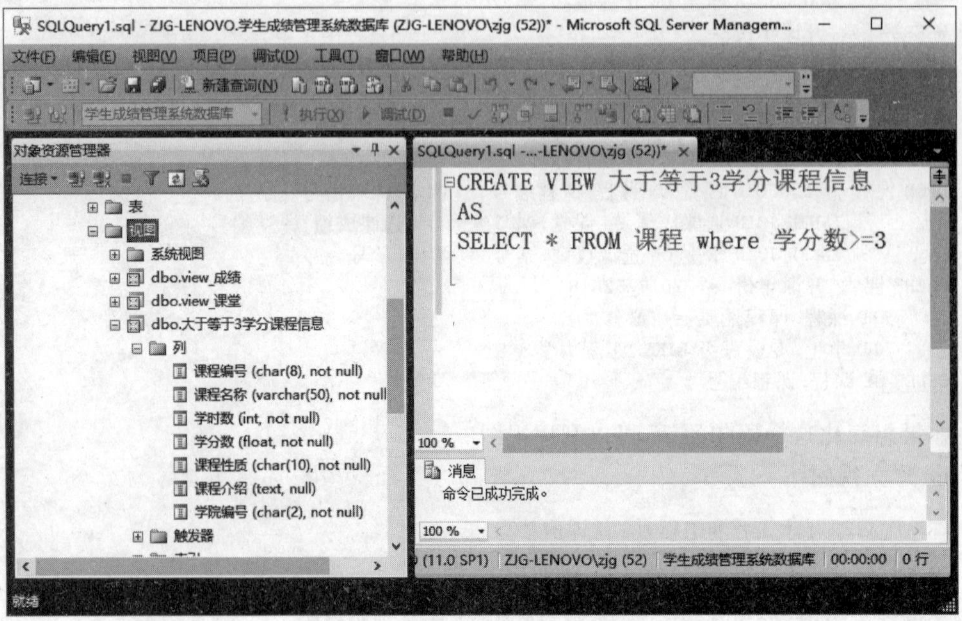

图 5.16 不带 WITH CHECK OPTION 创建视图示意图

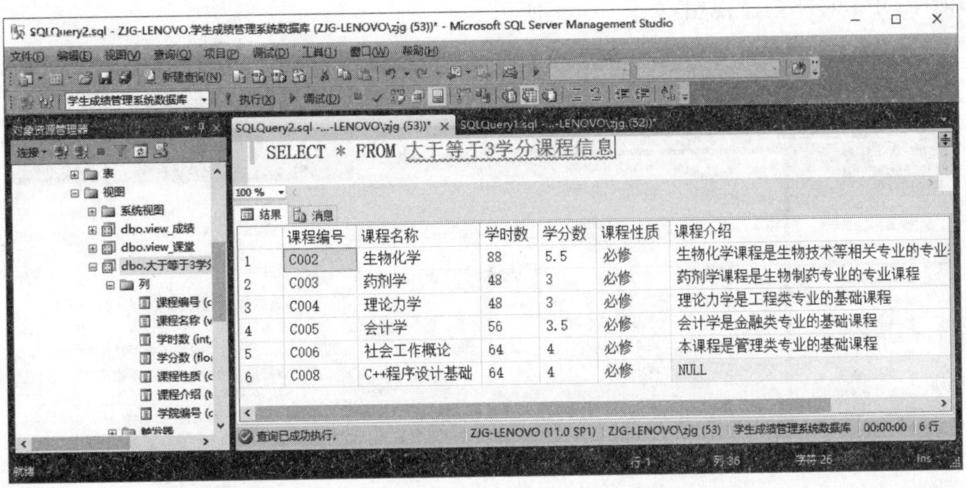

图 5.17　不带 WITH CHECK OPTION 创建视图的数据展示图

请思考：如果要对学分数小于 3 分的课程信息通过视图插入相关的记录，是否能插入成功？

根据当前计算机技术的发展，需要增加大数据技术相关课程，需要插入大数据课程的相关信息，语句如下：

```
INSERT INTO 大于等于 3 学分课程信息(课程编号,课程名称,学时数,学分数,课程性质,课程介绍,学院编号)
VALUES ('0016','大数据基础',32,2,'选修','本课程意在普及大数据知识,帮助学生理解大数据时代的现实意义,了解大数据的处理流程,以及大数据采集、存储、分析、处理和管理的技术,以积极投身于大数据的应用。','06')
```

如图 5.18 所示，对于插入小于 3 学分的相关课程信息，其插入语句能成功执行，也就是说视图的条件没有限制所插入的数据。不过，在视图中没有检索到所插入的相关信息，但在课程中可以检索到相关信息，如图 5.19 所示。

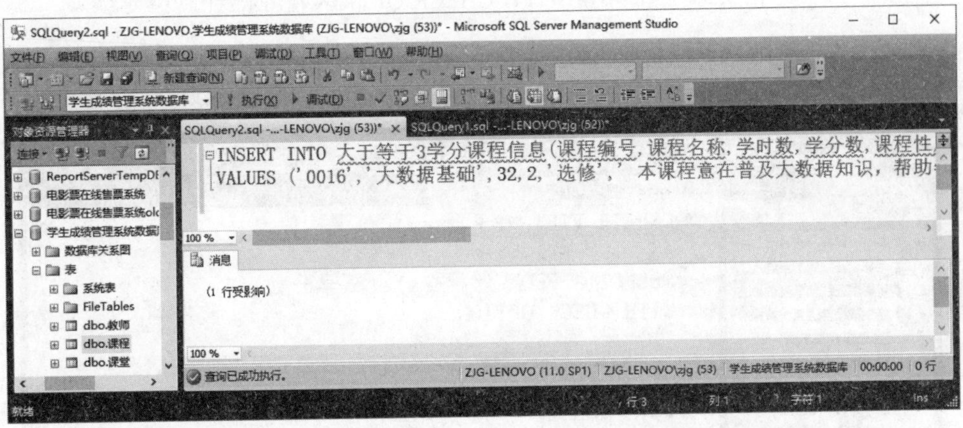

图 5.18　输入不满足 SQL 条件的数据后视图执行成功

为了比较，现在把已创建的“大于等于 3 学分课程信息”视图删除，如图 5.20 所示。

例 5-11　在学生成绩管理系统数据库中创建“大于等于 3 学分课程信息”视图，该视图选择一个基表(课程表)中的数据来显示学分数大于等于 3 分的数据，并选择用 WITH

CHECK OPTION 创建视图，如图 5.21 所示。

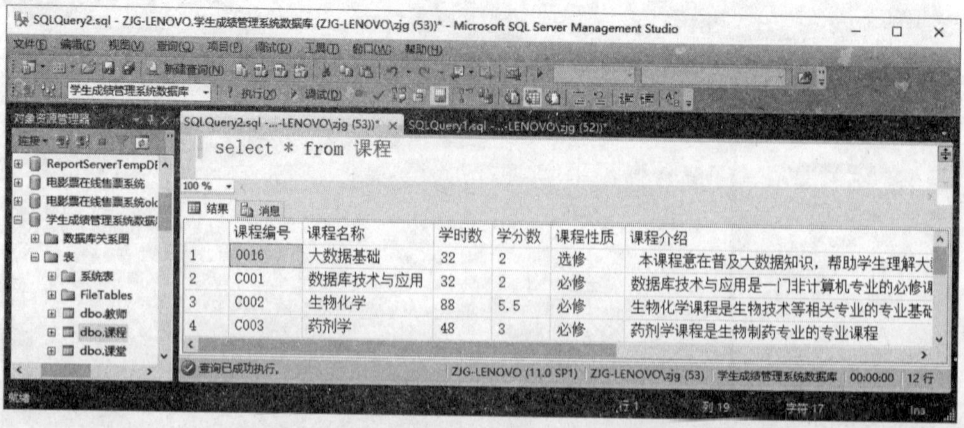

图 5.19　输入不满足 SQL 条件的数据后数据表情况

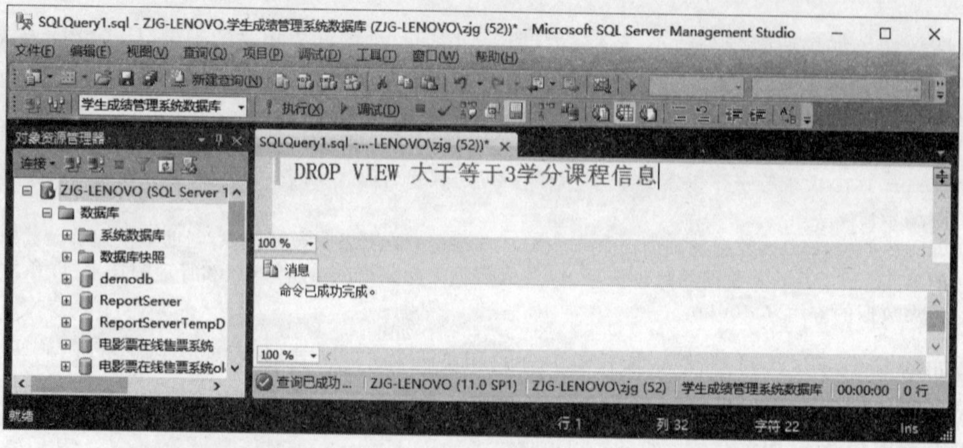

图 5.20　删除不用 WITH CHECK OPTION 视图示意图

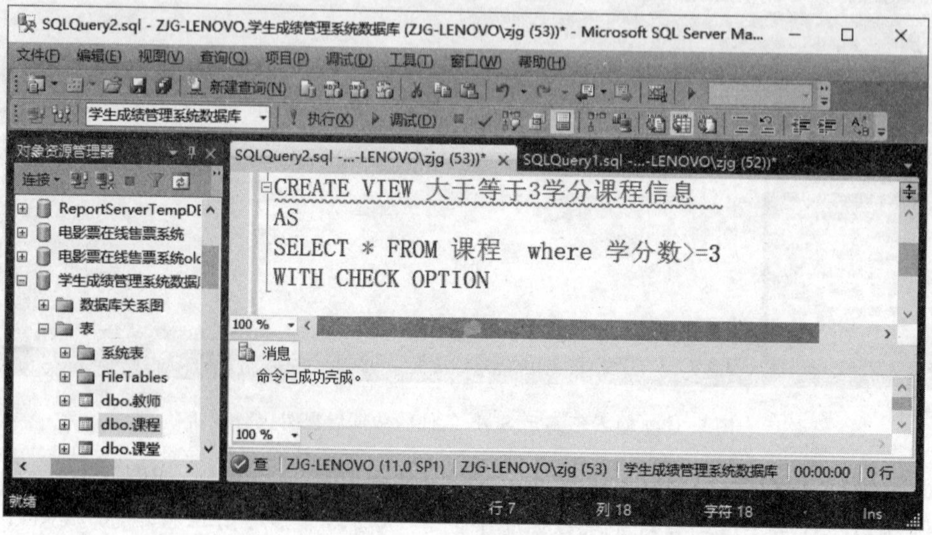

图 5.21　创建用 WITH CHECK OPTION 视图示意图

可执行如下 SQL 语句：

```
CREATE VIEW 大于等于 3 学分课程信息
AS
SELECT * FROM 课程  where 学分数>=3
WITH CHECK OPTION
```

再插入大数据相关课程信息，如图 5.22 所示，发现插入数据无法执行成功，因为这个视图创建时使用了 WITH CHECK OPTION 子句，这就导致在对视图插入数据时要检查创建视图的 SQL 语句的条件。

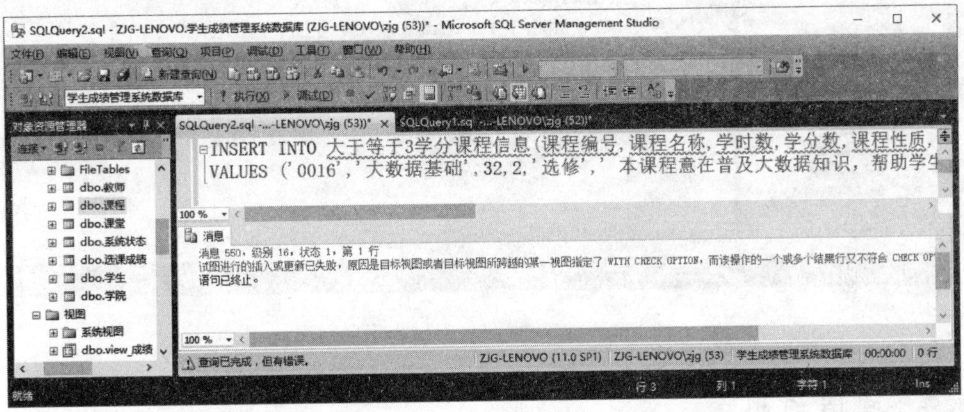

图 5.22　输入不满足 SQL 条件的数据插入情况

注意：不是所有的视图都可以做更新操作的。

5.2.3　视图的修改

创建好的视图可以通过 SQL Server 2012 管理平台或 Transact-SQL 语句来进行修改。使用 ALTER VIEW 语句来修改视图，其语法格式如下：

```
ALTER VIEW[schema_name.]view_name[(column[,…n])]
AS
select_statement
[WITH CHECK OPTION]
```

各选项的含义如下。

(1) schema_name：视图所属架构的名称。

(2) view_name：要更改的视图。

(3) column：一列或多列的名称，用逗号分开，将成为给定视图的一部分。

(4) WITH CHECK OPTION：对视图数据更新限制，满足视图的 select 语句的条件。

例 5-12　修改视图"程序设计成绩信息"，添加新字段"性别"。

如图 5.23 所示，命令为：

```
ALTER VIEW 程序设计成绩信息
AS
SELECT  学生.学号,姓名,性别,专业班级,课程名称,成绩
FROM 学生 INNER JOIN 选课成绩 ON 学生.学号 = 选课成绩.学号
```

```
            INNER JOIN 课堂 ON 选课成绩.课堂编号 = 课堂.课堂编号
            INNER JOIN 课程 ON 课堂.课程编号 = 课程.课程编号
WHERE 课程名称 = 'C++程序设计基础'
```


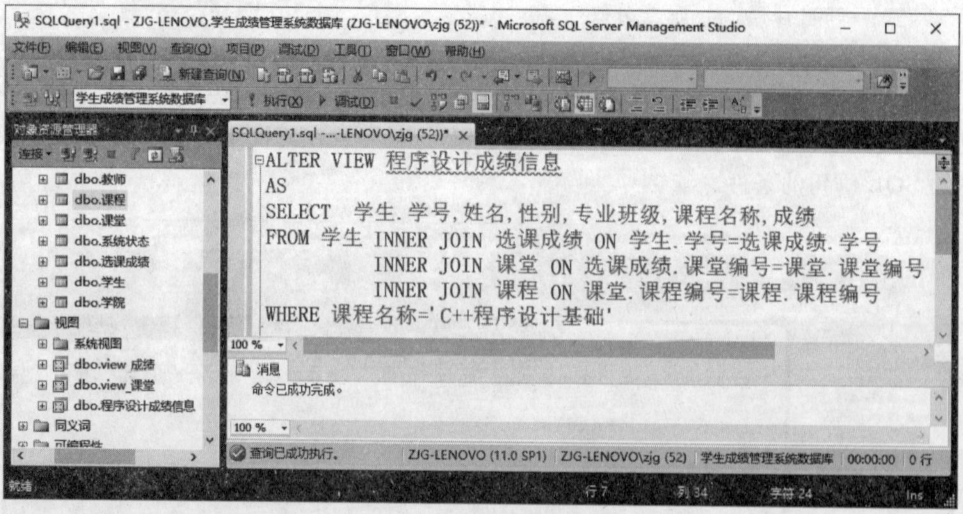

图 5.23　修改视图数据插入字段情况

5.2.4　视图的删除

不再需要的视图可以通过管理平台或 Transact-SQL 语句来删除。

可以使用 DROP VIEW 语句来删除视图，其语法格式如下：

```
DROP VIEW[ schema_name. ]view_name[,...n]
```

其中各选项的含义如下。

(1) schema_name：视图所属架构的名称。

(2) view_name：要删除的视图的名称。

例 5-13　删除视图“程序设计成绩信息”，删除视图的 SQL 语句如下：

```
DROP VIEW  程序设计成绩信息
```

可在视图目录下查看该视图是否已经删除。

第一种方法：

查询视图是否存在的 SQL 语句如下。

```
SELECT * FROM sys.views
```

显示“程序设计成绩信息”视图已经不存在了，如图 5.24 所示。

第二种方法：

单击学生成绩管理系统数据库，单击“视图”选项，显示“程序设计成绩信息”视图不存在，如图 5.25 所示。

5.2.5　视图的管理

视图属性包括视图名称、权限、所有者、创建日期和用于创建视图的文本等几个方面。

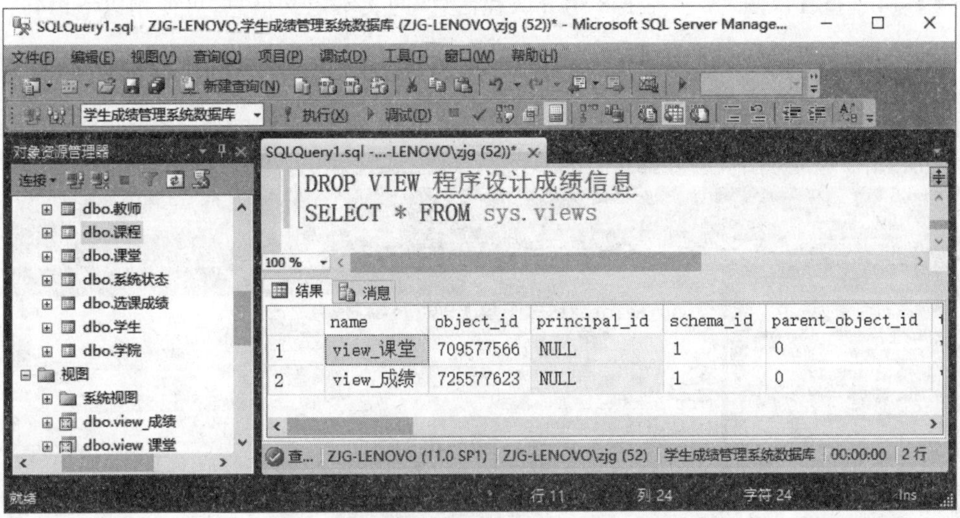

图 5.24 查看程序设计信息视图不存在

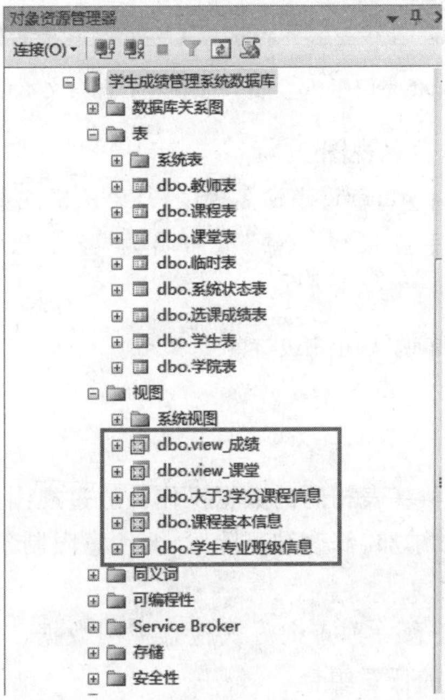

图 5.25 在对象资源管理器中查看视图

在 SQL Server 中,通过管理平台和系统存储过程可以查看和修改视图的这些信息。

1. 可以使用系统存储过程 sp_helptext 查看视图

使用系统存储过程 sp_helptext 可以查看视图的文本信息,其语法格式如下:

```
sp_helptext  对象名
```

对象名可以是视图、规则、默认、未加密的存储过程、触发器等数据库对象名,它用于显示各个数据库对象的文本定义信息。对象必须在当前数据库中。

例 5-14 查看视图"大于等于 3 学分课程信息"的文本定义信息,可使用以下语句:

```
sp_helptext 大于等于 3 学分课程信息
```

运行结果如图 5.26 所示。

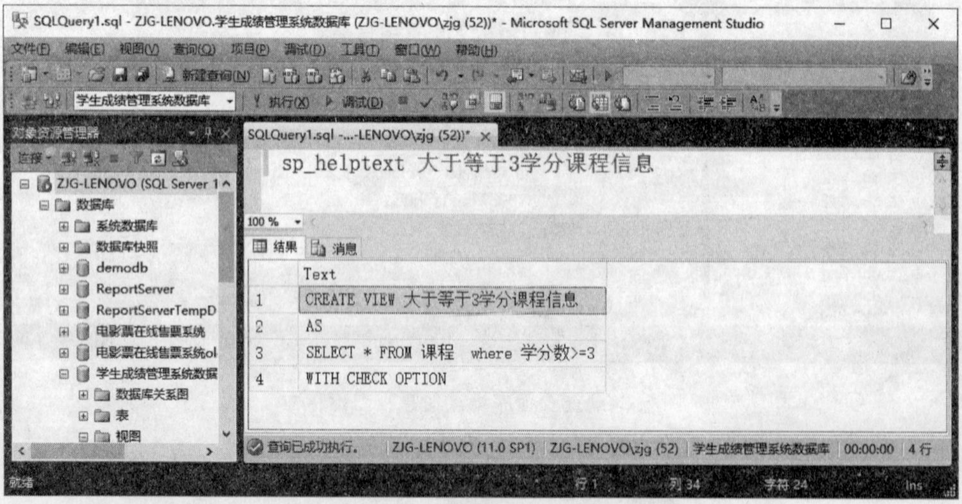

图 5.26 使用 sp_helptext 查看的视图文本信息

2. 使用系统存储过程重命名视图

可以使用系统存储过程 sp_rename 重命名视图,其语法格式及详细介绍请参阅 3.3.4 节。

例 5-15 将视图"学生专业班级信息"重命名为"学生班级信息",可执行如下 SQL 语句:

```
sp_rename 学生专业班级信息, 学生班级信息
```

5.2.6 视图的应用

利用视图可以完成某些和基表相同的数据操作。通过视图可以对基表中的数据进行检索、添加、修改和删除,但在做添加、修改和删除时,要注意限制条件,这里主要介绍如何利用视图来查询基表的数据。

在建立视图后,可以用任意一种查询方式检索视图数据,对视图可使用连接、GROUP BY 子句、子查询等以及它们的任意组合。

例 5-16 创建一个"大于等于 3 学分课程信息"的视图,并通过视图查询相关数据。

(1) 创建视图。

见例 5-7。

(2) 查看已经创建好的"大于等于 3 学分课程信息"的视图数据。

```
SELECT * FROM 大于等于 3 学分课程信息
```

在建立视图时,系统并不检索视图所参照的数据库对象是否存在。在通过视图检索数据时,SQL Server 将首先检查这些对象是否存在,如果视图的某个基表(或视图)不存在或已被删除,将导致语句执行错误,系统向用户返回一条错误消息。当新表重新建立后,视图

可恢复使用。

在 CREATE VIEW 语句中使用 SELECT 子句建立视图后，如果重新创建或修改该视图的基表结构，并且增加了一些列，这些新增的列将不出现在已定义的视图中，除非这些视图被删除后重建，所以在通过视图检索数据时也不可能检索到新表中所增加列的内容。

本章小结

本章介绍了 SQL Server 2012 中两个重要的概念——索引和视图。索引是可以加快数据检索的一种结构，理解和掌握索引的概念与操作对于学习和进行数据查询很有帮助。视图作为一个查询结果集，虽然与表具有相似的结构，但它是一张虚表，以视图结构显示在用户面前的数据并不是以视图的结构存储在数据库中，而是存储在视图所引用的基础表当中，视图的存在为保障数据库的安全性提供了新手段。

索引是对数据库表中一个或多个字段的值进行排序而创建的一种分散存储结构。建立索引的主要目的是加速数据检索和连接、优化查询、强制实行唯一性等操作。

索引主要有三种类型：唯一性索引、主键索引和聚集索引。

(1) 在 SQL Server 2012 中对索引的基本操作包括创建索引、查看索引、更改索引和删除索引，可以在 SQL Server 管理平台或通过 Transact-SQL 语句实现索引操作。

(2) 视图是一种数据库对象，是从一个或多个表或视图中导出的虚拟表。视图所对应的数据并不真正地存储在视图中，而是存储在其所引用的表中，被引用的表称为基表，视图的结构和数据是对基表进行查询的结果。视图被定义后便存储在数据库中，和真实的表一样，视图在显示时也包括几个被定义的列和多个数据行，但通过视图看到的数据只是存放在基表中的数据。对视图的操作和对表的操作一样。

(3) 视图的操作主要包括视图的创建、修改、删除和重命名等，其操作可以通过 SQL Server 管理平台和 Transact-SQL 语句来实现。

(4) 通过视图可以完成某些和基表相同的一些数据操作，如数据的检索、添加、修改和删除。

习　题　5

一、选择题

(1) 建立索引的主要作用是________。

A. 节省存储空间　　　　B. 便于管理

C. 提高查询速度　　　　D. 提高查询和更新的速度

(2) 在数据库设计阶段，需要考虑为关系表建立合适的索引。关于建立索引的描述，有下列说法：

Ⅰ. 对于经常在其上需要执行查询操作并且数据量大的表，可以考虑建立索引。

Ⅱ. 对于经常在其上需要执行插入、删除和更新操作的表，可以考虑建立索引。

Ⅲ. 对于经常出现在 WHERE 子句中的字段，可以考虑建立索引。

Ⅳ. 对于经常出现在 ORDER BY 子句、GROUP BY 子句中的属性，应尽量避免建立索引。

上述说法中正确的有________。

A. Ⅰ、Ⅱ和Ⅲ　　B. Ⅰ、Ⅱ和Ⅳ　　C. Ⅰ和Ⅲ　　D. Ⅱ和Ⅳ

(3) 索引是对数据库表中________字段的值进行排序。

A. 一个　　B. 多个　　C. 一个或多个　　D. 零个

(4) 关于视图的叙述中正确的是________。

A. 视图是一张虚表,所有的视图中都不含数据

B. 用户一定能通过视图更新所有数据

C. 视图是一张实际的物理表,所有的视图中都含有实际数据

D. 视图只能通过表得到,不能通过其他视图得到

(5) SQL Server 中的视图提高了数据库系统的________。

A. 完整性　　B. 可靠性　　C. 安全性　　D. 一致性

(6) Transact-SQL 语言中,删除一个视图的命令是________。

A. DELETE　　B. DROP　　C. CLEAR　　D. REMOVE

二、填空题

(1) 如果创建唯一索引,只能用________语句实现。如果创建聚集索引,可以用________语句实现。

(2) 在 SQL SERVER 中,除了基表以外,________有对应的物理存储,而________没有对应的物理存储。

(3) ________是关系数据库中提供给用户以多种角度观察数据库中数据的重要机制。

(4) 数据库中只存放视图的________,而不存放视图对应的数据,这些数据仍存放在导出视图的基础表中。

(5) 关系数据库系统支持三级模式结构,其中外模式对应于________,模式对应于基表,内模式对应于存储文件。

(6) 视图是虚表,它一经定义就可以和基表一样被查询,但________操作将有一定限制。

三、问答题

(1) 聚集索引与非聚集索引之间有哪些不同点?在一个表中可以建立多少个聚集索引和非聚集索引?

(2) 在什么场合下适合创建索引?请举例说明。

(3) 什么叫视图?视图有哪些用途?

(4) 在创建视图中,有 WITH CHECK OPTION 子句和没有 WITH CHECK OPTION 子句的区别是什么?

四、应用题

(1) 针对学生成绩管理系统数据库的需求,如果学生常常因为自己所学的课程来查询相关的课堂信息,经常会根据课堂名称来查询相关信息,请思考是否应该对课堂名称创建索引,是否需要创建聚集索引,并说明理由。

(2) 针对学生成绩管理系统数据库的需求,学生试听课程后,可以根据自己喜好对选课信息进行删除,并且再按照自己的喜好插入选课信息,请思考是否应该对课堂编号创建索

引，并说明理由。

(3) 针对学生成绩管理系统数据库的需求，发现用户常常会关心自己专业的同学的相关信息，怎样设计视图来满足用户的需求？

(4) 针对学生成绩管理系统数据库的需求，系统有三个角色：是教师，专门录入学生的成绩数据；二是学生，专门查询自己的成绩数据；三是教务员，主要检查教师录入成绩数据是否正确并激活。如何建立相应的视图？如何给三个角色授权？

第 6 章 Transact-SQL 程序设计

对于数据库中的数据,进行的日常操作包括增、删、改、查。在这 4 种操作中,使用频率最高的是数据查询。这些操作可以使用以下两种方式进行。

第一种方法:使用 DBMS 平台操作。以 SQL Server 2012 Management Studio 为例,可以新建查询,在打开的查询窗口中直接写 SQL 语句,运行后的结果如图 6.1 所示。

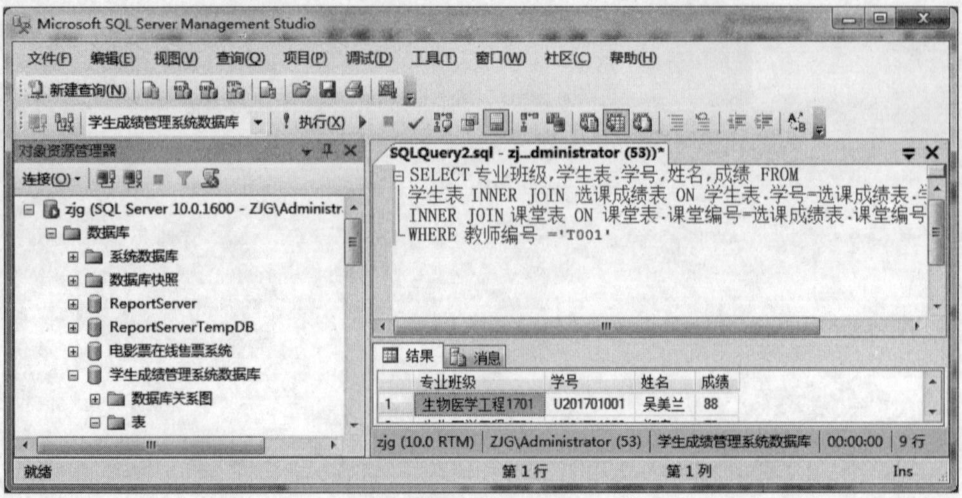

图 6.1 SQL Server Management Studio

这种情况下,每查询一个不同教师不同学期所带学生的成绩情况,就需要写一条完整的 SELECT 命令,每次运行一个命令就得到一个结果集。

第二种方法:开发一个应用程序,提供友好界面供用户操作,如图 6.2 所示。

在这个应用程序界面中,用户首先使用教师账号登录系统,系统已经获取了教师的相关信息,然后选择年度、学期及课堂名称,单击"确定"按钮,就可以查到登录教师所选年度和学期及课堂的所有学生成绩。

这个应用程序的灵活性比上述第一种方法更大,数据库中上过课考过试的所有学生都可以查到相应的成绩信息。不需要为每个教师或学生写一条命令,而是将年度、学期、课堂名称等设计成一个变量,通过这个变量获取用户在组合框中选择的值,然后将变量作为输入参数的 SELECT 语句定义成一个存储过程,存储在数据库服务器中,应用程序调用该存储过程来获得结果。

对两种方式进行对比发现,第一种方式适用于有一定数据库专业基础的数据库管理员,第二种界面方式提供给没有数据库专业基础的普通用户使用。而第二种方式通过使用

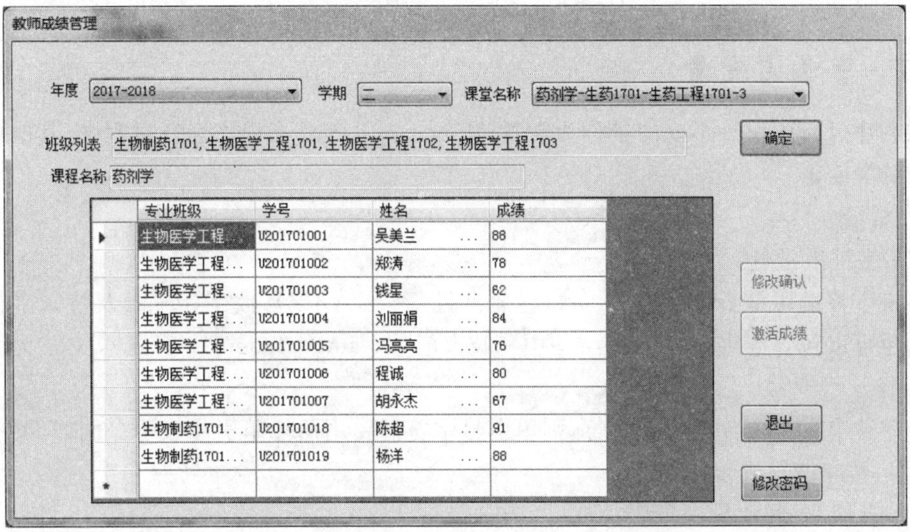

图 6.2　应用程序操作界面

Transact-SQL 语言程序设计的变量及存储过程,一方面提高了使用的灵活性;另一方面,可以将复杂的数据处理逻辑封装起来,保存在数据库服务器上,当查询业务需要改变时,只需要更改存储过程代码,不用更改应用程序代码,提高了代码的效率。

本章要讲的 Transact-SQL 程序设计,主要面向数据库应用系统的开发者,对于数据库的增、删、改、查等事物逻辑,它一方面需要将这些操作以界面的形式呈现给用户,以简化他们的操作;另一方面,它需要将这些事物逻辑以 Transact-SQL 语言的方式保存在数据库内。Transact-SQL 语言提供了函数和存储过程,可以将复杂的数据处理过程封装在函数和存储过程里,并将函数和存储过程保存在数据库服务器上,在需要时调用。本章先介绍 Transact-SQL 语言的基本语法,包括变量类型、程序控制流语句等,它是 Transact-SQL 的语法基础,然后讲解函数和存储过程的用法。

6.1　Transact-SQL 语言程序设计基础

Transact-SQL 语言提供了 CREATE、DELETE、UPDATE、SELECT 等语句,让数据库的设计者可以通过 DBMS 创建数据库及数据库中表的结构,修改、删除和查询数据。

提供了常量、变量、表达式、控制流语句、函数及存储过程等程序设计功能,让应用程序开发者可以将复杂的业务逻辑以函数或存储过程的形式封装起来,存储在数据库服务器上。在应用程序代码中,只需要按照 Transact-SQL 语言的语法,提供函数或存储过程的名称以及相应的参数,直接调用来实现应用程序和数据库交互的功能。

作为一门结构化查询语言,Transact-SQL 语言也提供了多种数据类型和运算符,掌握这些语法是 Transact-SQL 语言程序设计的基础。

Transact-SQL 语言是 SQL Server 2012 数据库管理系统使用的编程语言,它是一种结构化查询语言,第 4 章讲的数据查询是 Transact-SQL 语言的一部分,主要面向数据库管理人员,就是已经清楚地知道自己要查询什么、要更新什么,可以直接操作数据库的那部分人员。

6.1.1 常量与变量

在程序运行中保持不变的量称为常量，例如 3,5.5 等。在程序运行过程中，其值可以改变的量称为变量。

1. 常量

(1) 字符串常量。

字符串常量用单引号括起来，可以包含字母(a～z,A～Z)、数字(0～9)及特殊字符(%、@)等，也可以包含汉字等。例如：'华中科技大学','I am a student','黄%','123'为字符串常量。

若字符串本身包含单引号字符，则单引号字符需要用两个单引号表示。例如，要表示字符串 0'1，则应该写成'0''1'。

(2) 日期/时间常量。

除了 datetime 类型之外，SQL Server 2012 中还引入了 date 类型和 time 类型，这三种类型都使用特殊格式的字符串表示。常用的日期时间常量的格式如表 6.1 所示。

表 6.1 日期时间常量

数据类型	输入格式	值
date	May 13,2016	2016-05-13
	5/13/2016	
	5.13.2016	
time	11:20	11:20:00.000
	11:20:59	11:20:59.000
datetime	5/13/2016 11 AM	2016-05-13 11:00:00.000

(3) 数值常量。

数值常量不能用引号括起来，数值常量包括整型常量、实型常量、货币常量。

整型常量由不包含小数点的数字组成，例如－110、0、123 等均为整型常量。

实型常量由带小数点的一串数字表示，例如 123.456、－11.234 等为实型常量。

货币常量是以"$"为前缀的一个整型或实型常量数据，例如 $12.5、$130 为货币常量。

(4) 逻辑数据常量。

逻辑数据常量使用数字 0 或 1 表示，0 表示 false，1 表示 true，非 0 的数字都当作 1 处理。

(5) 空值。

在数据列定义之后，还需确定该列是否允许空值(NULL)，允许空值意味着用户在向表中插入数据时可以不输入该列的值。

2. 变量

变量用于临时存放数据，变量由变量名和变量值组成，但变量名不能与函数名和命令名相同。

变量的命名遵循标识符命名规则,一般局部变量是由用户定义的,以“@”开头,而全局变量是系统定义的内部变量,以“@@”开头,例如@@version。

局部变量的声明格式如下:

```
Declare{@local_variable_name [AS] data_type}[,…n]
```

例如:

```
Declare @id AS char(10),@age int
```

6.1.2 运算符与表达式

1. 算术运算符与表达式

算术运算符包括加(+)、减(-)、乘(*)、除(/)和求余(%),主要用于数值型数据或变量间的算术运算。表 6.2 列出了所有算术运算符及其可操作的数据类型。

表 6.2 算术运算符及其可操作的数据类型

算术运算符	数 据 类 型
+、-、*、/	int、smallint、tinyint、numeric、decimal、float、real、money、smallmoney
%	int、smallint、tinyint

加和减运算符也可用于对 datetime 及 smalldatetime 值执行算术运算。

2. 关系运算符与表达式

关系运算符用来比较两个表达式的值之间的关系,可用于字符、数字或日期型数据。SQL Server 中的关系运算符有大于(>)、大于等于(>=)、小于(<)、小于等于(<=)、等于(=)和不等于(!=或<>),关系运算的结果为布尔类型,成立则为 true,不成立则为 false,通常出现在条件表达式中。

3. 逻辑运算符与表达式

逻辑运算符包括与(AND)、或(OR)、非(NOT)等,其运算结果也是布尔值,一般和关系运算符结合,可以组成更复杂的表达式,用于条件表达式中。表 6.3 列出了 SQL Server 2012 中常用的逻辑运算符和谓词,表 6.4 给出了 like 通配符的用法。

表 6.3 逻辑运算符和谓词

运 算 符	含 义
AND	如果 AND 两边的表达式都为 TRUE,那么结果为 TRUE
OR	如果 OR 两边的表达式有一个为 TRUE,那么结果为 TRUE
NOT	一元运算符,取反,TRUE 变成 FALSE、FALSE 变成 TRUE
LIKE	如果操作数与一种模式匹配,那么值为 TRUE
IN	如果操作数等于表达式列表中的一个,那么值为 TRUE
ALL	如果一系列的比较都为 TRUE,那么值为 TRUE
ANY	如果一系列的比较中任何一个为 TRUE,那么值为 TRUE
BETWEEN	如果操作数在某个范围内,那么值为 TRUE
EXISTS	如果子查询包含一些行,那么值为 TRUE
SOME	如果在一系列的比较中有些为 TRUE,那么值为 TRUE

表 6.4　like 的通配符

运算符	描　述	示　例
%	包含零个或多个字符的任意字符串	姓名 like '吴%' 将查找姓吴的学生
_	下画线,对应任意单个字符	姓名 like '_小刚' 将查找以小刚结尾的所有单姓的学生
[]	指定范围(a~f)或集合([abcdef])中的任何单个字符	姓名 like '[冯张黄]小刚' 将查找姓名为冯小刚或张小刚或黄小刚的学生
[^]	不属于指定范围(a~f)或集合([abcdef])的任何单个字符	姓名 like '[^张李]小刚' 将查找不姓张不姓李的名为小刚的学生

4. 连接运算符与表达式

连接运算符(+)用于两个字符串数据的连接。在 SQL Server 中,对字符串的其他操作通过字符串函数进行。字符串连接运算符的操作数类型有 char、varchar 和 text 等。

例如,'华中科技大学'+'网络与计算中心',结果为'华中科技大学网络与计算中心'。

5. 运算符的优先级别

不同的运算符具有不同的运算优先级,在一个表达式中,运算符的优先级决定了运算的顺序。圆括号的优先级最高,SQL Server 中各种运算符的优先顺序如表 6.5 所示。

表 6.5　运算符优先级

运算符类	优先级	运算符
括号	1(高)	( )
算术运算符	2	*,/,%
	3	+,-
关系运算符	4	>,>=,<,<=,=,<>,!=
逻辑运算符	5	NOT
	6	AND
	7(低)	OR

6.1.3　常用系统函数

1. 日期和时间函数

日期和时间是很多数据中必不可少的数据,例如电影的放映日期和时间。日期和时间函数用来操作 datetime 类型、smalldatetime 类型、date 类型和 time 类型的数据。可以在 SELECT 子句和 WHERE 子句中使用日期和时间函数。表 6.6 列出了常用的日期和时间函数。

表 6.6　日期和时间函数

函数名称及语法格式	描　述
GetDate()	以 datetime 值的 SQL Server 2012 标准内部格式返回当前系统日期和时间
Day(date_expr)	返回日期值,date_expr 可以是 date 类型或 datetime 类型

续表

函数名称及语法格式	描　述
Month(date_expr)	返回月份值,date_expr 可以是 date 类型或 datetime 类型
Year(date_expr)	返回年份值,date_expr 可以是 date 类型或 datetime 类型
Datename(datetimepart,datetime_expr)	以字符串形式返回 datetime_expr 中的指定部分
Datepart(datetimepart,datetime_expr)	以整数形式返回 datetime_expr 中的指定部分
Dateadd (datetimepart, number, datetime_expr)	返回以 datetimepart 指定方式表示的 datetime_expr 加上 number 之后的日期
Datediff (datetimepart, datetime_expr1, datetime_expr2)	以 datetimepart 指定的方式,返回 datetime_expr2 与 datetime_expr1 之差

其中,datetime_expr 表达式根据 datetimepart 部分内容的不同,分别可以取 datetime 类型、date 类型和 time 类型。Datetimepart 部分和 datetime_expr 的取值如 6.7 所示。

表 6.7　datetimepart 名称及取值范围

datetimepart 全称	datetimepart 简写	取值范围	datetime_expr 可以使用的类型
Year	yy	1753～9999	Datetime,date
Month	mm	1～12	Datetime,date
Day	dd	1～31	Datetime,date
Dayofyear	dy	1～366	Datetime,date
Quarter	qq	1～4	Datetime,date
Weekday	dw	1～7(Mon～Sun)	Datetime,date
Week	wk	1～54	Datetime,date
Hour	hh	0～23	Datetime,time
Minute	mi	0～59	Datetime,time
Second	ss	0～59	Datetime,time
Millsecond	ms	0～999	Datetime,time

2. 字符串函数

现实生活中好多数据都是字符串,例如学号、姓名等。对这些数据进行处理,就会用到字符串函数。例如,在学生成绩管理系统的教务管理端,有一个按课程名称查询课程信息的部分,如果课程名称有英文,并且希望允许客户在搜索时不在意大小写,那么在查询数据库时需要进行大小写转换;如果允许用户输入空格,则在和数据库的数据进行比较时,要先对用户输入的数值进行略去空格的处理;如果希望能进行模糊查询,则需要进行子串匹配的操作。

在图 6.3 中,课程名称完整名称为 Python,可能查询的用户只记得课程名的前两个字母 Py,而且没有将首字母大写,数据库中课程这一栏课程名的首字母是大写。这时候需要在程序中取出课程名称部分内容和客户输入的内容,同时转换为全大写或全小写,然后进行子串查找。

字符串函数作用于 char、varchar、binary 和 varbinary 数据类型以及可以隐式转换为 char 或 varchar 的数据类型,可以在 SELECT 子句和 WHERE 子句以及表达式中使用字符串函数。常用的字符串函数有以下几种。

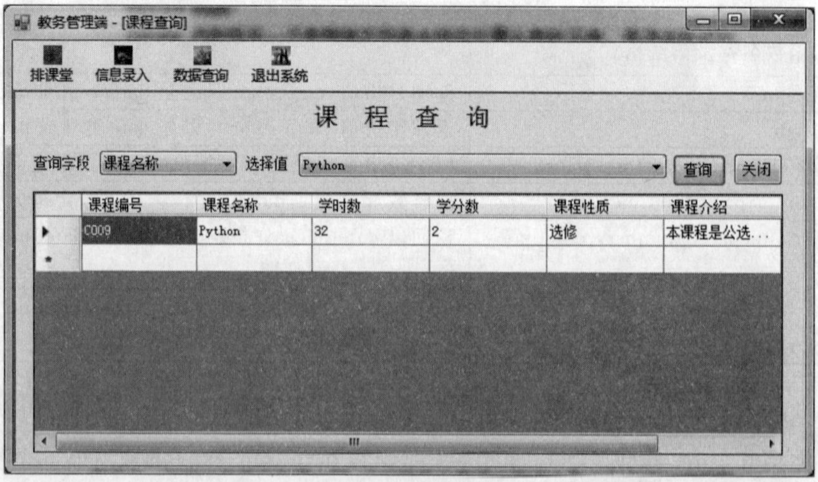

图 6.3　字符串函数处理应用

1) 字符转换函数

(1) ASCII 函数。

ASCII 函数返回字符表达式最左端字符的 ASCII 码值，ASCII 函数语法如下：

```
ASCII(character_expression)
```

如果 character_expression 是纯数字，可以省略单引号，但包含其他字符的字符串必须用单引号括起来，否则会出错。

例如：

```
SELECT ASCII(123) AS ASCII 函数返回值
```

运行结果如图 6.4(a)所示。

```
SELECT ASCII('a8') AS ASCII 函数返回值
```

运行结果如图 6.4(b)所示。

注意：如果字符串'a8'不加单引号则会出错。

(a)　　(b)

图 6.4　ASCII 函数运行图

(2) CHAR 函数。

CHAR 函数将 ASCII 码值转换为字符，其语法格式如下：

```
CHAR(integer_expression)
```

如果没有输入 0～255 的 ASCII 码值，CHAR 函数会返回一个 NULL 值。

例如：

```
SELECT CHAR(50) AS ASCII 码值对应的字符
```

运行结果如图 6.5 所示。

(3) LOWER 函数。

我们经常到网站上看到要求输入验证码，有时候验证码是不区分大小写的，如果该验证码以数据的形式存储在数据库中，则需要将用户输入的数据和数据库中的数据进行比对，比对之前需要将用户输入的字符统一转换为大写或者小写。

LOWER 函数用于把字符串全部转换成小写，其语法格式如下：

```
LOWER(character _expression)
```

例如：

```
SELECT LOWER('LOWer') AS 转换为小写
```

运行结果如图 6.6 所示。

(4) UPPER 函数

UPPER 函数用于把字符串全部转换为大写，其语法格式如下：

```
UPPER(character _expression)
```

例如：

```
SELECT UPPER('LOWer') AS 转换大写
```

运行结果如图 6.7 所示。

图 6.5　CHAR 函数运行图

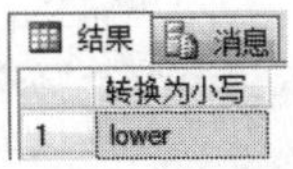

图 6.6　LOWER 函数运行图

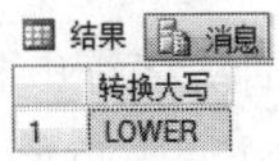

图 6.7　UPPER 函数运行图

(5) STR 函数

STR 函数把数值型数据转换为字符型数据，其语法格式如下：

```
STR(float_expression[,length[,decimal]])
```

自变量 length 和 decimal 必须是非负值，length 指定返回的字符串的长度，decimal 指定返回的小数位数。如果没有指定长度，缺省的 length 值为 10、decimal 值为 0。小数位数大于 decimal 值时，STR 函数将其下一位四舍五入。指定长度应大于或等于表示数字所需要的长度（符号为＋或－，长度是指整数部分、小数点、小数部分加起来的总长度），如果 < float_expression >小数点前的位数超过了指定的长度，则按 decimal 指定的位数四舍五入。

2) 去空格函数

去空格函数包括 LTRIM 函数和 RTRIM 函数。LTRIM 函数用于把字符串头部的空格去掉，RTRIM 函数用于把字符串尾部的空格去掉。其语法格式如下：

```
LTRIM(character_expression)
RTRIM(character_expression)
```

例如：

```
SELECT LTRIM('      华中科技大学') AS 删除左边空格
```

运行结果如图 6.8 所示。


```
SELECT RTRIM('华中科技大学      ') as 删除右边空格
```

运行结果如图 6.9 所示。

图 6.8　LTRIM 函数运行图

图 6.9　RTRIM 函数运行图

3) 取子串函数

(1) LEFT 函数。

LEFT 函数返回部分字符串,其语法格式如下:

```
LEFT(character_expression,integer_expression)
```

返回从字符串最左边开始起到 integer_expression 个字符的部分。若 integer_expression 为负值,则返回 NULL 值。

(2) RIGHT 函数。

RIGHT 函数返回部分字符串,其语法格式如下:

```
RIGHT(character_expression,integer_expression)
```

返回从字符串右边第 integer_expression 个字符起到最后一个字符的部分。若 integer_expression 为负值,则返回 NULL 值。

(3) SUBSTRING 函数。

SUBSTRING 函数返回部分字符串,其语法格式如下:

```
SUBSTRING(expression,starting_position,length)
```

返回从字符串左边第 starting_position 个字符起 length 个字符的部分,其中表达式 expression 可以是字符串、二进制串或含字段名的表达式。SUBSTRING 函数不能用于 TEXT 和 IMAGE 数据类型。字符串的下标从 1 开始。

例如:

```
SELECT SUBSTRING('I am a student',8,7) AS 取子串
```

运行结果如图 6.10 所示。

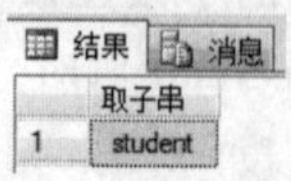

图 6.10　SUBSTRING 函数运行图

4) 字符串比较函数

(1) CHARINDEX 函数。

CHARINDEX 函数返回字符串中某个子串出现的开始位置,其语法格式如下:

```
CHARINDEX(substring_expression,expression)
```

其中,substring_expression 是所要查找的字符表达式,expression 可为字符串,也可为列名表达式。如果没有发现子串,则返回 0 值。此函数不能用于 TEXT 和 IMAGE 数据类型。

例如：

```
SELECT CHARINDEX('student','I am a student') AS 子串检测
```

运行结果如图 6.11 所示。

(2) PATINDEX 函数。

PATINDEX 函数返回字符串中某个指定的子串出现的开始位置，其语法格式如下：

```
PATINDEX('%substring_expression%',expression)
```

其中子串表达式前后必须有百分号(%)，否则返回值为 0。

与 CHARINDEX 函数不同的是，PATINDEX 函数的子串中可以使用通配符，且此函数可用于 CHAR、VARCHAR 和 TEXT 数据类型。

例如：

```
SELECT PATINDEX('%stu%t%','I am a student') AS 带通配符的子串检测
```

运行结果如图 6.12 所示。

图 6.11 CHARINDEX 函数运行图

图 6.12 PATINDEX 函数运行图

5) 字符串操作函数

(1) QUOTENAME 函数。

QUOTENAME 函数返回被特定字符括起来的字符串，其语法格式如下：

```
QUOTENAME(character_expression[,quote_character])
```

其中，quote_character 标明括字符串所用的字符，如“'”“(”“[”等，缺省值为“[”。

(2) REPLICATE 函数。

REPLICATE 函数返回一个重复指定次数的字符串，其语法格式如下：

```
REPLICATE(character_expression,integer_expression)
```

如果 integer_expression 的值为负值，则 REPLICATE 函数返回 NULL。

(3) REVERSE 函数。

REVERSE 函数将指定的字符串的字符排列顺序颠倒，其语法格式如下：

```
REVERSE(character_expression)
```

其中，character_expression 可以是字符串常量或一个列的值。

(4) REPLACE 函数。

REPLACE 函数返回被替换了指定子串的字符串，其语法格式如下：

```
REPLACE(string_expression1, string_expression2, string_expression3)
```

REPLACE 函数返回将 string_expression1 的子串 string_expression2 替换 string_expression3 后的 string_expression1。

例如,以下文字是一段简历:

我 1995 年毕业于华中理工大学

要将这段简历中的“华中理工大学”替换成“华中科技大学”,可以这样使用 REPLACE 函数,运行结果如图 6.13 所示

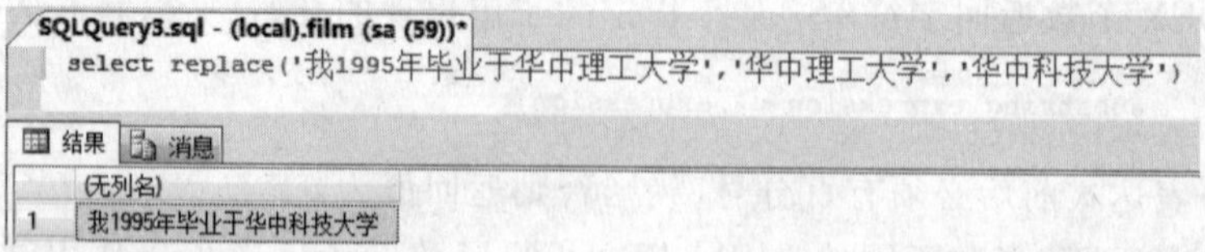

图 6.13 REPLACE 函数代码及运行结果

(5) SPACE 函数。

SPACE 函数返回一个有指定长度的空白字符串,其语法格式如下:

```
SPACE(integer_expression)
```

如果 integer_expression 值为负值,则 SPACE 函数返回 NULL。

(6) STUFF 函数。

STUFF 函数用另一子串替换字符串中指定位置长度的子串,其语法格式如下:

```
STUFF(character_expression1,start_position,length, character_expression2)
```

如果起始位置或长度为负,或者起始位置大于 character_expression1 的长度,则 STUFF 函数返回 NULL 值。如果 length 长度大于 character_expression1 的长度,则 character_expression1 只保留首字符。

3. 数学函数

SQL Server 2012 中常用的数学函数如表 6.8 所示。

表 6.8 常用数学函数

类别	函数	功能
取近似值函数	CEILING(x)	返回大于或等于 x 的最小整数
	FLOOR(x)	返回小于或等于 x 的最大整数
	ROUND(x)	取整数,小数的第 1 位四舍五入
三角函数	SIN(x)	返回以弧度表示的角的正弦
	COS(x)	返回以弧度表示的角的余弦
	TAN(x)	返回以弧度表示的角的正切
	COT(x)	返回以弧度表示的角的余切
反三角函数	ASIN(x)	返回对应正弦值 x 的以弧度表示的角
	ACOS(x)	返回对应余弦值 x 的以弧度表示的角
	ATAN(x)	返回对应正切值 x 的以弧度表示的角
角度弧度转换	DEGREES(x)	把弧度 x 转换为角度返回
	RADIANS(x)	把角度 x 转换为弧度返回

续表

类　别	函　数	功　能
算术函数	ABS(x)	返回表达式的绝对值
	SIGN(x)	测试参数的正负号，返回 0、1 或 −1
	POWER(x,y)	返回 x 的 y 次方
	EXP(x)	返回 x 的指数值
	LOG(x)	返回 x 的自然对数值
	LOG10(x)	返回 x 的以 10 为底的对数值
	SQRT(x)	返回 x 的平方根
	PI()	返回 π
	RAND()	返回 0～1 的随机浮点数

表中 x 为实型变量或表达式，也可以是实型列名。

4. 数据类型转换函数

1) CAST 函数

CAST 函数的语法格式如下：

```
CAST(< expression > AS < data_type >[length] )
```

其中，expression 为指定的需要进行转换的表达式，AS 为参数分隔符，data_type 为目标数据类型，length 用于指定数据的长度。

例如：

```
SELECT CAST('2016 - 5 - 23' AS VARCHAR(4)) AS CAST 转换
```

运行结果如图 6.14 所示。

图 6.14　CAST 函数运行图

2) CONVERT 函数

CONVERT 函数的语法格式如下：

```
CONVERT(< data_type >[,length, < expression >[,style]])
```

其中 data_type 为 SQL Server 系统定义的数据类型，用户自定义的数据类型不能在此使用，length 用于指定数据的长度。

用 CONVERT 函数的 style 选项能以不同的格式显示日期和时间。Style 是将 datetime 和 smalldatetime 数据转换为字符串时所选用的由 SQL Server 系统提供的转换样式编号，不同的样式编号有不同的输出格式，如表 6.9 所示。

表 6.9　datetime 和 smalldatetime 类型数据的转换格式

Style1	Style2	标　准	输出格式
	0 或 100	缺省	mon dd yyyy hh:mi Am/Pm
1	101	USA	mm/dd/yy
2	102	ANSI	yy. mm. dd
3	103	UK/French	dd/mm/yy
4	104	German	dd. mm. yy
5	105	Italian	dd-mm-yy

续表

Style1	Style2	标　准	输出格式
6	106		dd mon yy
7	107		mon dd yy
8	108		hh:mi:ss
9	109		mon dd yyyy hh:mi:sss Am/Pm
10	110	USA	mm-dd-yy
11	111	Japan	yy/mm/dd
12	112	ISO	yymmdd
13	113	Europe	dd mon yyyy hh:mi:ss:mmm(24h)
14	114		hh:mi:ss:mmm(24h)
20	120	ODBC1	yyyy-mm-dd hh:mi:ss(24h)
21	121	ODBC2	yyyy-mm-dd hh:mi:ss:mmm(24h)

6.2 程序控制流程语句

6.2.1 批处理、语句块与注释

1. 批处理

为何需要批处理？在没有批处理时，在 SQL Server 的查询管理器里有些命令不能同时执行，为了能将多个命令放在一个文件里并同时执行，这时候需要用到批处理。批处理是包含一个或多个 T-SQL 语句的组，批处理的所有语句被整合成一个执行计划。一个批处理内的所有语句要么放在一起通过解析，要么没有一句能够执行。

批处理使用 go 将 SQL 语句分隔，两个 go 之间的 SQL 语句就是一个批处理单元。

例如，本教材使用的配套数据库，可以将创建数据库和创建表操作写入到一个扩展名为 sql 的文件里，在需要时运行这个文件，就可以将整个数据库的所有表结构（或包括数据）导入。

```
CREATE DATABASE 学生成绩管理系统
go
use 学生成绩管理系统
go
CREATE TABLE 学生(
  学号      char  (10) NOT NULL,
  姓名      char  (20) NOT NULL,
  性别      char  (2) NULL,
  籍贯      char  (20) NULL,
  出生日期     date  NULL,
  专业班级     char  (30) NOT NULL,
  入学时间     date  NULL,
  学制     int   NOT NULL,
  学院编号     char  (2) NOT NULL,
  密码     char  (20) NULL
)
```

```
go
```

2. 语句块

什么是语句块？SQL Server 的语句块是用 BEGIN…END 包围起来的一段代码，作为一个整体出现在选择结构或循环结构中。

BEGIN…END 的格式如下：

```
BEGIN
  <命令行或程序块>
END
```

例如：

```
BEGIN
     DECLARE @A INT,@B INT
     SET @A = 1
     SET @B = @A + 5
     SELECT @B AS B
END
```

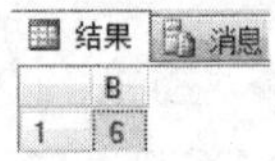

图 6.15 BEGIN…END 运行结果

运行结果如图 6.15 所示。

3. 注释

有时候需要给自己写的代码加上注释，以增强程序的可读性，注释语句是不会被执行的。SQL Server 有两种注释格式，单行注释在注释内容前加--，多行注释用/ * …… * /将注释内容包围起来。

例如，单行注释的例子如下：

```
--以下创建数据库
CREATE DATABASE 学生成绩管理系统
```

多行注释的例子如下：

```
/ * SELECT
FROM  学生 * /
SELECT * FROM 教师
则只有 SELECT * FROM 教师会执行
```

6.2.2 顺序结构

顺序结构一般按照输入、计算、输出的顺序进行，这些操作可以使用以下语句实现。

1. SET 语句

SET 语句可以将先前使用 DECLARE @local_variable 语句创建的局部变量设置为指定值。

其语法为：

```
SET
{ @local_variable = expression }
|{ @local_variable{ += | -= | * = | /= | % = | &= | ^= | |= } expression}
```

例如:

```
DECLARE @a int
SET @a = 10
```

2. SELECT 语句

SELECT 语句可以将先前使用 DECLARE @local_variable 创建的局部变量设置为指定表达式的值。

其语法为:

```
SELECT { @local_variable { = | += | -= | *= | /= | %= | &= | ^= | |= } expression }
[ ,...n ] [ ; ]
```

SELECT @local_variable 通常用于将单个值返回到变量中,但是,如果 expression 是列的名称,则可以返回多个值。如果 SELECT 语句返回多个值,则将返回的最后一个值赋给变量。

一个 SELECT 语句可以初始化多个局部变量。

SELECT 语句同时也是输出语句,它以表格的形式将结果显示。

例如:

```
DECLARE @a int,@b int
SELECT @a = 10,@b = 20        -- 赋值操作
SELECT @a,@b                  -- 输出
```

3. PRINT 语句

PRINT 向客户端返回用户定义消息。

其语法为:

```
PRINT msg_str | @local_variable | string_expr
```

参数说明如下:

(1) msg_str 为字符串或 Unicode 字符串常量。

(2) @ local_variable: 任何有效的字符数据类型的变量。@local_variable 的数据类型必须为 char 或 varchar,或者必须能够隐式转换为这些数据类型。

(3) string_expr: 返回字符串的表达式。可包括串联的文字值、函数和变量。

例如:

```
DECLARE @a char(10)
SELECT @a = 'HELLO'
PRINT  @a + '你好!'
```

6.2.3 选择结构

作为一个公司的管理者,有时候需要通过分析现有数据的不合理性,然后进行适当的调整。例如,可以分析现有各个电影的票价,看看票价是否合理;同时也可以将票价和购票情况结合起来分析,看看二者是否有关联。这就需要用到 T-SQL 语言的选择结构。T-SQL 选择结构主要包含以下几个语句。

1. IF…ELSE

IF…ELSE 的语法格式如下：

```
IF <条件表达式>
   <命令行或程序块 1>
 [ELSE
  <命令行或程序块 2>]
```

其中 ELSE 子句是可选项。

如果<条件表达式>成立，则执行<命令行或程序块 1>，否则执行<命令行或程序块 2>。缺省 ELSE 部分时，<条件表达式>不成立时什么都不做，执行 IF 语句的后续语句。

IF…ELSE 可以嵌套，最多嵌套 32 级。

例 6-1 查询“学生成绩管理系统”数据库中课堂最多开课人数的平均值是否太多(假设最多开课人数超过 100 为太多)，可以用以下语句：

```
IF((SELECT AVG(最多开课人数) FROM 课堂)> 100)
   PRINT '最多开课人数太多,需要下调'
ELSE
   PRINT '最多开课人数正常!'
```

运行结果如图 6.16 所示。

其中 PRINT 语句打印后面字符串的值。

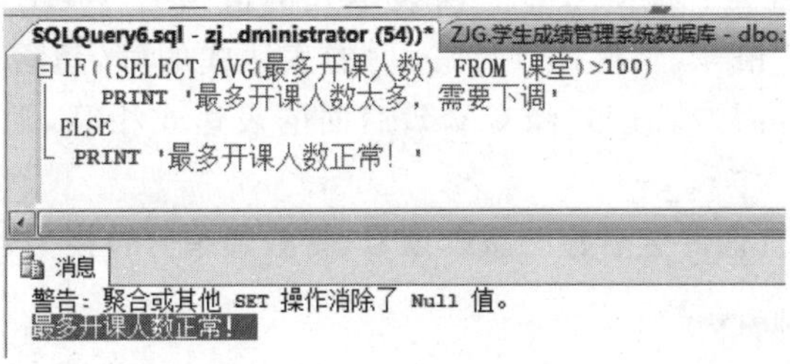

图 6.16 IF…ELSE 运行结果

2. IF [NOT] EXISTS

```
IF [NOT] EXISTS(SELECT 子查询)
    <命令行或程序块 1>
 [ELSE
    <命令行或程序块 2>]
```

IF EXISTS 语句检测后面的“SELECT 子查询”是否有结果，如果结果不为空，则返回真；如果为空，则返回假。带有 NOT，则相反。

例 6-2 查询张远老师有没有开课，如果有，则显示他所开的课；如果没有，则输出“张远老师没有开课”。

```
IF EXISTS(SELECT * FROM 课堂 WHERE 教师编号 =
 (SELECT 教师编号 FROM 教师 WHERE 姓名 = '张远'))
    SELECT * FROM 课堂 WHERE 教师编号 =
    (SELECT 教师编号 FROM 教师 WHERE 姓名 = '张远')
ELSE
```

```
PRINT '张远老师没有开课'
```

运行结果如图 6.17 所示。

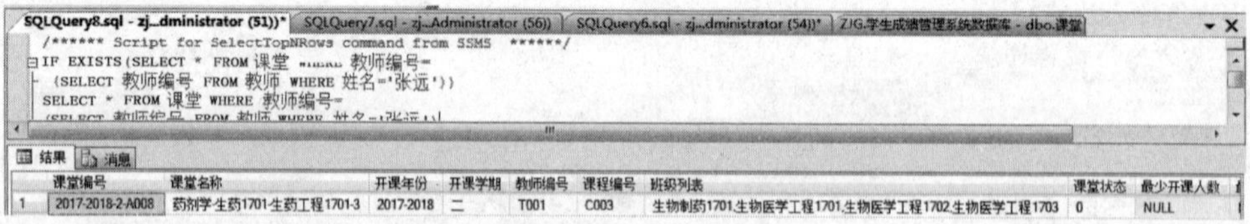

图 6.17　例 6-2 运行结果

3. CASE

CASE 命令有如下两种语句格式。

格式 1：

```
CASE <表达式>
    WHEN <表达式 1 > THEN <表达式 1_1 >
    WHEN <表达式 2 > THEN <表达式 2_1 >
        … …
    WHEN <表达式 n > THEN <表达式 n_1 >
    ELSE <表达式 n + 1_1 >
END
```

该语句的执行过程是：将 CASE 后面表达式的值与各 WHEN 子句中的表达式的值进行比较，如果二者相等，则返回 THEN 后的表达式的值，然后 CASE 结构结束。如果没有一个 WHEN 后面的表达式和 CASE 后面的表达式相等，则返回 ELSE 后面的表达式。

例 6-3　从课堂表查询课堂名称和教师编号，将教师编号转换为姓名输出，语句如下：

```
SELECT DISTINCT 教师编号 =
    CASE  教师编号
        WHEN 'T001' THEN '张远'
        WHEN 'T002' THEN '李丽'
        WHEN 'T003' THEN '欧阳淑芳'
        WHEN 'T004' THEN '王志强'
        WHEN 'T005' THEN '张勤'
        WHEN 'T006' THEN '赵建刚'
        WHEN 'T007' THEN '李亚伦'
        WHEN 'T008' THEN '周兰'
        WHEN 'T009' THEN '江波'
        WHEN 'T010' THEN '李纯'
        WHEN 'T011' THEN '张亚男'
        WHEN 'T012' THEN '黄红'
    END
    ,课堂名称
from 课堂
```

运行结果如图 6.18 所示。

	教师编号	课堂名称
1	李纯	数据库-土木工程1701-3
2	张亚男	数据库-土木工程1704-6
3	欧阳淑芳	理论力学-土木工程17-1-3
4	王志强	理论力学-土木工程1704-6
5	张勤	会计学-金融1701-2
6	李亚伦	社会工作概论-社会学1701-2
7	周兰	中国古典文学鉴赏2017-2018-1
8	周兰	古典哲学2017-2018-1
9	黄红	数据库-工程力学1701-2
10	张亚男	数据库-交通工程1701-2
11	李纯	C++程序设计基础-土木工程1701-3
12	张亚男	C++程序设计基础-土木工程1704-6
13	王志强	理论力学-工程力学1701-2
14	李亚伦	社会工作概论
15	李丽	生物化学-生科1701-2
16	张远	药剂学-生药1701-生药工程1701-3
17	李纯	Python选修1
18	周兰	中国古典文学鉴赏
19	周兰	古典哲学
20	黄红	Python选修2

图 6.18　例 6-3 运行结果

格式 2：

```
CASE
    WHEN <表达式 1> THEN <表达式 1_1>
    WHEN <表达式 2> THEN <表达式 2_1>
    … …
    WHEN <表达式 n> THEN <表达式 n_1>
    ELSE <表达式 n+1_1>
END
```

该语句的执行过程是：首先测试第一个 WHEN 子句后的表达式的值，如果其值为“真”，则返回 THEN 后面的表达式的值；否则测试下一个 WHEN 子句中的表达式的值。如果所有 WHEN 子句后的表达式的值都为假，则返回 ELSE 后的表达式的值。如果在 CASE 语句中没有 ELSE 子句，则返回 NULL。

例 6-4　对于已经开课的教师，查询每个教师的课堂数，并根据课堂数不同给出相应提示：如果课堂数低于 2，则显示课堂数太少；如果课堂数在 2 和 3 之间，则显示课堂数适中；如果课堂数大于 3，则显示课堂数较多。

代码如下：

```
SELECT 教师编号,课堂数 =
      CASE
         WHEN 课堂数<2 THEN '课堂数太少'
         WHEN 课堂数<=3 THEN '课堂数适中'
         WHEN 课堂数>3 THEN '课堂数较多'
      END
 FROM (SELECT 教师编号,COUNT(*)  AS 课堂数 FROM 课堂   GROUP
BY 教师编号) AS 课堂统计表
 ORDER BY 课堂数
```

	教师编号	课堂数
1	T008	课堂数较多
2	T010	课堂数适中
3	T011	课堂数适中
4	T012	课堂数适中
5	T004	课堂数适中
6	T007	课堂数适中
7	T005	课堂数太少
8	T001	课堂数太少
9	T002	课堂数太少
10	T003	课堂数太少

图 6.19　例 6-4 运行结果

运行结果如图 6.19 所示。

例 6-5 系统函数调用举例.

场景介绍：

小张和小李于 2014 年 2 月 14 日相识，今天是 2016 年 10 月 10 日，请问他们相识多久了？请按三种格式写出答案：他们相识 969 天，他们相识 2 年 7 个月 26 天，他们相识 31 个月 27 天。

运行结果如图 6.20 所示。

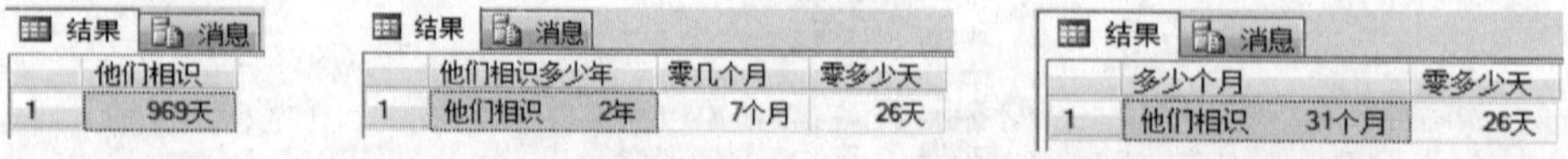

(a) 例6-5输出格式1　　(b) 例6-5输出格式2　　(c) 例6-5输出格式3

图 6.20　例 6-5 运行结果

请写出相应的 SQL 语句。

第 1 种格式，要求计算出从 2014 年 2 月 14 日到 2016 年 10 月 10 日之间一共有多少天。可以考虑用 DATEDIFF 函数，该函数可以以年或月或日的形式算出两个日期之间的差值。

```
DATEDIFF(DD,'2014 - 02 - 14','2016 - 10 - 10')
```

时间差是计算出来了，可是输出结果后面还有一个汉字“天”，该怎么加上去呢？在 SQL Server 里，字符串连接直接用“+”号，并在代码前加上 SELECT，以便显示输出结果：

```
SELECT DATEDIFF(DD,'2014 - 02 - 14','2016 - 10 - 10') + '天'
```

运行结果如图 6.21 所示。

图 6.21　出错的代码运行结果截图

出现了语法错误，其中错误信息中的“消息 245，级别 16，状态 1，第 1 行”指示错误出现在第一行，由于代码只有一行，因此就是这一行的错误。

错误信息为“在将 varchar 值'天'转换成数据类型 int 时失败”，表明 SQL Server 试图将'天'转换为 int，但是失败了。为何要转换为 int 呢？这说明 DATEDIFF()函数的返回值类型为 int(见表 6.6)，而'天'的类型为 varchar。若不可能将'天'转换为 int，那是不是可以将函数返回值类型转换为 varchar 或者 char 呢？答案是肯定的。STR 函数可以完成这个功能，故正确的写法是：

```
SELECT STR(DATEDIFF(DD,'2014 - 02 - 14','2016 - 10 - 10')) + '天'  as 他们相识
```

注意： 如果要计算到今天为止相识多少天，则'2016-10-10'可以换成 getdate()。

上述语句及运行结果如图 6.22 所示。

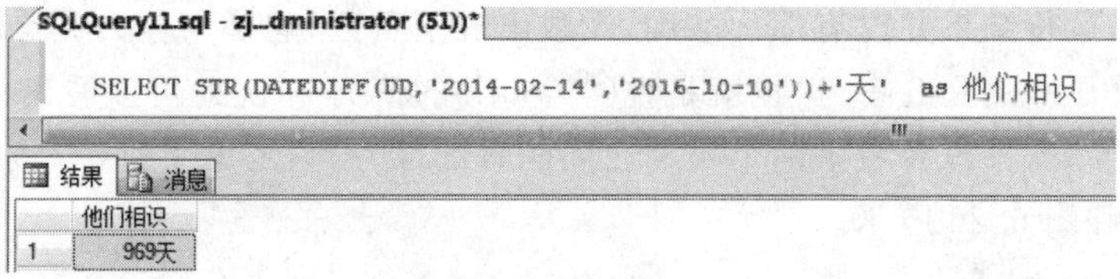

图 6.22　运行结果图

要想显示为第 2 种格式,同时计算几年几月几天,DATEDIFF 函数可以计算两个日期之间的年份差值、月份差值和日期差值。只需要将第一个参数分别设置成 yy 或 mm 或 dd 即可。把三个 DATEDIFF 函数调用拼起来的效果如图 6.23 所示。

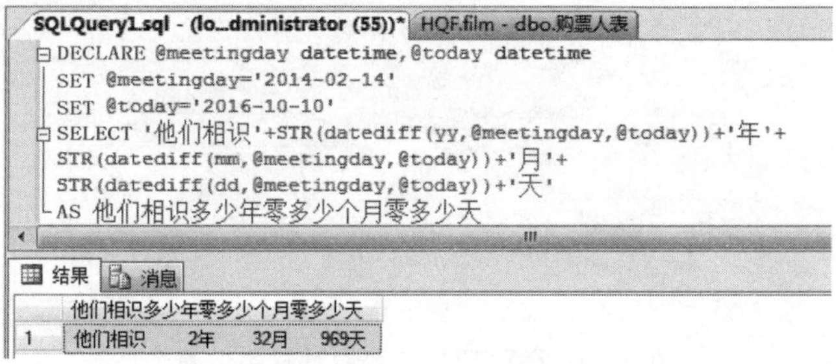

图 6.23　运行结果图

这里首先声明了两个 datetime 类型的变量,分别代表相遇日期和今天的日期,定义变量的目的是为了增加灵活性。然后通过 SET 语句给变量赋值,最后将三个 DATEDIFF 函数调用和中文字符连接起来,使用 SELECT 语句显示。

从结果可以看出,算出的月份和天数是两个时间差的月份和天数,不是我们想要的结果。

因此,需要先用相识日期加上相差的年份,再计算相加后的日子距离今天的日期之间相差多少个月；以此类推,在此基础上,再加上相差的月份后,再和今天比较,才能算出零多少天。

为了方便起见,定义了一些变量,分别表示相遇日期,今天的日期,相差的年数、月数和天数,以及增加年份后的日期和增加年份和月份的日期,写出来的代码及运行结果如图 6.24 所示。

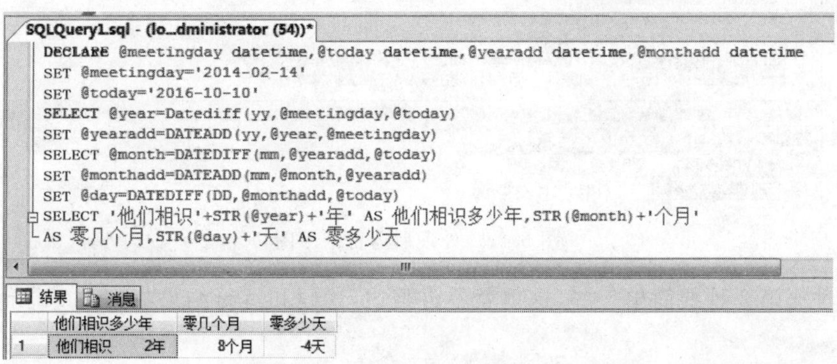

图 6.24　运行结果图

可以看出，运行结果并没有那么准确，天数出现了负数，这是为什么呢？从图 6.24 中可以看出，月份差显示的是 8 个月，也就是说@month 的值为 8，由此可以看出 DATEDIFF 函数在计算月份差时，并没有考虑两个日期之间的日的部分，只考虑了月份。来看一组测试结果，如图 6.25 和图 6.26 所示。

图 6.25　DATEDIFF 函数计算月份差 1

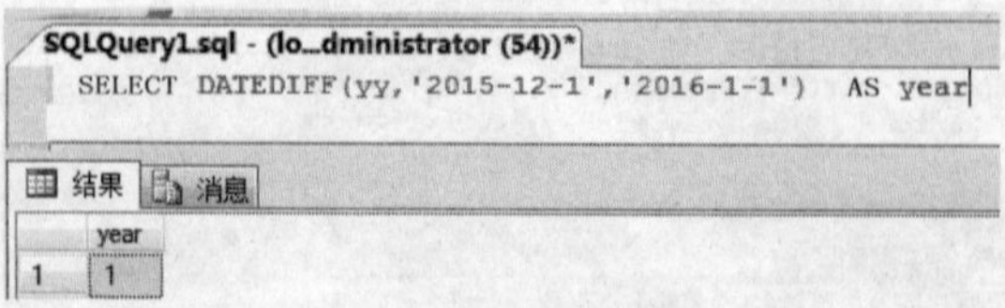

图 6.26　DATEDIFF 函数计算年份差 2

因此，需要对变量@year 和@month 进行如下处理。

```
IF(MONTH(@today)< MONTH(@meetingday))
    SET @year = @year - 1
IF (DAY(@today)< DAY(@meetingday))
    SET @month = @month - 1
```

处理后才能得到正确的结果，完整的代码及正确运行结果如图 6.27 所示。

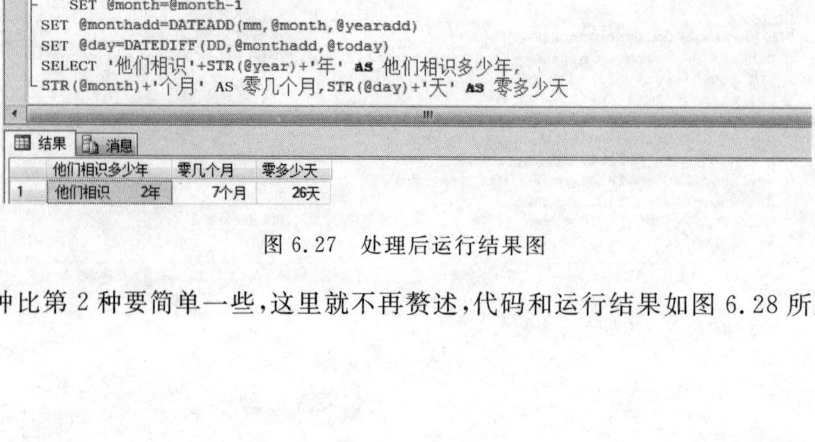

图 6.27　处理后运行结果图

第 3 种比第 2 种要简单一些，这里就不再赘述，代码和运行结果如图 6.28 所示。

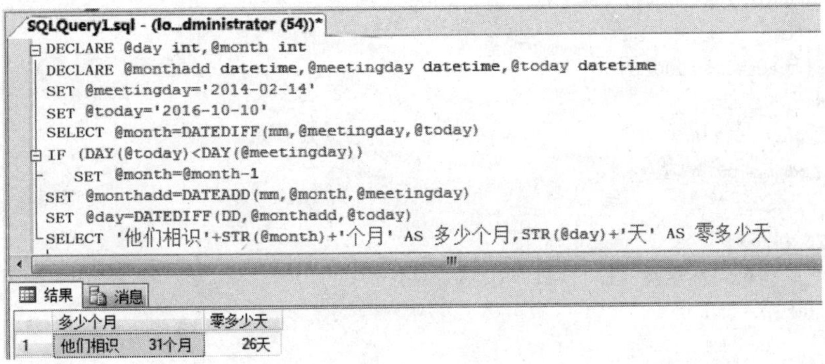

图 6.28　第三种格式运行结果图

6.2.4　循环结构

WHILE 语句的语法格式如下：

```
WHILE <条件表达式>
BEGIN
    <命令行或程序块>
     BREAK 或 CONTINUE
     命令行或程序块
END
```

例如，有如图 6.29 所示的一张表，表名为“利滚利”，若按照年利率 5%利滚利，大约需要几年，本金和利息总额能达到 10 万？请将年限和该年限后的“本金和利息总额”数据填入到表中。

ID	姓名	本金	本金和利息总额	年限
1	张三	10000	NULL	NULL
2	李四	20000	NULL	NULL
3	王五	15000	NULL	NULL

图 6.29　“利滚利”表

要解决这个问题，首先应该知道表中有多少条记录，并用变量保存记录数，因为每一条记录的本金和利息总额都需要填进去。这是一个循环，循环次数为记录数(外循环)。其次，对于每一条记录，也需要一个循环，按照 5%利滚利，计算出多少年能达到 10 万(内循环)。这里面还有一个问题，怎么保证外循环每次取一条记录、下一次循环取的就是下一条记录？从图 6.29 中可以看出，ID 字段是顺序的，可以利用 ID 值来区分现在处理的是哪一条记录。完整程序代码如下：

```
DECLARE @num int,@i int
SET @i = 1
SELECT @num = COUNT( * ) FROM 利滚利
WHILE(@i <= @num)
BEGIN
  DECLARE @capital real ,@total real ,@year real
  SET @year = 0
```

```
    SELECT @capital = 本金 FROM 利滚利   WHERE ID = @i
    SET @total = @capital
    WHILE(@total < 100000)
    BEGIN
      SET @total = @total * (1 + 0.05)
      SET @year = @year + 1
    END
    UPDATE 利滚利
      SET 本金和利息总额 = @total,年限 = @year
      WHERE ID = @i
    SET @i = @i + 1
  END
```

以上代码中,语句"SELECT @num=COUNT(*) FROM 利滚利"用来统计总记录数;变量@i是外循环变量,用来和列名ID匹配;变量@capital代表本金;变量@total代表本金和利息总额;变量@year代表年限,是通过内循环计算出最终值的。

6.3 存储过程

存储过程是一段在服务器上执行的程序,它在服务器端对数据进行处理,再把结果返回到客户端。

如果有些语句在程序中需要经常执行,就可以把它定义成存储过程保存在服务器中,在需要执行这段代码时,按照T-SQL的执行存储过程的语法,提供相应的参数就可以了,如果存储过程无参,也可以不提供参数。这样可以增强代码的重用性。

6.3.1 为什么需要存储过程

使用存储过程有以下好处:

(1) 有效利用服务器强大的计算能力和处理速度。一般来说,服务器的配置比客户机要高很多。

(2) 数据本身放在服务器上,在服务器上运行存储过程,避免了将大量的数据从服务器下载到客户端,减少了网络传输,服务器只需将处理结果传给客户端即可。

(3) 通过存储过程可以将大量的业务逻辑封装起来,客户端不需要知道复杂的数据结构或业务逻辑过程,只需把查询指令通过存储过程发给服务器,服务器就能把需要的数据返回给用户。当数据结构发生变化时,只需要改变存储过程的代码,对于客户端用户来说,可以不用关心后来数据结构的变化。

6.3.2 系统存储过程

存储过程分为两类:系统存储过程和用户自定义的存储过程。

SQL Server提供了大量的系统存储过程,用于管理SQL Server并显示有关数据库和用户的信息。

SQL Server 系统存储过程具有前缀 sp_，因此，用户不能定义带有前缀 sp_的存储过程。

例如，用系统存储过程 sp_tables 列出当前数据库中所有可以访问的表和视图：

```
EXEC sp_tables
```

其中，EXEC 可以省略，即可以直接写成 sp_tables。

例如当前数据库为学生成绩管理系统数据库，则执行结果如图 6.30 所示。

	TABLE_QUALIFIER	TABLE_OWNER	TABLE_NAME	TABLE_TYPE	REMAR
1	学生成绩管理系统数据库	dbo	教师	TABLE	NULL
2	学生成绩管理系统数据库	dbo	课程	TABLE	NULL
3	学生成绩管理系统数据库	dbo	课堂	TABLE	NULL
4	学生成绩管理系统数据库	dbo	临时	TABLE	NULL
5	学生成绩管理系统数据库	dbo	系统状态	TABLE	NULL
6	学生成绩管理系统数据库	dbo	选课成绩	TABLE	NULL
7	学生成绩管理系统数据库	dbo	学生	TABLE	NULL
8	学生成绩管理系统数据库	dbo	学院	TABLE	NULL
9	学生成绩管理系统数据库	dbo	view_成绩	VIEW	NULL
10	学生成绩管理系统数据库	dbo	view_课堂	VIEW	NULL
11	学生成绩管理系统数据库	INFORMATION_SCHEMA	CHECK_CONSTRAINTS	VIEW	NULL
12	学生成绩管理系统数据库	INFORMATION_SCHEMA	COLUMN_DOMAIN_USAGE	VIEW	NULL
13	学生成绩管理系统数据库	INFORMATION_SCHEMA	COLUMN_PRIVILEGES	VIEW	NULL
14	学生成绩管理系统数据库	INFORMATION_SCHEMA	COLUMNS	VIEW	NULL
15	学生成绩管理系统数据库	INFORMATION_SCHEMA	CONSTRAINT_COLUMN_USAGE	VIEW	NULL
16	学生成绩管理系统数据库	INFORMATION_SCHEMA	CONSTRAINT_TABLE_USAGE	VIEW	NULL
17	学生成绩管理系统数据库	INFORMATION_SCHEMA	DOMAIN_CONSTRAINTS	VIEW	NULL
18	学生成绩管理系统数据库	INFORMATION_SCHEMA	DOMAINS	VIEW	NULL
19	学生成绩管理系统数据库	INFORMATION_SCHEMA	KEY_COLUMN_USAGE	VIEW	NULL
20	学生成绩管理系统数据库	INFORMATION_SCHEMA	PARAMETERS	VIEW	NULL
21	学生成绩管理系统数据库	INFORMATION_SCHEMA	REFERENTIAL_CONSTRAINTS	VIEW	NULL
22	学生成绩管理系统数据库	INFORMATION_SCHEMA	ROUTINE_COLUMNS	VIEW	NULL
23	学生成绩管理系统数据库	INFORMATION_SCHEMA	ROUTINES	VIEW	NULL
24	学生成绩管理系统数据库	INFORMATION_SCHEMA	SCHEMATA	VIEW	NULL
25	学生成绩管理系统数据库	INFORMATION_SCHEMA	TABLE_CONSTRAINTS	VIEW	NULL
26	学生成绩管理系统数据库	INFORMATION_SCHEMA	TABLE_PRIVILEGES	VIEW	NULL
27	学生成绩管理系统数据库	INFORMATION_SCHEMA	TABLES	VIEW	NULL
28	学生成绩管理系统数据库	INFORMATION_SCHEMA	VIEW_COLUMN_USAGE	VIEW	NULL
29	学生成绩管理系统数据库	INFORMATION_SCHEMA	VIEW_TABLE_USAGE	VIEW	NULL
30	学生成绩管理系统数据库	INFORMATION_SCHEMA	VIEWS	VIEW	NULL

图 6.30　sp_tables 系统存储过程结果图

6.3.3　自定义存储过程

在操作用户数据时，对于一些复杂的业务逻辑，可以将此业务逻辑定义成存储过程保存在服务器上。

按照功能和语法，可以根据存储过程是否有输入参数和输出参数，将自定义存储过程分成以下 4 类：

(1) 无输入参数和输出参数的存储过程。

这种存储过程主要用于完成一类操作，它不需要输入参数，因此执行时只有一种结果。

(2) 有输入参数无输出参数的存储过程。

这种存储过程有输入参数，在执行时需要提供和存储过程定义时类型、顺序和个数相同的实际参数，根据提供的参数值不同，运行结果不同。

(3) 有输入参数和输出参数的存储过程。

(4) 无输入参数有输出参数的存储过程。

由于第 4 种现实的应用比较少，本书不单独讲述。

什么是输入参数和输出参数呢？请看图 6.31 显示用户通过教务管理端，选择了课程名称为 Python 的记录，显示了 Python 课程的详细信息。查询过程可以定义为一个存储过程，而课程名称定义为一个字符串类的变量作为存储过程的输入参数。

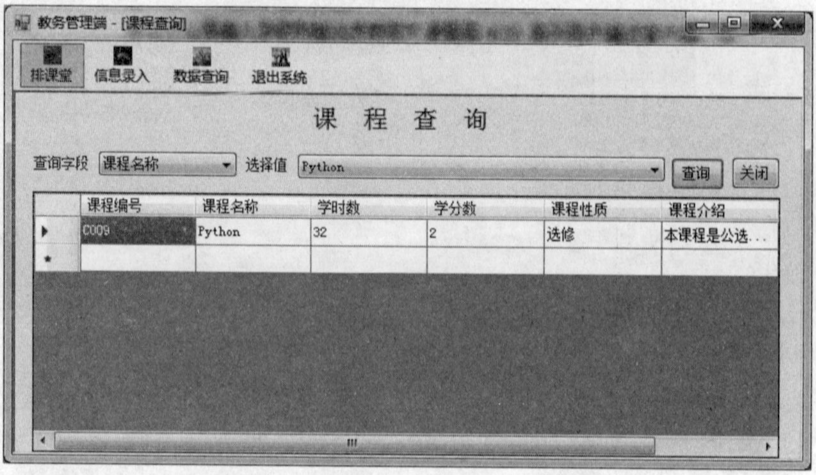

图 6.31 按课程名称查询课程详细信息

输出参数是存储过程的结果，例如，想查询某个学生共选修了几门课，该学生的学号可以作为输入参数，而选课门数作为输出参数。

用户自定义存储过程必须先定义然后才能使用。存储过程的定义可以通过 CREATE PROCEDURE 语句定义，也可通过管理平台创建。

使用 CREATE 语句创建存储过程的完整语法如下：

```
CREATE Proc[edure] procedure_name[;number]
[{@parameter data_type}[VARYING][ = default][OUTPUT]][, … n]
[WITH
{RECOMPILE|ENCRYPTION|RECOMPILE,ENCRYPTION}]
[FOR REPLICATION]
AS
sql_statement [, … n]
```

各选项的含义如下。

(1) procedure_name：新建存储过程的名称。它后面的可选项 number 是一个整数，用来区别一组同名的存储过程。存储过程的命名必须符合标识符的命名规则，在一个数据库中或对其所有者而言，存储过程的名字必须唯一。

(2) @parameter：存储过程的参数。在 CREATE PROCEDURE 语句中可以声明一个或多个参数。用户必须在执行过程时提供每个声明参数的值(除非定义了该参数的默认值)。若参数的形式以@parameter＝value出现,则参数的次序可以不同,否则用户给出的参数值必须与参数列表中参数的顺序保持一致。若某一参数以@parameter＝value形式给出,则其他参数必须具有相同的形式。一个存储过程最多可以有2100个参数。

(3) data_type：指示参数的数据类型。所有数据类型均可以用作存储过程的参数。但游标cursor类型只能用于output参数,而且必须同时指定VARING和OUTPUT关键字。

(4) default：给定参数的默认值。如果定义了默认值,则不指定该参数值仍然能执行过程,默认值必须是常量或NULL。

(5) OUTPUT：表明参数是返回参数,使用OUTPUT参数可将信息返回给调用过程。

(6) RECOMPILE：表明SQL Server不保存该过程的执行计划,该过程每执行一次都要重新编译。

(7) ENCRYPTION：表示SQL Server加密syscomments表,该表中包含CREATE PROCEDURE语句的存储过程文本,使用该关键字可防止通过syscomments表来查看存储过程内容。

(8) FOR REPLICATION：指定不能在订阅服务器上执行为复制创建的存储过程,只有在创建过滤存储过程时,才使用该选项。本选项不能和WITH RECOMPILE选项一起使用。

(9) AS sql_statement：指定过程要执行的操作,sql_statement是过程中要包含的任意数目和类型的Transact SQL语句。

1. 无参存储过程

(1) 创建无参数的存储过程。

使用T-SQL命令定义无输入参数和输出参数的存储过程的格式如下：

```
CREATE PROC[EDURE] Procedure_Name
AS
sql_statement
```

例如,查询所有李纯老师所教课程信息,定义的存储过程如下：

```
CREATE PROCEDURE cursome
AS
SELECT 课程名称 FROM 课程 WHERE 课程编号 IN (SELECT 课程编号 FROM 课堂 WHERE 教师编号 =
(SELECT 教师编号 FROM 教师 WHERE 姓名 = '李纯'))
```

(2) 执行无参数的存储过程。

格式为：

```
[EXEC[UTE]] Procedure_Name
```

其中EXEC可以是完整单词EXECUTE,也可以省略。

例如：

```
EXEC cursome    或    EXECUTE cursome    或    cursome
```

查询结果如图6.32所示。

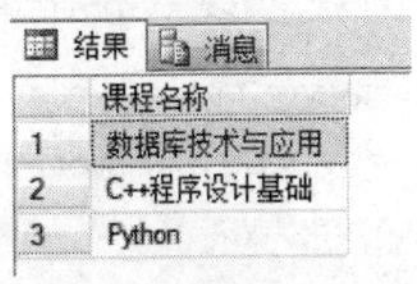

图6.32 执行无参数的存储过程

2. 有输入参数无输出参数的存储过程

没有输入和输出参数的存储过程，虽然可以存储一组复杂的SQL语句，但和直接写SQL语句来运行的区别并不大，只不过将语句保存在数据库服务器上而已。如果给存储过程提供输入参数，那么就可以根据程序运行的实际需要，在调用存储过程时提供所需要的实际参数（变量值），这一类的存储过程的应用范围更加广泛。

(1) 创建有输入参数无输出参数的存储过程。

有输入参数无输出参数的存储过程定义格式如下：

```
CREATE PROC[EDURE] procedure_name input_parameter_1 data_type, input_parameter_2 data_type, …
AS
sql_statement
```

在sql_statement中会用到输入参数，大多数情况下是出现在WHERE子句中。

例如，可以将教师姓名作为一个输入参数，这样无论提供哪个教师姓名，都可以利用该存储过程查询该教师所教课程的课程名称。注意：姓名这个参数的类型应与教师表中姓名字段的类型一致，长度则可以比表中的更大。

存储过程定义如下：

```
CREATE PROCEDURE curname  @name char(20)
AS
SELECT 课程名称 FROM 课程 WHERE 课程编号 in
    (SELECT 课程编号 FROM 课堂 WHERE 教师编号 =
    (SELECT 教师编号 FROM 教师 WHERE 姓名 = @name))
```

(2) 执行有输入参数无输出参数的存储过程。

执行时需要根据存储过程定义时的输入参数类型和顺序，提供相应的实际参数。

调用格式如下：

```
[EXEC[UTE]] procedure_name parameter1,parameter2, …
```

例如，想查找周兰老师所教课程的课程名称，调用语句如下：

```
EXEC cursome '周兰'
```

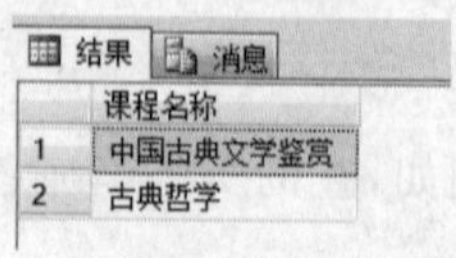

图6.33 执行有输入参数无输出参数的存储过程

运行结果如图6.33所示。

3. 有输入参数和输出参数的存储过程

如果希望将存储过程执行的结果保存起来，这时候就需要输出参数了。

(1) 创建有输入参数和输出参数的存储过程。

有输入参数和输出参数的存储过程的定义格式如下：

```
CREATE PROC[EDURE] procedure_name input_parameter_1 data_type, input_parameter_2 data_type, … input_parameter_n data_type, output __ parameter1 data_type OUTPUT, output __ parameter2 data_type OUTPUT, …
AS
sql_statement
```

在sql_statement中会用到输入参数和输出参数，大多数情况下是输入参数在WHERE

子句中、输出参数出现在 SELECT 子句中。

例如，某学生想查询自己总共选修了几门课，假设姓名没有重复，则可以这样定义存储过程：

```
CREATE PROCEDURE queryCurByName @name char(20),@curnum int output
AS
SET @curnum = (SELECT COUNT( * ) FROM 选课成绩
   WHERE 学号 = (SELECT 学号 FROM 学生 WHERE 姓名 = @name))
```

(2) 执行有输入参数和输出参数的存储过程。

有输出参数的存储过程执行过程稍微麻烦一些，存储过程的输出参数可以有多个。首先需要定义变量用于接收输出参数的值，有几个输出参数就需要定义几个变量，并且变量的类型应该跟定义存储过程时的形参的类型一致。

例如，要执行上面的存储过程，其语句如下：

```
DECLARE @curNum int
EXEC queryCurByName '吴美兰',@curNum output
SELECT @curNum AS 吴美兰选修课程数
```

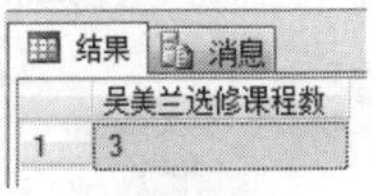

图 6.34　执行有输入参数和输出参数的存储过程

运行结果如图 6.34 所示。

4. 通过管理平台创建存储过程

前面介绍的各种自定义存储过程都是通过 T-SQL 命令创建的，也可以通过管理平台来创建存储过程。首先在对象资源管理器中找到所在的数据库，然后在该数据库中找到“可编程性”，下面有一个子项目“存储过程”，右击，弹出快捷菜单，然后单击“新建存储过程”菜单项即可，如图 6.35 所示。

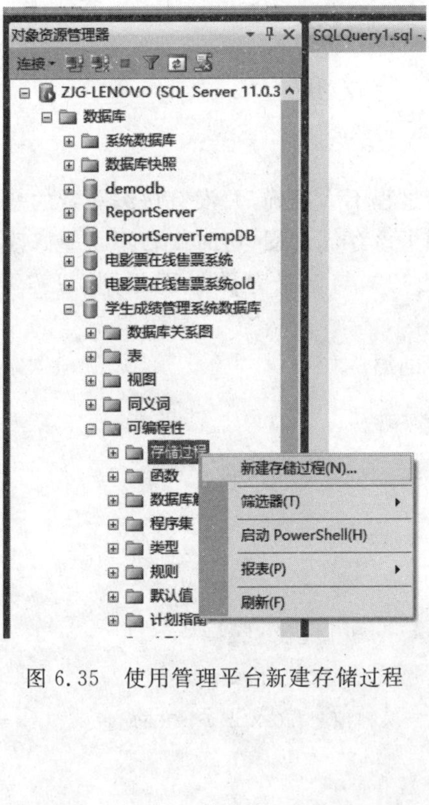

图 6.35　使用管理平台新建存储过程

之后在右边显示一个命名以 SQLQuery 开头、扩展名为 sql 的窗口，如图 6.36 所示。

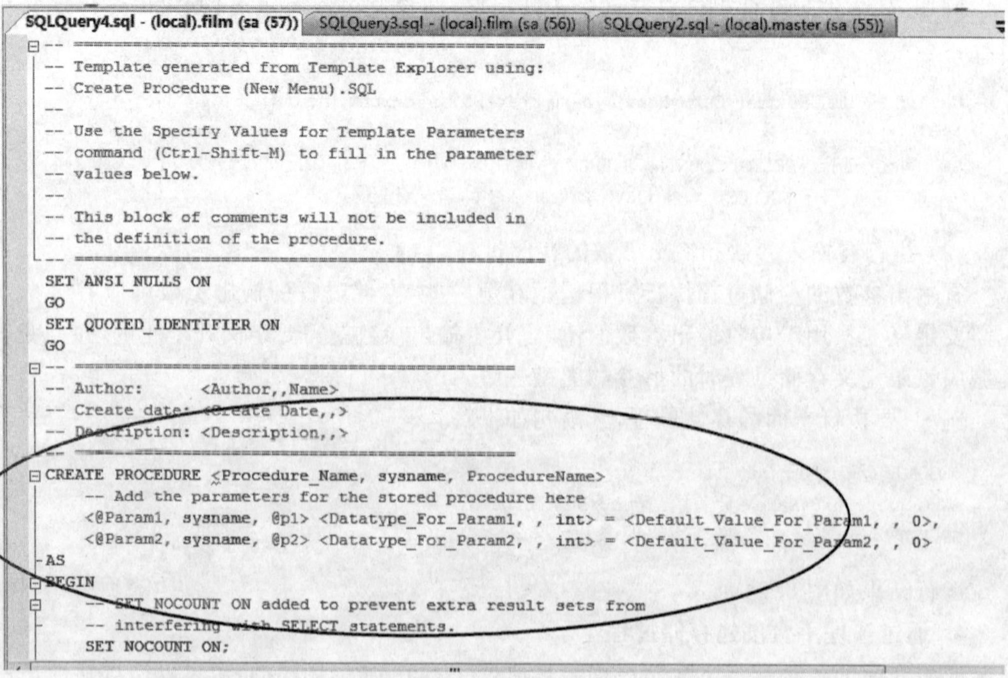

图 6.36 创建存储过程示例窗口

图中以 CREATE PROCEDURE 开始的部分是存储过程的语法格式，和本章介绍过的语法格式相同，这是一个存储过程模板。如果你已经很熟悉该格式，在相应的地方填写合适的内容，即可构成自己的新的存储过程。

6.3.4 修改和删除存储过程

1. 修改存储过程

有时候发现定义的存储过程不太准确，并没有按编写者的意愿执行，也就是产生了逻辑错误。可是程序中已经调用了该存储过程，这时候若不希望修改应用程序，就可以修改存储过程。修改存储过程的语法基本与定义存储过程相同，只需要将关键字 CREATE 换成 ALTER 就可以了。

修改无参数的存储过程的语法如下：

```
ALTER PROCEDURE procedure_name
AS
sql_statement
```

例如：

```
ALTER PROCEDURE cursome
AS
SELECT 课程名称
FROM 课程
WHERE 课程编号 IN (SELECT 课程编号 FORM 课堂 WHERE 教师编号 = (SELECT 教师编号 FROM 教师
```

```
WHERE 姓名 = '吴美兰'))
```

2. 删除存储过程

删除存储过程既可以通过语句，也可以通过 SQL Server 2012 的管理平台来进行。通过语句删除存储过程的语法格式如下：

```
DROP PROCEDURE procedure_name[, … n]
```

例如：

```
DROP PROCEDURE cursome
```

通过管理平台删除时，首先在对象资源管理器中找到存储过程所在的数据库和需要删除的存储过程，右击，弹出快捷菜单，然后单击"删除"菜单即可，如图 6.37 所示。

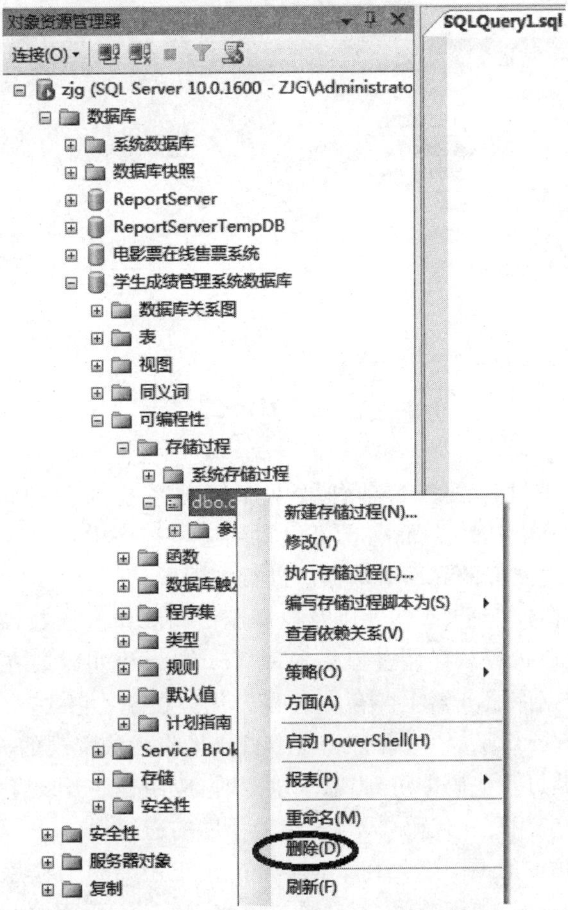

图 6.37　通过平台删除存储过程

另外，在这个快捷菜单中还可以对存储过程重命名。执行"编写存储过程脚本为"→"CREATE 到"→"新查询编辑器窗口"命令，可以看到已经定义的存储过程的语法，同时可以在此基础上修改，如图 6.38 所示。

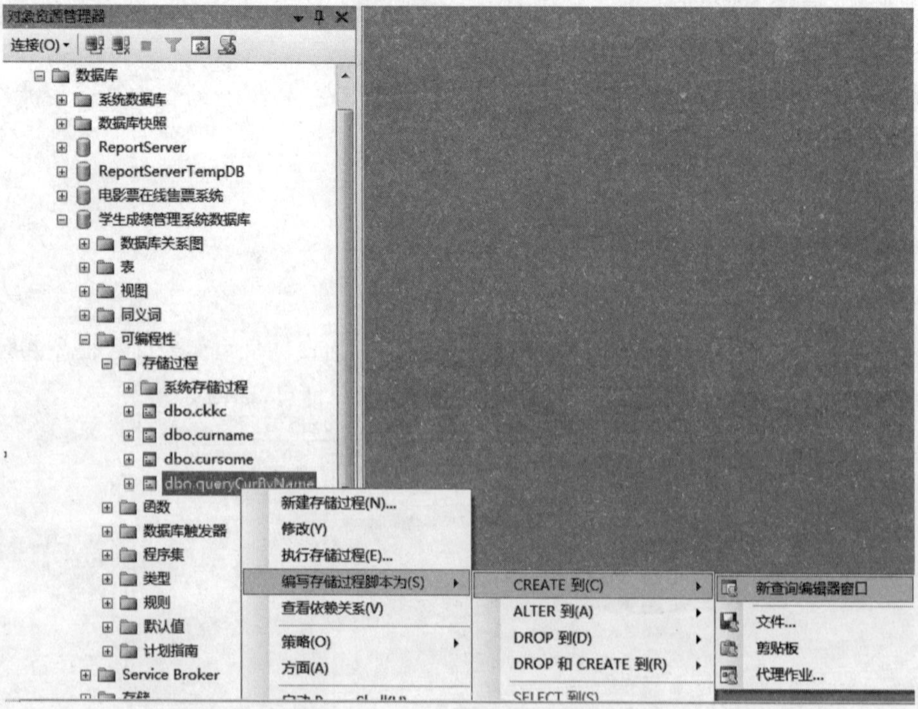

图 6.38　通过平台显示存储过程脚本

本章小结

Transact-SQL 程序设计语言是各种数据库管理系统通用的语言，既可以在 SQL Server 2012 的查询管理器中直接操作，也可以写到应用程序中，通过用户界面提供给用户良好的接口，让用户通过友好的界面对数据库进行各种增、删、改、查操作。本章首先介绍了作为程序设计基础的常量、变量、表达式以及控制流语句和系统函数，在此基础上介绍了如何创建、修改和删除存储过程。存储过程将各种 Transact 语句封装在一起，还可以提供输入和输出，并存放在数据库服务器上。存储过程的优势在于：它的输入参数和输出参数是变量，实现了 SQL Server 2012 的查询管理器中直接操作无法实现的灵活性；另一方面，应用程序只需要执行存储过程代码即可，当需求改变时，应用程序开发者只需要更改存储过程的代码，而不需要更改应用程序代码，提高了应用程序的通用性。

本章的知识与前几章的不同之处在于：本章的知识主要是为应用程序开发者提供的，通过本章的学习，可以学会如何在程序中通过 Transact-SQL 程序设计语言操作后台数据库。

习　题　6

(1) 存储过程的作用是什么？为什么需要存储过程？

(2) 使用系统函数计算今天是今年的第几天。

(3) 使用学生成绩管理系统数据库定义一个存储过程,查询指定学年指定学期的开课情况。

(4) 定义一个存储过程,查询指定学年指定学期没有上课的教师。

(5) 定义一个存储过程,根据用户输入的课程名,查询数据库中有哪些教师教了这门课,如果有教师教这门课,则输出所有教这门课的教师信息。

(6) 定义一个存储过程,根据用户输入的学生姓名,查询该学生选修课程的情况。

(7) 定义一个存储过程,根据用户输入的教师姓名,查询该教师所教课程的情况。

第7章 数据库应用系统开发

一个完整的数据库应用系统包括后台的数据库和前台的应用系统界面程序，前面各章节介绍的是后台数据库的设计和操作方法，这一章介绍前台应用系统界面程序的开发方法，介绍C/S架构下的前台应用程序，采用VB.NET和C++Console开发工具开发应用系统。

7.1 数据库应用系统的开发步骤

数据库应用系统的开发过程一般包括需求分析、系统初步设计、系统详细设计、编码、调试、系统交付等几个阶段，每个阶段都应提交相应的文档资料，包括《需求分析报告》《系统初步设计报告》《系统详细设计报告》《系统测试大纲》《系统测试报告》以及《操作使用说明书》等。根据应用系统的规模和复杂程度，在实际开发过程中往往有一些灵活处理，有时候把两个甚至三个过程合并进行，也不一定产生这样多的文档资料，但是不管所开发的应用系统的复杂程度如何，需求分析、系统设计、编码、调试、修改这个基本过程是不可缺少的。

1. 需求分析

这一阶段的基本任务主要有两个：一是摸清现状，二是理清将要开发的目标系统应该具有的功能。具体来说，摸清现状就要做深入细致的调查研究，摸清人们现在完成任务所依据的数据(使用了什么台账、报表、凭证)及其联系、使用什么规则(上级有什么法律和政策规定、本单位或地方有哪些规定，以及有哪些得到公认的规则等)、对这些数据进行什么样的加工、加工结果以什么形式(例如报表、工作任务单、台账、图表等)表现。理清目标系统的功能就是要明确说明系统将要实现的功能，也就是明确说明目标系统将能够对人们提供哪些支持。需求分析完成后，应撰写《需求分析报告》并请项目委托单位签字认可，以作为后续阶段开发方和委托方共同合作的一个依据。

2. 系统设计

在明确了现状与目标后，还不能马上进入程序设计(编码)的阶段，还要对系统的一些问题进行规划和设计，这些问题包括设计工具和系统支撑环境的选择(选择哪种数据库、哪几种开发工具、支撑目标系统运行的软硬件及网络环境等)、怎样组织数据也就是数据库的设计(即设计表的结构、字段约束关系、字段间的约束关系、表间约束关系、表的索引等)、系统界面的设计(菜单、表单等)、系统功能模块的设计，对一些较为复杂的功能还应该进行算法设计。

3. 系统实现

这一阶段的工作任务比较明确，就是依据前两个阶段的工作，建立相应的数据库和数据表，定义各种约束，并录入部分数据；设计系统菜单和系统表单、定义表单上的各种控件对象、编写对象对不同事件的响应代码、编写报表和查询等。

4. 测试

测试阶段的任务就是验证系统设计与实现阶段中所完成的功能能否稳定准确地运行、这些功能是否全面地覆盖并正确地完成了委托方的需求，从而确认系统是否可以交付运行。测试工作一般由项目委托方或由项目委托方指定第三方进行。在系统实现阶段，一般来说设计人员会进行一些测试工作，但这是由设计人员自己进行的一种局部的验证工作，重点是检测程序有无逻辑错误，与前面所讲的系统测试在测试目的、方法及全面性上来讲还是有很大的差别的。

5. 系统交付

这一阶段的工作主要有两个方面，一是全部文档的整理交付，二是对所完成的软件(数据、程序等)打包并形成发行版本，使用户在满足系统所要求的支撑环境的任一台计算机上按照安装说明就可以安装运行。

7.2 数据库应用系统的体系结构和开发工具

7.2.1 数据库应用系统的体系结构

数据库系统有前台后台之分，后台负责数据的存储，前台提供数据库的各种操作界面，本章介绍的是前台数据库应用系统的开发方法。学习数据库应用系统的开发，必须了解和掌握数据库应用系统常见的体系结构。从计算机和数据库的发展过程来看，一般有 4 种架构模式，分别是单用户模式、主从式多用户模式、客户机/服务器(Client/Server，C/S)模式和 Web 浏览器/服务器(Browser/Server，B/S)模式。

1. 单用户数据库系统

单用户数据库系统，顾名思义就是将数据库、数据库管理系统、数据库应用系统等都置于一台计算机上，没有网络或不用网络，一个用户独占整个系统，不同系统之间不能共享数据，但安全性好。这种系统是数据库应用发展过程中比较早的，相对来说也是比较简单的一种数据库应用系统。

2. 主从式多用户模式数据库系统

主从式多用户模式数据库系统是将数据库、数据库管理系统、数据库应用系统等都装在一台大型主机上，多个终端用户连接到主机上，使用主机上的数据和程序，所有工作都由主机完成，终端设备可以是智能化的，也可以是非智能化的，它只是起到一个显示数据和对系统进行操作的功能，这种方式主机负荷过大，任务分配不均衡或没法分配，这也是计算机和数据库发展早期的一种工作模式。

3. C/S 架构的数据库系统

计算机网络技术的发展使得资源共享成为可能，C/S 架构的数据库系统能够将计算机应用任务分解成多个子任务，将其功能均衡地分布在服务器端和客户机端，由多台计算机分工完成，即采用“功能分布”原则。客户端完成数据处理、数据表示以及用户接口功能，服务器端完成数据库管理系统的核心功能。这种客户请求服务、服务器提供服务的处理方式是一种新型的计算机应用模式。

Client 端和 Server 端常常分别处在相距很远的两台或多台计算机上，在 C/S 架构中有两层架构和三层架构之分，参见图 7.1 和图 7.2。

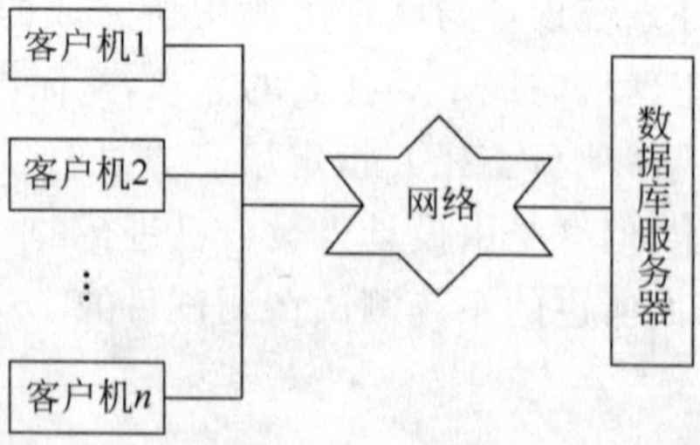

图 7.1　数据库系统的两层 C/S 架构

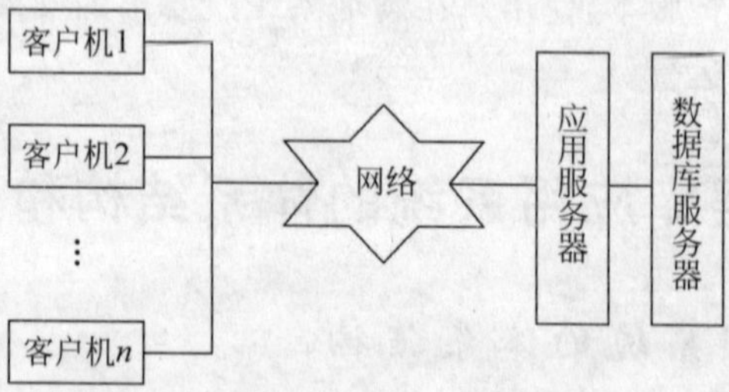

图 7.2　数据库系统的三层 C/S 架构

4. B/S 架构的数据库系统

B/S 架构的数据库系统是在 C/S 架构的数据库系统的基础上实现的，随着 Internet 技术的发展，可以将数据库系统的功能都放在服务器端，客户端不需要安装专门的软件，只需有 Web 浏览器即可，通过 Web 浏览器实现数据库的各种操作功能。B/S 架构的数据库系统如图 7.3 所示。

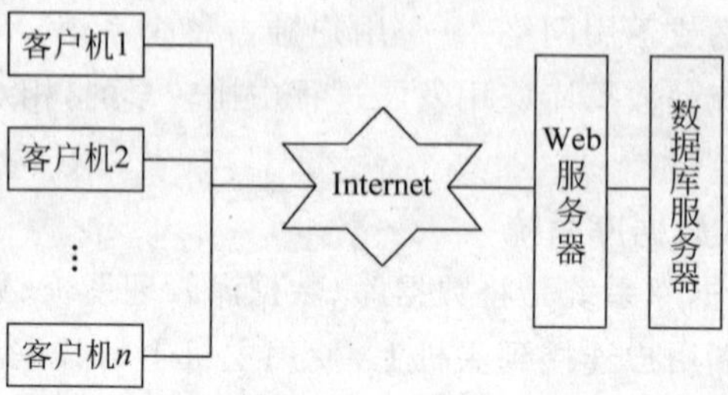

图 7.3　数据库系统的 B/S 架构

7.2.2　常用的数据库应用系统的开发工具

C/S 架构下常用的开发工具有：Visual C++，Visual C#，Visual Basic/Visual Basic. Net，Delphi，Java 等。

B/S 架构下常用的开发工具有：ASP，JSP，PHP，VBScript，JavaScript 等。

7.3 常用的数据库编程接口

高级语言编程访问数据库，一般需要各种 API(Application Programming Interface，应用程序编程接口)，这些接口也可以称为中间件。比较常用的接口有 ADO、ADO. NET、OLE DB、ODBC、JDBC 等，每种编程接口都可访问不同的数据库，且提供统一的格式和操作方法，在开发数据库应用系统时可根据不同情况选用不同的编程接口。

1. ODBC 接口

ODBC(Open DataBase Connectivity，开放数据库互连)是微软公司开放服务结构(WOSA(Windows Open Services Architecture))中有关数据库的一个组成部分，它建立了一组规范，并提供了一组对数据库访问的标准 API，这些 API 利用 SQL 来完成其大部分任务。ODBC 本身也提供了对 SQL 语言的支持，用户可以直接将 SQL 语句发送给 ODBC。一个基于 ODBC 的应用程序对数据库的操作不依赖任何 DBMS，不直接与 DBMS 打交道，所有的数据库操作由对应的 DBMS 的 ODBC API 完成，图 7.4 为其示意图。

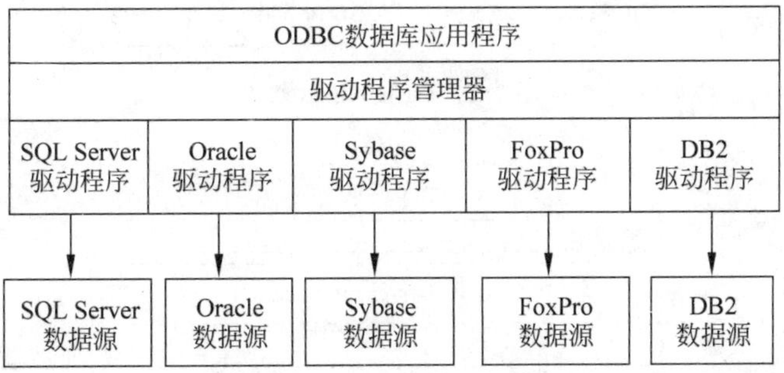

图 7.4 ODBC 示意图

2. OLE DB 接口

OLE(Object Link and Embed，对象连接与嵌入)是作为微软的组件对象模型(Component Object Model，COM)的一种设计，OLE DB 是一组读写数据的方法。OLE DB 中的对象主要包括数据源对象、阶段对象、命令对象和行组对象。OLE 不仅是桌面应用程序的集成，而且还定义和实现了一种允许应用程序作为软件“对象”(数据集合和操作数据的函数)彼此进行“连接”的机制，这种连接机制和协议称为部件对象模型，其示意图如图 7.5 所示。

OLE 是一种面向对象的技术，利用这种技术可以开发可重复使用的软件组件(COM)。

3. JDBC 接口

JDBC(Java DataBase Connectivity，Java 数据库连接)是一种用于执行 SQL 语句的 Java API，可以为多种关系数据库提供统一访问，它由一组用 Java 语言编写的类和接口组成。JDBC 提供了一种基准，据此可以构建更高级的工具和接口，使数据库开发人员能够编写数据库应用程序，其示意图如图 7.6 所示。

4. ADO 接口

ADO (ActiveX Data Objects，ActiveX 数据对象)是 Microsoft 提出的应用程序接口

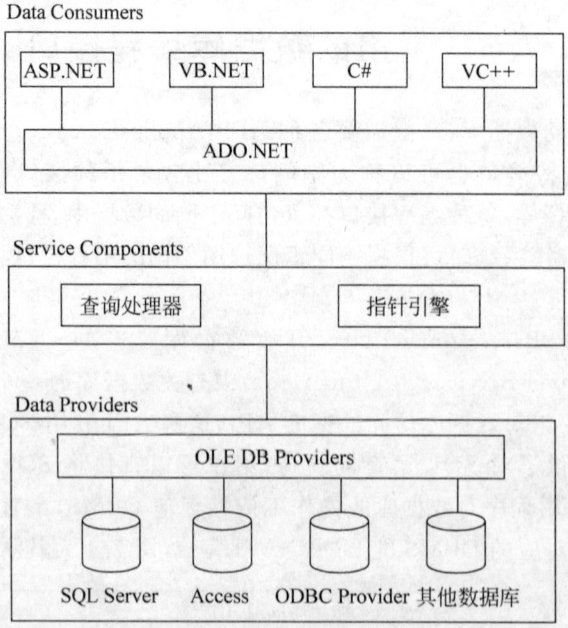

图 7.5　OLE DB 示意图

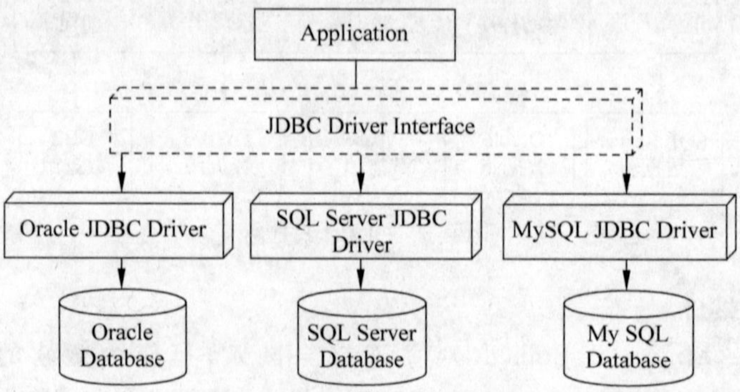

图 7.6　JDBC 接口示意图

(API)用以实现访问关系或非关系数据库中的数据。与 Microsoft 的其他系统接口一样，ADO 是面向对象的，它是 Microsoft 全局数据访问(UDA)的一部分。ADO 的一个重要特征是被称为远程数据服务的，支持网页中的数据相关的 ActiveX 控件和有效的客户端缓冲。作为 ActiveX 的一部分，ADO 也是 Microsoft 的组件对象模式(COM)的一部分，它的面向组件的框架用以将程序组装在一起。

ADO 是对当前 Microsoft 公司所支持的数据库进行操作的最有效和最简单直接的方法之一，它是一种功能强大的数据访问编程模式，从而使得大部分数据源可编程的属性得以直接扩展到 Active Server 页面上。可以使用 ADO 去编写紧凑简明的脚本以便连接到 ODBC 兼容的数据库和 OLE DB 兼容的数据源，这样 ASP 程序员就可以访问任何与 ODBC 兼容的数据库，包括 SQL Server、Access、Oracle 等。

开发人员在使用 ADO 时，其实就是在使用 OLE DB，不过 OLE DB 更加接近底层。ADO 的一项属性"远程数据服务"，支持"数据仓库"ActiveX 组件以及高效的客户端缓存。ADO 是由早期的微软数据接口——远程数据对象 RDO 演化而来的。RDO 同微软的 ODBC 一同连接关系数据库，不过不能连接非关系数据库。

ADO 是一种面向对象的编程接口，它提供了一个熟悉的、高层的对 OLE DB 的 Automation 封装接口。如同 RDO 对象是 ODBC 驱动程序接口一样，ADO 对象是 OLE DB 的接口；就如同各种不同的数据库系统需要它们自己的 ODBC 驱动程序一样，不同的数据源要求有它们自己的 OLE DB 提供者(OLE DB provider)，其示意图如图 7.7 所示。

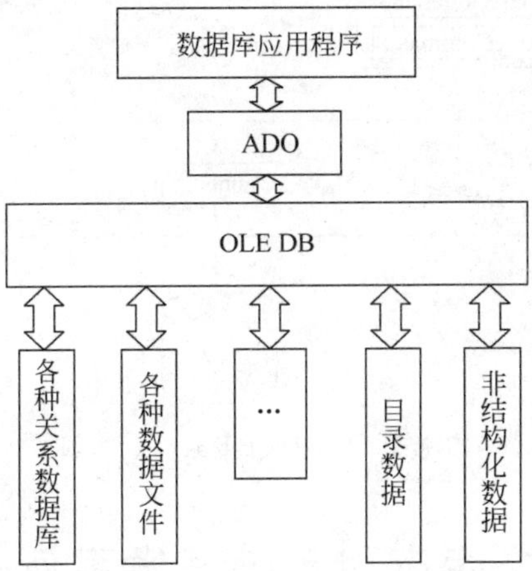

图 7.7　ADO 接口示意图

5. ADO.NET 接口

ADO.NET 的名称起源于 ADO，是一个 COM 组件库，用于在以往的 Microsoft 公司技术中访问数据。之所以使用 ADO.NET 名称，是因为 Microsoft 公司希望表明：这是在 NET 编程环境中优先使用的数据访问接口。

ADO.NET 可以让开发人员以统一的方式存取数据源(例如 SQL Server 与 XML)中的数据，以及通过 OLE DB 和 ODBC 所提供的数据源。

ADO.NET 可将管理的数据存取分成不连续的组件，这些组件可以分开使用，也可以串联使用，ADO.NET 也包含.NET Framework 数据提供者，以用于连接数据库、执行命令和撷取结果。这些结果会直接处理或放入 ADO.NET 的 DataSet 构件中以便利用机器操作的方式提供给使用者、与多个数据源的数据结合，或在各层之间进行传递。DataSet 构件也可以与.NET Framework 数据提供者分开使用，以便管理应用程序本机的数据或来自 XML 的数据。

ADO.NET 的类(Class)位于 System.Data.dll 中，而且会与 System.Xml.dll 中的 XML 类整合。ADO.NET 会提供最直接的方法，让开发人员在.NET Framework 中进行数据的存取。建议使用 ADO.NET 而非 ADO 来存取.NET 应用程序中的数据，其示意图如图 7.8 所示。

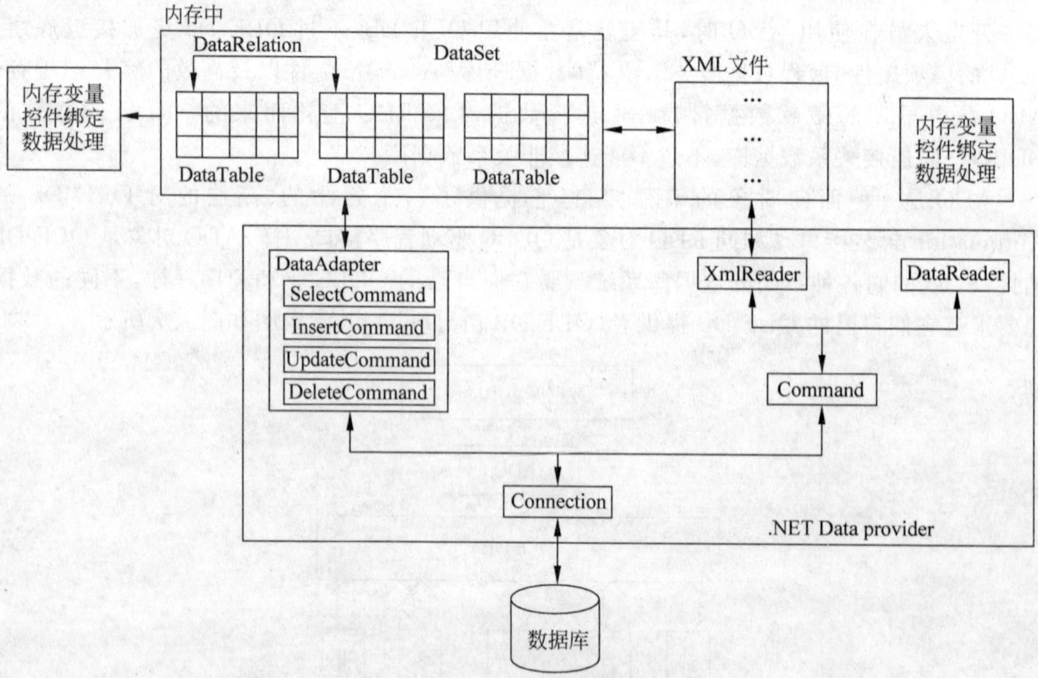

图 7.8　ADO.NET 架构示意图

7.4　数据库应用系统开发案例——学生成绩管理系统

为了提高学生学习和开发数据库系统的兴趣，本书模拟编写一个简易的、和学生较近的、学生比较容易理解和接受的“学生成绩管理系统”，后面通过 VB.NET 和 VC++Console 方式实现其简易功能。

7.4.1　后台数据库的设计

1. 数据库概念结构设计

本系统是一个简化版的 HUB 系统，HUB 系统是集学生注册、选课、教师成绩处理等于一体的系统。本系统只设有教务部门课程录入、排课信息录入，学生查课、选课和查成绩，教师查课和录入成绩等简单功能。相关联的实体有学院、教师、学生、课程、课堂 5 种实体。

有如下主要联系。

(1) 联系 1：聘用。

相联系实体：学院与教师。

联系方式：1∶n 联系。

(2) 联系 2：包含。

相联系实体：学院与学生。

联系方式：1∶n 联系。

(3) 联系 3：授课。

相联系实体：教师与课堂。

联系方式：1∶n 联系。

(4) 联系 4：开设。

相联系实体：学院与课程。

联系方式：1∶n 联系。

(5) 联系 5：安排。

相联系实体：课程与课堂。

联系方式：1∶n 联系。

相关的属性有：开课年份和开课学期。

(6) 联系 6：上课。

相联系实体：学生与课堂。

联系方式：m∶n 联系。

相关的属性有：成绩。

详细设计方法请参见第 2 章的数据库设计内容。

2. 数据库逻辑结构设计

根据概念设计的结果，可得出其关系数据表，如表 7.1～表 7.6 所示。

表 7.1　学院

字 段 名	数据类型	数据约束
学院编号	char(2)	PRIMARY KEY
学院名称	char(30)	NOT NULL
学院电话	char(12)	
学院地址	char(50)	

表 7.2　教师

字 段 名	数据类型	数据约束
教师编号	char(10)	PRIMARY KEY
姓名	char(20)	NOT NULL
性别	char(2)	
出生日期	date	
职称	char(20)	
学院编号	char(2)	NOT NULL FOREIGN KEY REFERENCES 学院(学院编号)
密码	char(20)	DEFAULT '123456'

表 7.3　学生

字 段 名	数据类型	数据约束
学号	char(10)	PRIMARY KEY
姓名	char(20)	NOT NULL
性别	char(2)	
籍贯	char(20)	
出生日期	date	

续表

字 段 名	数据类型	数据约束
专业班级	char(30)	NOT NULL
入学时间	date	
学制	int	NOT NULL DEFAULT 4
学院编号	char(2)	NOT NULL FOREIGN KEY REFERENCES 学院(学院编号)
密码	char(20)	DEFAULT '111'

表 7.4 课程

字 段 名	数据类型	数据约束
课程编号	char(8)	PRIMARY KEY
课程名称	varchar(50)	NOT NULL
学时数	int	NOT NULL
学分数	float	NOT NULL
课程性质	char(10)	NOT NULL DEFAULT '必修'
课程介绍	text	
学院编号	char(2)	NOT NULL FOREIGN KEY REFERENCES 学院(学院编号)

表 7.5 课堂

字 段 名	数据类型	数据约束
课堂编号	char(16)	PRIMARY KEY
课堂名称	varchar(50)	NOT NULL UNIQUE
开课年份	char(10)	NOT NULL
开课学期	char(2)	NOT NULL
教师编号	char(10)	NOT NULL FOREIGN KEY REFERENCES 教师(教师编号)
课程编号	char(8)	NOT NULL FOREIGN KEY REFERENCES 课程(课程编号)
班级列表	char(80)	
课堂状态	int	NOT NULL DEFAULT 0 说明：0-必修课，1-选修待选，2-选修已确认，3-已作废的选修课堂
最少开课人数	int	
最多开课人数	int	
成绩激活	int	NOT NULL DEFAULT 0 说明：0-没激活，1-已激活

表 7.6 选课成绩

字 段 名	数据类型	数据约束
学号	char(10)	FOREIGN KEY REFERENCES 学生(学号)
课堂编号	char(16)	NOT NULL FOREIGN KEY REFERENCES 课堂(课堂编号)
成绩	int	
		PRIMARY KEY (学号，课堂编号)

另外，还增加了表 7.7 和表 7.8。临时表主要用于存放选修课还未确认时的学生名单。系统状态表主要用于存放选修课报名的开始时间和结束时间。

表 7.7 临时

字 段 名	数 据 类 型	数 据 约 束
学号	char(10)	NOT NULL FOREIGN KEY REFERENCES 学生(学号)
课堂编号	char(16)	NOT NULL FOREIGN KEY REFERENCES 课堂(课堂编号)

表 7.8 系统状态

字 段 名	数 据 类 型	数 据 约 束
关键字	char(20)	PRIMARY KEY
值	char(20)	

7.4.2 应用系统功能规划与划分

本系统采用C/S架构来实现，可将系统功能划分为三部分：教务管理端、教师端和学生端。各端功能如下。

1) 教务管理端

(1) 添加/查询课程；

(2) 设置选课信息(例如设置开选时间、截止时间等)；

(3) 排课堂；

(4) 查看课堂选课情况并确定是否可开设；

(5) 查看成绩(以课堂为单位)；

(6) 查询教师/学生密码。

2) 教师端

(1) 查看自己的课堂和班级；

(2) 查看某课堂的学生名单；

(3) 录入/修改学生成绩；

(4) 激活某课堂成绩；

(5) 修改密码。

3) 学生端

(1) 查看自己的必修课的课堂情况；

(2) 查看选修课堂并选课；

(3) 查看自己的选修课的选课情况；

(4) 查看课程成绩；

(5) 修改密码。

7.4.3 数据库服务器的配置

为了使前台应用程序能够正确连到后台数据库，必须对服务器做相关配置。

1. 服务器配置

在对象资源管理器中的SQL Server服务器上右击，在快捷菜单中单击“属性”，见图7.9，在“服务器属性”对话框中，选择“安全性”页，选择“SQL Server和Windows身份验证模式”，见图7.10。选择“连接”页，勾选“允许远程连接到此服务器”，见图7.11。

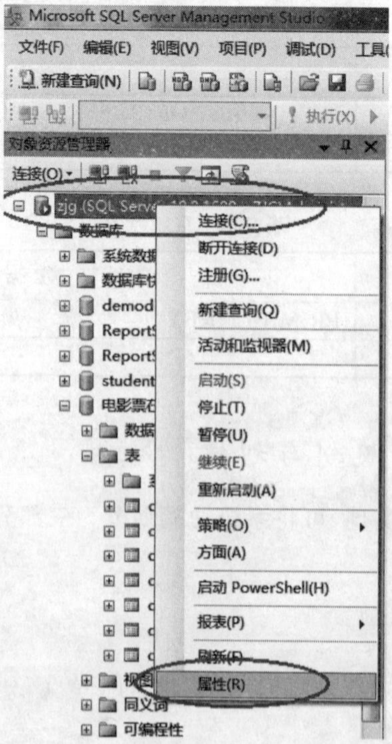

图 7.9　对象资源管理器 1

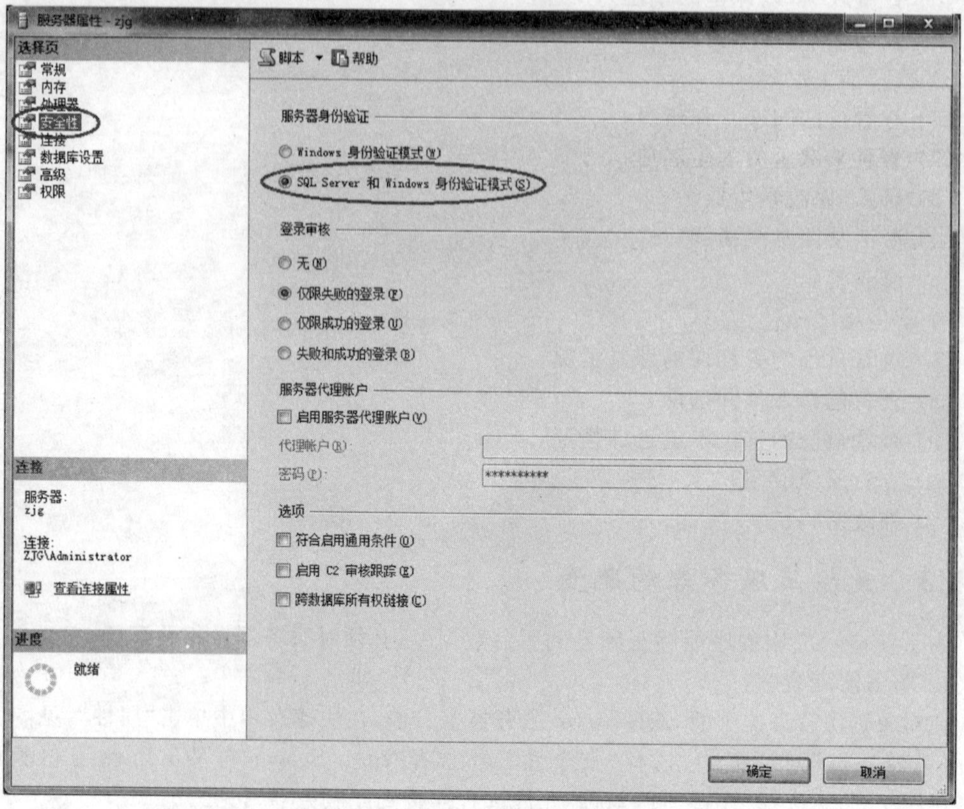

图 7.10　服务器属性 1

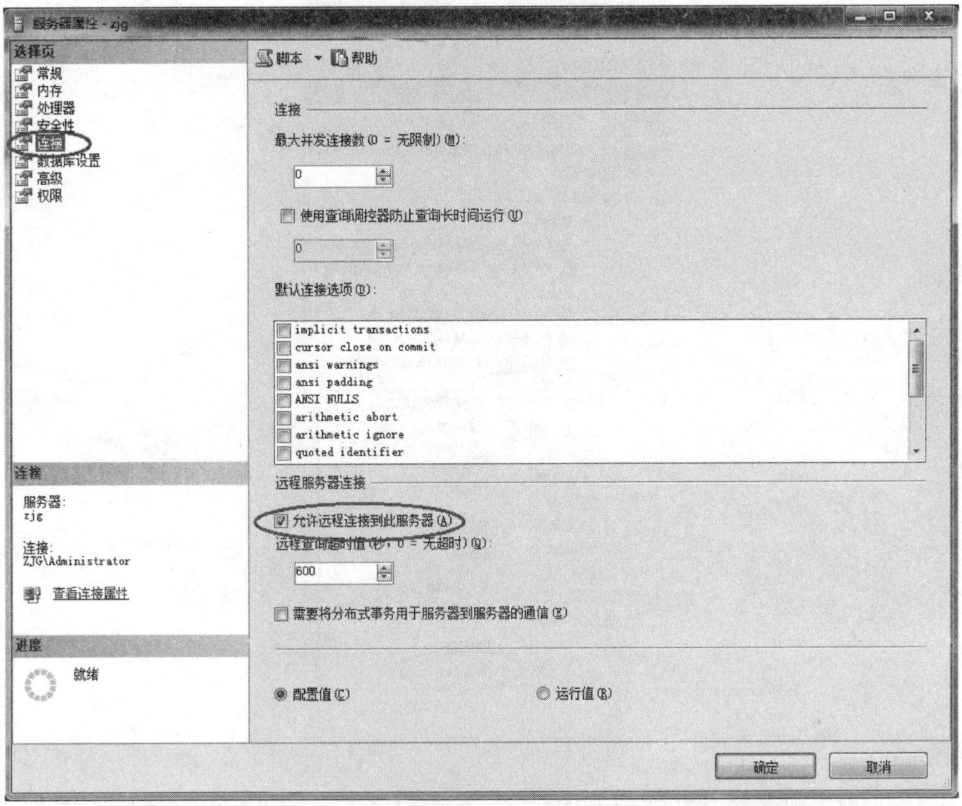

图 7.11　服务器属性 2

重新启动 SQL Server 服务，即可生效。

2. 设置或新建 SQL Server 登录名

SQL Server 可使用已有的登录名，如使用登录名 sa 登录，则只需更改一些设置即可；也可以新建一个登录名，如果是新建的登录名则必须为它设置操作该数据库的相应权限。

在对象资源管理器中展开“安全性”，展开“登录名”，在登录名 sa 上右击，在快捷菜单中单击“属性”，见图 7.12，在“登录属性”对话框中，选择“常规”页，在 SQL Server 身份验证下设置 sa 的登录密码，例如设置密码为 123，见图 7.13；选择“用户映射”页，在“映射到此登录名的用户”中勾选“学生成绩管理系统数据库”，后面的用户为 sa，见图 7.14，然后再在“状态”页中设置“是否允许连接到数据库引擎”为“授予”，“登录”为“启用”即可，见图 7.15。这样设置完成后一般都可使用 sa 登录名登录到服务器并连接到数据库。

3. SQL Server 的网络环境配置

如果是远程服务器，即通过 IP 地址与服务器建立连接，还需配置 SQL Server 的网络环境。在 SQL 配置工具中启动 SQL Server 配置管理器，将网络配置的 SQL Server 实例中的 TCP/IP 协议设为启用，见图 7.16，在协议上右击，在其属性中的某个 IP 地址要和本机的 IP 地址一致，且 TCP 端口号要为 1433，见图 7.17。

如果还无法连上服务器，则可配置服务器的防火墙，或将服务器的防火墙关闭。

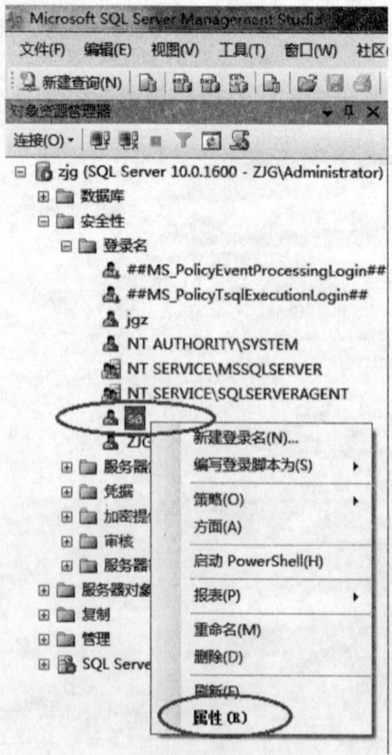

图 7.12　对象资源管理器 2

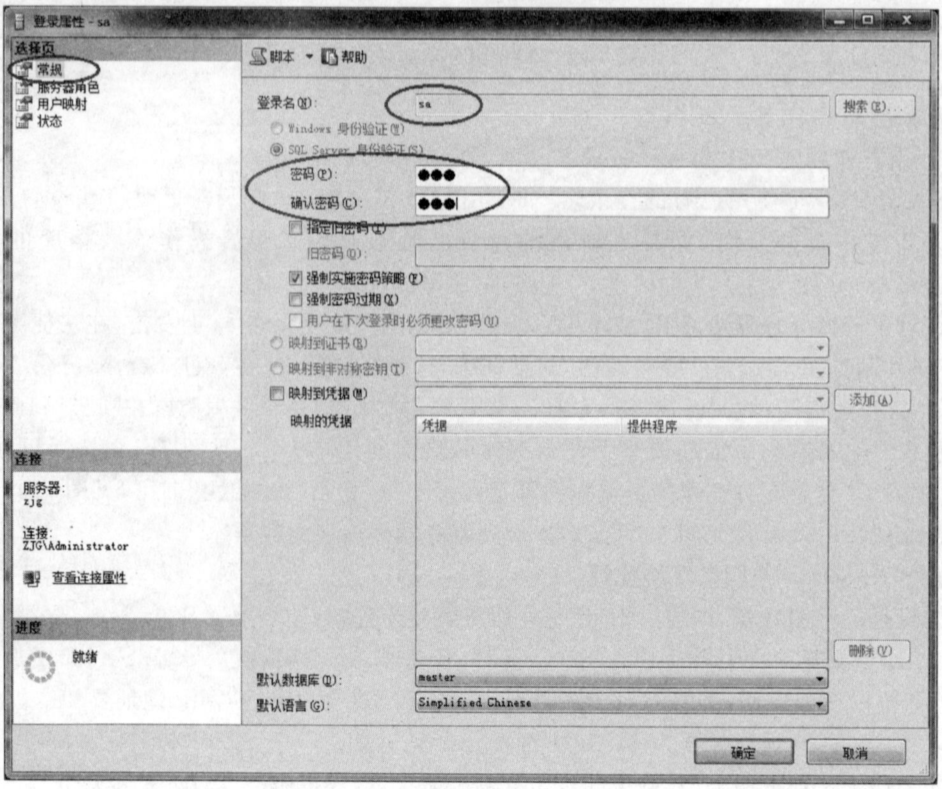

图 7.13　登录属性 1

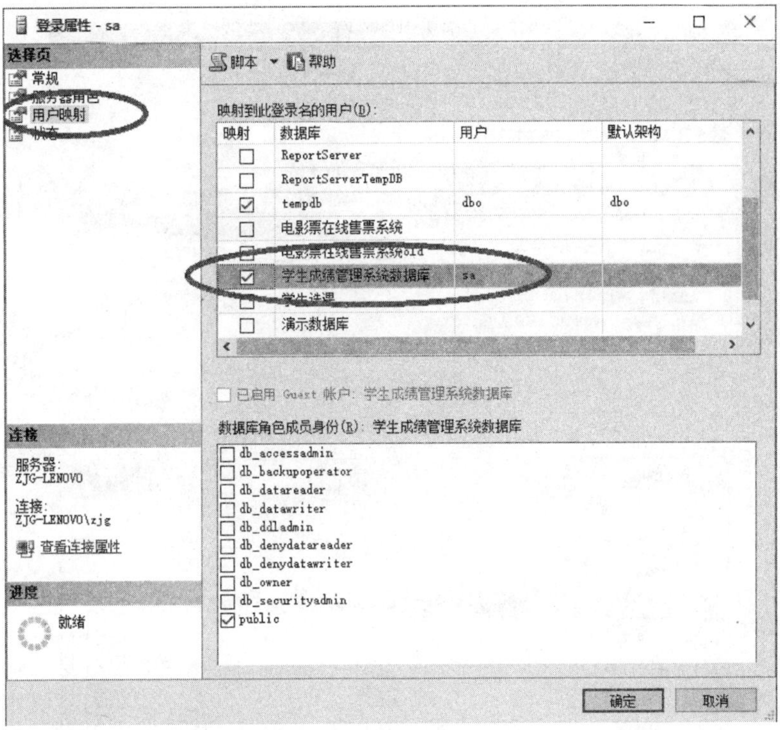

图 7.14　登录属性 2

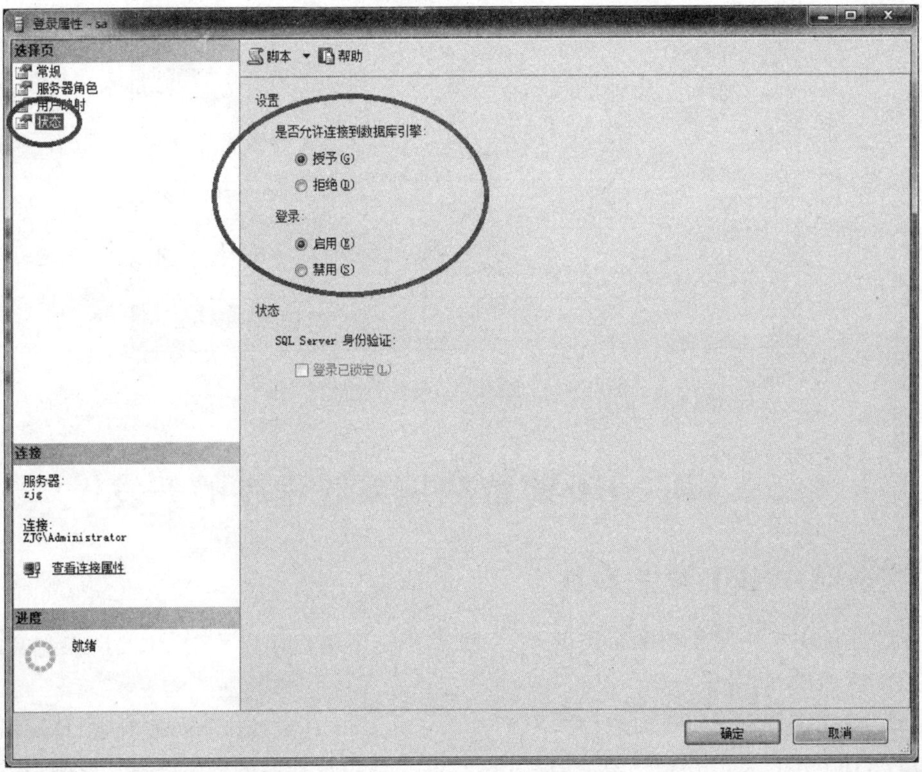

图 7.15　登录属性 3

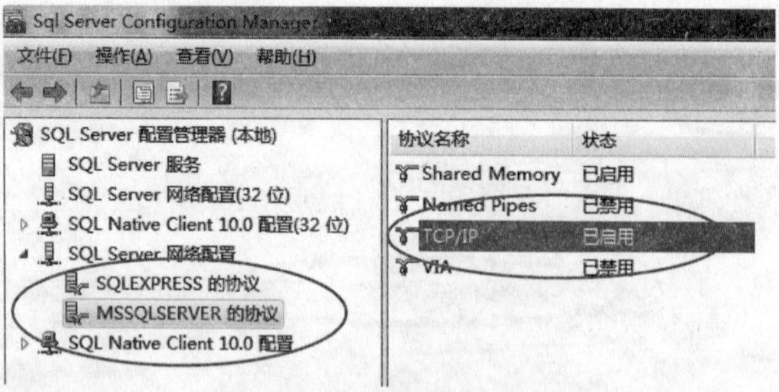

图 7.16 配置管理器

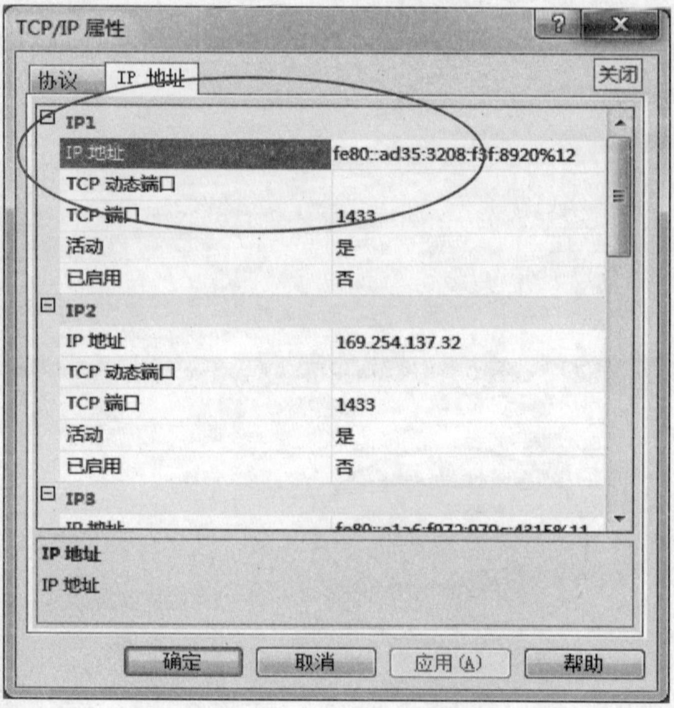

图 7.17 “TCP/IP 属性”对话框

7.5 VB. NET 前台应用系统程序的开发

7.5.1 ADO. NET 的基本操作

使用 VB. NET 开发数据库系统前台，一般需要使用编程接口 ADO. NET，参见 7.3 节。

1. ADO. NET 的对象介绍

ADO. NET 提供了 4 个核心对象，它们是 Connection 对象、Command 对象、DataAdapter 对象和 DataReader/XmlReader 对象，通过它们可实现对数据库的各种操作。

(1) Connection 对象：用于与指定的数据源连接，见表 7.9。

表 7.9 Connection 对象的主要属性和方法

项　目	名　称	功　能
属性	ConnectionString	获取或设置用于打开数据库的字符串
方法	Open()	打开与数据库的连接
	Close()	关闭与数据库的连接

(2) Command 对象：为其他对象的操作提供对数据的操作命令，见表 7.10。

表 7.10 Command 对象的主要属性和方法

项　目	名　称	功　能
属性	CommandText	获取或设置对数据源执行的 SQL 语句或存储过程
	CommandType	获取或设置一个值，指示如何解释 CommandText 属性
	Connection	获取或设置 Command 与数据源的 Connection 对象
方法	ExecuteNonQuery()	执行一个非查询的命令（如 INSERT、UPDATE、DELETE 以及存储过程）
	ExecuteReader()	将 CommandText 发送到 Connection 并生成一个 DataReader 对象
	ExecuteXmlReader()	将 CommandText 发送到 Connection 并生成一个 XmlReader 对象

(3) DataAdapter 对象：用从数据源中获取的数据向 DataSet 中填充并解析更新，见表 7.11。

表 7.11 DataAdapter 对象的主要属性和方法

项　目	名　称	功　能
属性	InsertCommand DeleteCommand UpdateCommand SelectCommand	指定向 DataAdapter 提交的各种命令
方法	Fill()	向数据库提交命令，并将执行结果填充到 DataSet 中

(4) DataReader/XmlReader 对象：以只读方式读取数据源中的数据或与 XML 格式的数据文件交互，见表 7.12。

表 7.12 DataReader/XmlReader 对象的主要属性和方法

项　目	名　称	功　能
属性	FieldCount	获取当前行中的列数
	HasRows	获取一个值，指示 DataReader 中包含一行或多行
	Item	获取以本机格式表示的列的值
方法	GetName()	获取指定列的名字
	Read()	使 DataReader 前进到下一跳记录
	Close()	关闭 DataReader 对象

2. ADO.NET的使用方法

在VB.NET中使用ADO.NET，其后台数据库为SQL Server时，首先必须在窗体模块或通用模块之外引入相应的命名空间，格式为：

```
Imports System.Data
Imports System.Data.SqlClient
```

然后才可使用ADO.NET。这里需要说明的是，因为数据库是SQL Server，引入的命名空间是SqlClient，所以在程序中的各个ADO.NET对象名前都需加Sql，如连接对象为SqlConnection等。

ADO.NET的使用主要有如下三个步骤。

(1) 连接数据库。

ADO.NET与SQL Server数据库的连接需要定义一个SqlConnection的连接对象：

```
Dim myConn As New SqlConnection
```

或

```
Public myConn As New SqlConnection
```

注意：是使用Dim定义还是使用Public定义要看其对象的作用范围来决定，以下各对象或变量的定义均是如此。

定义一个字符串变量，格式为：

```
Dim sqlStr As String
```

设置连接字符串，格式为：

```
sqlStr = "Data Source = localhost 或者服务器的 IP 地址;Initial Catalog = 数据库名;Integrated
    Security = False;User ID = 用户名;Pwd = 密码"
```

例如：

```
sqlStr = "Data Source = localhost"
sqlStr &= ";Initial Catalog = 学生成绩管理系统数据库"
sqlStr &= ";Integrated Security = False"
sqlStr &= ";User ID = sa"
sqlStr &= ";Pwd = 123"
```

将连接字符串赋给连接对象myConn的ConnectionString属性，例如：

```
myConn.ConnectionString = sqlStr
```

最后使用连接对象myConn的Open方法即可连接到数据库，例如：

```
myConn.Open()
```

(2) 操作数据库数据。

可通过如下方式操作数据库数据。

① 通过DataSet操作数据库数据。

DataSet是内存中的一块区域，其中包括各种数据表及其关联关系。可以在其中创建数据表和关系，也可读取数据库中的数据填充到DataSet中生成数据表，当然也可将

DataSet 中的数据写回到数据库中,它就是内存中的数据库。通过 DataSet 操作数据库是一种比较常用的方法。

定义 DataAdapter 对象、DataSet 对象和 Command 对象的方法为:

```
Dim myAdapter As New SqlDataAdapter
Dim myDataSet As New DataSet
Dim selectCmd As New SqlCommand
```

设计查询命令,例如:

```
sqlStr = "SELECT * FROM 教师"
```

设置 Command 对象属性,格式为:

```
selectCmd.CommandText = sqlStr
selectCmd.Connection = myConn
```

设置 DataAdapter 对象属性,格式为:

```
myAdapter.SelectCommand = selectCmd
```

执行 DataAdapter 对象并将查询结果填充到 DataSet 中,并命名为 jsb:

```
myAdapter.Fill(myDataSet, "jsb")
```

这时 myDataSet.Tables("jsb")即为 DataSet 中的一个数据表。

为了使用方便,还可通过数据表对象来使用 DataSet 中的数据表,这时需先定义一个数据表对象,并指向 DataSet 中的数据表:

```
DimjsTable As New DataTable
jsTable = myDataSet.Tables("jsb")
```

然后就可以对数据表中的数据进行添加、修改和删除操作,最后再写回到数据库中。

② 通过 DataReader 对象操作只读数据。

DataReader 也是内存中的一块区域,其中包括一个数据表的数据和结构,可对它采用顺序读取的方法进行操作。

定义 DataReader 对象和 Command 对象的方法为:

```
Dim myDataReader As SqlDataReader
Dim selectCmd As New SqlCommand
```

设计查询命令,例如:

```
sqlStr = "SELECT * FROM 教师"
```

设置 Command 对象属性,格式为:

```
selectCmd.CommandText = sqlStr
selectCmd.Connection = myConn
```

运行 Command 对象的 ExecuteReader()方法,得到结果集(在内存中)并将 myDataReader 指向此结果集。如:

```
myDataReader = selectCmd .ExecuteReader()
```

此结果集也可称游标，可以逐行逐个字段读取游标中的数据并显示出来。例如：

```
Dim i, j As Integer
Label1.Text = ""
For i = 0 To myDataReader.FieldCount - 1
    Label1.Text &= myDataReader.GetName(i) & "  "
Next
Do While (myDataReader.Read())
    Label1.Text &= vbCrLf
    For j = 0 To myDataReader.FieldCount - 1
        Label1.Text &= myDataReader.GetValue(j) & "  "
    Next
Loop
```

最后关闭 myDataReader，格式为：

```
myDataReader.Close()
```

③ 还可直接对数据库进行 INSERT、UPDATE、DELETE 操作。

定义 Command 对象的方法为：

```
Dim sqlCmd As New SqlCommand
```

设计 INSERT、UPDATE、DELETE 操作命令，例如：

```
updateCmd = "UPDATE 选课成绩 "
updateCmd &= "SET 成绩 = " & cj
updateCmd &= " WHERE 学号 = '" & xh & "'"
updateCmd &= "  AND 课堂编号 = '" & ktbh & "'"
```

设置 Command 对象属性，例如：

```
sqlCmd.CommandText = updateCmd
sqlCmd.Connection = myConn
```

运行 Command 对象的 ExecuteNonQuery()方法，如：

```
sqlCmd.ExecuteNonQuery()
```

即可完成相应操作。

(3) 关闭数据库连接。

关闭数据库连接可使用连接对象 myConn 的 Close 方法，如：

```
myConn.Close()
```

即可关闭与数据库的连接。

7.5.2 数据库数据与相关控件的绑定

将数据库中的数据与某些控件绑定是为了显示和操作数据，一般有如下三类控件可用于数据的绑定。

1. 将 DataSet 中的某个数据表整个绑定到控件上

可用控件：DataGridView。

格式为：

```
控件对象名.DataSource = 数据源
控件对象名.DataMember = 数据成员
```

数据源：可以是 DataSet、DataView、DataTable。

数据成员：数据表。

例如：

```
DataGridView1.DataSource = myDataSet
DataGridView1.DataMember = "jsb"
```

也可合二为一，例如：

```
DataGridView1.DataSource = myDataSet.Tables("jsb")
```

2. 只将数据表中的某一列绑定到控件上

可用控件：ComboBox、ListBox 等。

格式为：

```
控件对象名.DataSource = 数据源
控件对象名.DisplayMember = 数据成员
```

数据源：可以是 DataSet、DataView、DataTable。

数据成员：数据表中的字段。

例如：

```
ComboBox1.DataSource = myDataSet
ComboBox1.DataMember = "jsb.姓名"
```

3. 一次只能绑定当前记录的某个字段的值到控件上

可用控件：Label、TextBox、Button、CheckBox、RadioButton 等。

格式为：

```
控件对象名.DataBindings.Add("属性","数据源","数据成员")
```

属性：制定所要绑定的控件属性。

数据源：可以是 DataSet、DataView、DataTable。

数据成员：数据表中的字段。

例如：

```
TextBox1.DataBindings.Add("Text",myDataSet, "jsb.姓名")
```

7.5.3 学生成绩管理系统 VB.NET 的实现

1. 教务管理端设计

教务管理端具有如下功能：①添加/查询课程；②设置选课信息(例如设置开选时间、截止时间等)；③排课堂；④查看课堂选课情况并确定是否可开设；⑤查看成绩(以课堂为单位)；⑥查询教师/学生密码。通过一个主工作界面即父窗口和相应的子窗口用菜单关联来完成各种功能。主工作界面如图 7.18～图 7.21 所示。

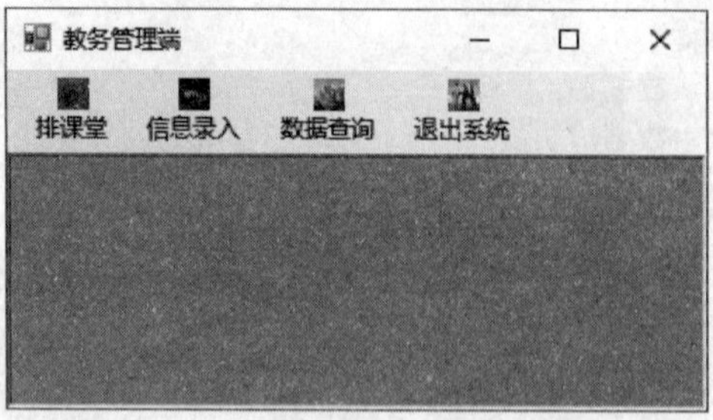

图 7.18　主界面

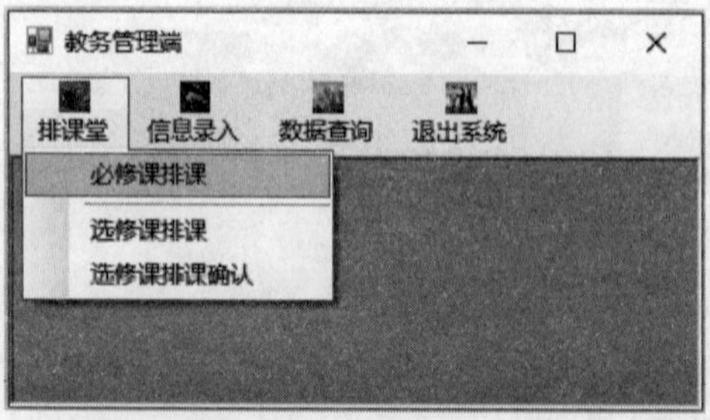

图 7.19　排课菜单

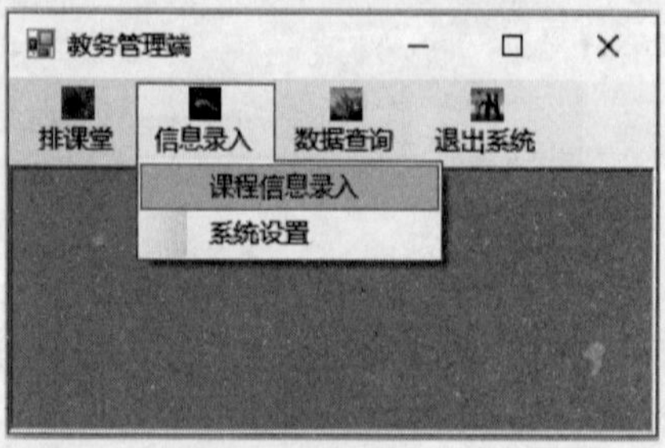

图 7.20　数据录入菜单

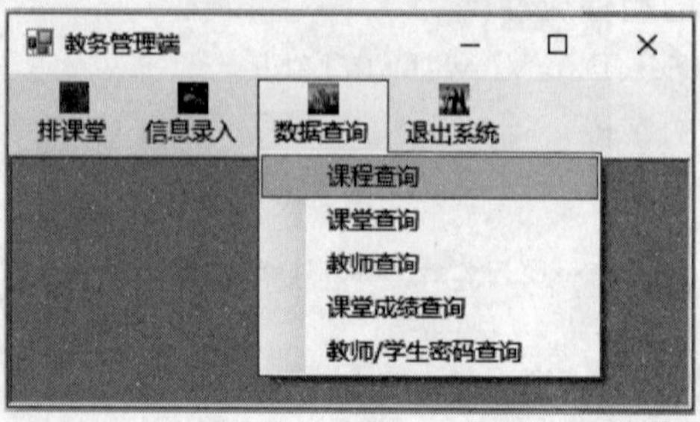

图 7.21　数据查询菜单

主界面代码如下：

```
Private Sub Form1_Load(ByVal sender As Object, ByVal e As System.EventArgs) Handles Me.Load
    Dim ConnStr As String
```

```
        ConnStr  = "Data Source = localhost"
        ConnStr &= ";Initial Catalog = 学生成绩管理系统数据库"
        ConnStr &= ";Integrated Security = False"
        ConnStr &= ";User ID = sa"
        ConnStr &= ";Pwd = 123"
        myConn.ConnectionString = ConnStr
        Try
            myConn.Open()
        Catch
            MsgBox("连接数据库错误!", 0 + 16)
            End
        End Try
    End Sub
    Private Sub 退出系统 ToolStripMenuItem_Click(ByVal sender As System.Object, ByVal e As System.
    EventArgs) Handles 退出系统 ToolStripMenuItem.Click
        myConn.Close()
        End
    End Sub
    Private Sub 教师学生密码查询 ToolStripMenuItem_Click(sender As System.Object, e As System.
    EventArgs) Handles 教师学生密码查询 ToolStripMenuItem.Click
        Form5.MdiParent = Me
        Form5.WindowState = System.Windows.Forms.FormWindowState.Maximized
        Form5.Show()
    End Sub
    Private Sub 课堂查询 ToolStripMenuItem_Click(sender As System.Object, e As System.EventArgs)
    Handles 课堂查询 ToolStripMenuItem.Click
        Form3.MdiParent = Me
        Form3.WindowState = System.Windows.Forms.FormWindowState.Maximized
        Form3.Show()
    End Sub
    Private Sub 课程信息录入 ToolStripMenuItem_Click(sender As System.Object, e As System.
    EventArgs) Handles 课程信息录入 ToolStripMenuItem.Click
        Form4.MdiParent = Me
        Form4.WindowState = System.Windows.Forms.FormWindowState.Maximized
        Form4.Show()
    End Sub
    Private Sub 必修课排课 ToolStripMenuItem_Click(sender As System.Object, e As System.
    EventArgs) Handles 必修课排课 ToolStripMenuItem.Click
        Form2.MdiParent = Me
        Form2.WindowState = System.Windows.Forms.FormWindowState.Maximized
        Form2.Show()
    End Sub
    Private Sub 课程查询 ToolStripMenuItem_Click(sender As System.Object, e As System.EventArgs)
    Handles 课程查询 ToolStripMenuItem.Click
        Form6.MdiParent = Me
        Form6.WindowState = System.Windows.Forms.FormWindowState.Maximized
        Form6.Show()
    End Sub
    Private Sub 选修课排课 ToolStripMenuItem_Click(sender As System.Object, e As System.
    EventArgs) Handles 选修课排课 ToolStripMenuItem.Click
        Form7.MdiParent = Me
```

```
        Form7.WindowState = System.Windows.Forms.FormWindowState.Maximized
        Form7.Show()
    End Sub
    Private Sub 教师查询 ToolStripMenuItem_Click(sender As System.Object, e As System.EventArgs)
    Handles 教师查询 ToolStripMenuItem.Click
        Form8.MdiParent = Me
        Form8.WindowState = System.Windows.Forms.FormWindowState.Maximized
        Form8.Show()
    End Sub
    Private Sub 系统设置 ToolStripMenuItem_Click(sender As System.Object, e As System.EventArgs)
    Handles 系统设置 ToolStripMenuItem.Click
        Form9.MdiParent = Me
        Form9.WindowState = System.Windows.Forms.FormWindowState.Maximized
        Form9.Show()
    End Sub
    Private Sub 选修课排课确认 ToolStripMenuItem_Click(sender As System.Object, e As System.
    EventArgs) Handles 选修课排课确认 ToolStripMenuItem.Click
        Form10.MdiParent = Me
        Form10.WindowState = System.Windows.Forms.FormWindowState.Maximized
        Form10.Show()
    End Sub
    Private Sub 密码 ToolStripMenuItem_Click(sender As System.Object, e As System.EventArgs)
    Handles 密码 ToolStripMenuItem.Click
        Form11.MdiParent = Me
        Form11.WindowState = System.Windows.Forms.FormWindowState.Maximized
        Form11.Show()
    End Sub
```

必修课排课功能界面如图 7.22 所示。

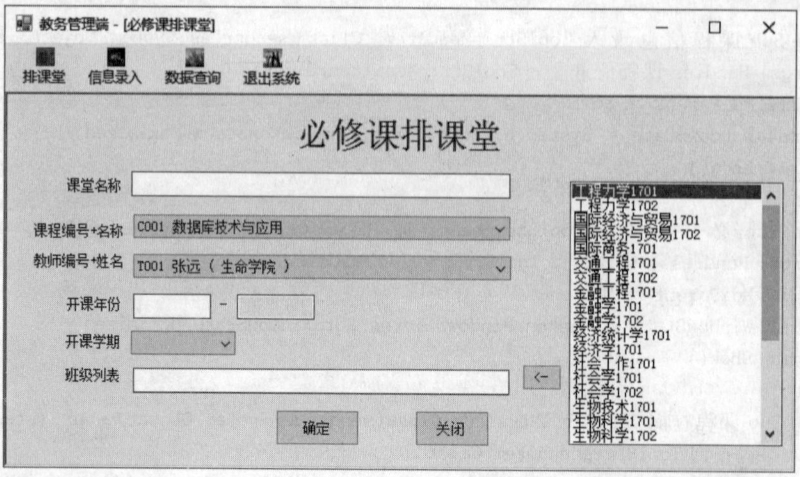

图 7.22 “必修课排课堂”界面

其代码如下：

```
Public Class Form2
    Dim kc2Table, js2Table, bj2Table, kts2Table, ktm2Table As New DataTable
```

```
    Private Sub Form2_Load(ByVal sender As System.Object, ByVal e As System.EventArgs) Handles MyBase.Load
        sqlStr = "select 课程编号,rtrim(课程编号) + ' ' + rtrim(课程名称) as aa from 课程 where 课程性质 = '必修'"
        sqlCmd.CommandText = sqlStr
        sqlCmd.Connection = myConn
        myAdapter.SelectCommand = sqlCmd
        myAdapter.Fill(myDataSet, "kc2b")
        kc2Table = myDataSet.Tables("kc2b")
        ComboBox1.DataSource = kc2Table
        ComboBox1.DisplayMember = kc2Table.Columns("aa").ToString
        sqlStr = "select 教师编号,rtrim(教师编号) + ' ' + rtrim(姓名) + '(' + rtrim(学院名称) + ')' as bb from 教师 inner join 学院 on 教师.学院编号 = 学院.学院编号"
        sqlCmd.CommandText = sqlStr
        sqlCmd.Connection = myConn
        myAdapter.SelectCommand = sqlCmd
        myAdapter.Fill(myDataSet, "js2b")
        js2Table = myDataSet.Tables("js2b")
        ComboBox2.DataSource = js2Table
        ComboBox2.DisplayMember = js2Table.Columns("bb").ToString
        sqlStr = "select distinct 专业班级 from 学生 order by 专业班级"
        sqlCmd.CommandText = sqlStr
        sqlCmd.Connection = myConn
        myAdapter.SelectCommand = sqlCmd
        myAdapter.Fill(myDataSet, "bj2b")
        bj2Table = myDataSet.Tables("bj2b")
        ListBox1.DataSource = bj2Table
        ListBox1.DisplayMember = bj2Table.Columns("专业班级").ToString
    End Sub
    Private Sub Button1_Click(ByVal sender As System.Object, ByVal e As System.EventArgs) Handles Button1.Click
        If TextBox4.Text.Trim() <> "" Then
            TextBox4.Text &= ","
        End If
        TextBox4.Text &= ListBox1.Text.Trim
    End Sub
    Private Sub Button2_Click(ByVal sender As System.Object, ByVal e As System.EventArgs) Handles Button2.Click
        Dim insertCmd, ktbh, ss1, ss2 As String
        If TextBox1.Text.Trim = "" Then
            MsgBox("必须给定课堂名称!")
            Exit Sub
        End If
        ktm2Table.Clear()
        sqlStr = "select 课堂名称  from 课堂 where 课堂名称 = '" & TextBox1.Text.Trim & "'"
        sqlCmd.CommandText = sqlStr
        sqlCmd.Connection = myConn
        myAdapter.SelectCommand = sqlCmd
        myAdapter.Fill(myDataSet, "ktm7b")
        ktm2Table = myDataSet.Tables("ktm7b")
        If ktm2Table.Rows.Count > 0 Then
```

```
            MsgBox("课堂名称有重复的,请换一个名称!")
            Exit Sub
        End If
        If TextBox2.Text.Trim = "" Or TextBox3.Text.Trim = "" Then
            MsgBox("必须给定开课年份!")
            Exit Sub
        End If
        If ComboBox3.Text.Trim = "" Then
            MsgBox("必须给定开课学期!")
            Exit Sub
        End If
        If TextBox4.Text.Trim = "" Then
            MsgBox("必须给定班级!")
            Exit Sub
        End If
        kts2Table.Clear()
        ss1 = TextBox2.Text.Trim() & "-" & TextBox3.Text.Trim()
        ss2 = ComboBox3.Text.Trim()
        sqlStr = "select count(*) as 课堂数 from 课堂 where 开课年份='" & ss1 & "' and 开课
学期='" & ss2 & "'"
        sqlCmd.CommandText = sqlStr
        sqlCmd.Connection = myConn
        myAdapter.SelectCommand = sqlCmd
        myAdapter.Fill(myDataSet, "kts2b")
        kts2Table = myDataSet.Tables("kts2b")
        ktbh = ss1
        If ss2 = "一" Then
            ktbh &= "-1"
        Else
            ktbh &= "-2"
        End If
        ktbh &= "-A" & String.Format("{0:000}", kts2Table.Rows(0)(0).ToString + 1)
        insertCmd = "Insert into 课堂 (课堂编号,课堂名称,开课年份,开课学期,教师编号,课
程编号,班级列表) Values ('"
        insertCmd &= ktbh & "','"
        insertCmd &= TextBox1.Text.Trim() & "','"
        insertCmd &= ss1 & "','"
        insertCmd &= ComboBox3.Text.Trim() & "','"
        insertCmd &= js2Table.Rows(ComboBox2.SelectedIndex)("教师编号") & "','"
        insertCmd &= kc2Table.Rows(ComboBox1.SelectedIndex)("课程编号") & "','"
        insertCmd &= TextBox4.Text.Trim() & "'"
        insertCmd &= ")"
        sqlCmd.CommandText = insertCmd
        sqlCmd.Connection = myConn
        sqlCmd.ExecuteNonQuery()
        insertCmd = "Insert into 选课成绩 (学号,课堂编号) "
        insertCmd &= "select 学号,'"
        insertCmd &= ktbh & "'"
        insertCmd &= " from 学生 where  charindex(rtrim(专业班级),'" & TextBox4.Text.
Trim() & "')>0"
        sqlCmd.CommandText = insertCmd
```

```
        sqlCmd.Connection = myConn
        sqlCmd.ExecuteNonQuery()
        TextBox1.Clear()
        TextBox2.Clear()
        TextBox3.Clear()
        TextBox4.Clear()
        TextBox1.Focus()
    End Sub
    Private Sub Button3_Click(ByVal sender As System.Object, ByVal e As System.EventArgs)
Handles Button3.Click
        kc2Table.Clear()
        js2Table.Clear()
        bj2Table.Clear()
        kts2Table.Clear()
        ktm2Table.Clear()
        Me.Close()
    End Sub
    Private Sub TextBox2_TextChanged(ByVal sender As System.Object, ByVal e As System.
EventArgs) Handles TextBox2.TextChanged
        TextBox3.Text = Val(TextBox2.Text) + 1
    End Sub
End Class
```

2. 教师端设计

教师端具有如下功能：①查看自己的课堂和班级；②查看某课堂的学生名单；③录入/修改学生成绩；④激活某课堂成绩；⑤修改密码。教师需首先登录才能使用该系统，其登录界面如图 7.23 所示。

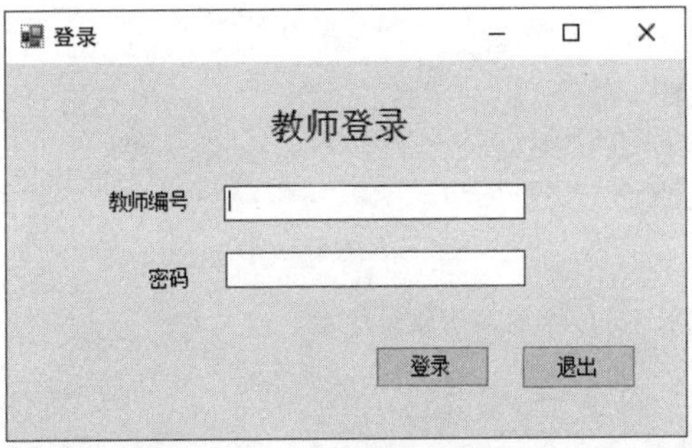

图 7.23 教师登录界面

代码如下：

```
Public Class Form1
    Dim mm1Table As New DataTable
    Private Sub Form1_Load(ByVal sender As System.Object, ByVal e As System.EventArgs) Handles
MyBase.Load
        Dim ConnStr As String
        ConnStr = "Data Source = localhost"
        ConnStr &= ";Initial Catalog = 学生成绩管理系统数据库"
        ConnStr &= ";Integrated Security = False"
        ConnStr &= ";User ID = sa"
```

```
        ConnStr &= ";Pwd=123"
        myConn.ConnectionString = ConnStr
        Try
            myConn.Open()
        Catch
            MsgBox("连接数据库错误!", 0 + 16)
            End
        End Try
    End Sub
    Private Sub Button1_Click(ByVal sender As System.Object, ByVal e As System.EventArgs)
Handles Button1.Click
        Static c As Integer = 0
        sqlStr = "select 密码 from 教师 where 教师编号 = '" & TextBox1.Text.Trim & "'"
        sqlCmd.CommandText = sqlStr
        sqlCmd.Connection = myConn
        myAdapter.SelectCommand = sqlCmd
        myAdapter.Fill(myDataSet, "mm1b")
        mm1Table = myDataSet.Tables("mm1b")
        If mm1Table.Rows.Count > 0 Then
            If mm1Table.Rows(0)("密码").ToString.Trim = TextBox2.Text.Trim Then
                jsbh = TextBox1.Text.Trim
                mm = TextBox2.Text.Trim
                Me.Hide()
                Form2.Show()
            Else
                MsgBox("密码错误!")
                c = c + 1
                If c > 3 Then
                    myConn.Close()
                    End
                End If
                TextBox2.Clear()
                TextBox2.Focus()
            End If
        Else
            MsgBox("对不起,你不在本系统中!")
        End If
    End Sub
    Private Sub Button2_Click(ByVal sender As System.Object, ByVal e As System.EventArgs)
Handles Button2.Click
        myConn.Close()
        End
    End Sub
    Private Sub TextBox1_KeyPress(sender As Object, e As System.Windows.Forms.
KeyPressEventArgs) Handles TextBox1.KeyPress
        If e.KeyChar = Chr(13) Then
            TextBox2.Focus()
        End If
    End Sub
    Private Sub TextBox2_KeyPress(sender As Object, e As System.Windows.Forms.
KeyPressEventArgs) Handles TextBox2.KeyPress
```

```
        If e.KeyChar = Chr(13) Then
            Button1.Focus()
        End If
    End Sub
End Class
```

当登录成功后进入到教师端主界面，如图 7.24 所示。首先选择年度和学期，再选择课堂名称，确定后显示课堂列表和课程名称以及学生名单，此时可录入或修改成绩，录入或修改完毕后单击“修改确认”按钮，最后单击“激活成绩”按钮后学生才可看到成绩。

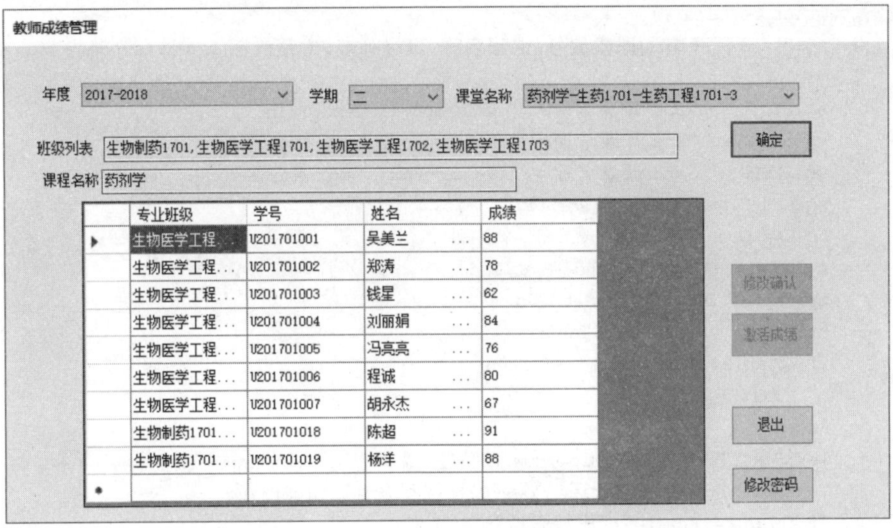

图 7.24　教师端主界面

代码如下：

```
Public Class Form2
    Dim ktTable1, ktTable2, ktTable3, ktTable4, cjTable, kcTable As New DataTable
    Private Sub Form2_Load(ByVal sender As System.Object, ByVal e As System.EventArgs) Handles
MyBase.Load
        sqlStr = "select distinct 开课年份 from 课堂 where 教师编号 = '" & jsbh & "'"
        sqlCmd.CommandText = sqlStr
        sqlCmd.Connection = myConn
        myAdapter.SelectCommand = sqlCmd
        myAdapter.Fill(myDataSet, "ktb")
        ktTable1 = myDataSet.Tables("ktb")
        ComboBox1.DataSource = ktTable1
        ComboBox1.DisplayMember = ktTable1.Columns("开课年份").ToString
        ComboBox2.Text = "一"
        Button3.Enabled = False
        Button4.Enabled = False
    End Sub
    Private Sub Button1_Click(ByVal sender As System.Object, ByVal e As System.EventArgs)
Handles Button1.Click
        If ComboBox1.Text.Trim = "" Then
            MsgBox("选择年度!")
```

```
            Exit Sub
        End If
        If ComboBox2.Text.Trim = "" Then
            MsgBox("选择学期!")
            Exit Sub
        End If
        If ComboBox3.Text.Trim = "" Then
            MsgBox("选择课堂名称!")
            Exit Sub
        End If
        ktTable4.Clear()
        sqlStr = "select 课堂编号,课程名称,班级列表,成绩激活 from view_课堂 where 教师编
号='" & jsbh
        sqlStr &= "' and 开课年份='" & ComboBox1.Text.Trim
        sqlStr &= "' and 开课学期='" & ComboBox2.Text.Trim
        sqlStr &= "' and 课堂名称='" & ComboBox3.Text.Trim & "'"
        sqlCmd.CommandText = sqlStr
        sqlCmd.Connection = myConn
        myAdapter.SelectCommand = sqlCmd
        myAdapter.Fill(myDataSet, "ktb4")
        ktTable4 = myDataSet.Tables("ktb4")
        If ktTable4.Rows.Count = 0 Then
            Exit Sub
        End If
        TextBox1.Text = ktTable4.Rows(0)("班级列表").ToString
        TextBox2.Text = ktTable4.Rows(0)("课程名称").ToString
        If ktTable4.Rows(0)("成绩激活") = 1 Then
            DataGridView1.ReadOnly = True
            Button3.Enabled = False
            Button4.Enabled = False
        Else
            DataGridView1.ReadOnly = False
            Button3.Enabled = True
            Button4.Enabled = True
        End If
        cjTable.Clear()
        sqlStr = "select 专业班级,学号,姓名,成绩 from view_成绩 where 课堂编号='" &
ktTable4.Rows(0)("课堂编号") & "' order by 专业班级,学号"
        sqlCmd.CommandText = sqlStr
        sqlCmd.Connection = myConn
        myAdapter.SelectCommand = sqlCmd
        myAdapter.Fill(myDataSet, "cjb")
        cjTable = myDataSet.Tables("cjb")
        DataGridView1.DataSource = cjTable
        DataGridView1.Columns("专业班级").ReadOnly = True
        DataGridView1.Columns("学号").ReadOnly = True
        DataGridView1.Columns("姓名").ReadOnly = True
    End Sub
    Private Sub Button2_Click(ByVal sender As System.Object, ByVal e As System.EventArgs)
Handles Button2.Click
        myConn.Close()
```

```
        End
    End Sub
    Private Sub Button3_Click(ByVal sender As System.Object, ByVal e As System.EventArgs)
Handles Button3.Click
        Dim updateCmd As String
        Dim i As Integer
        sqlCmd.Connection = myConn
        For i = 0 To cjTable.Rows.Count - 1
            updateCmd = "Update 选课成绩 set 成绩 = " & cjTable.Rows(i)("成绩")
            updateCmd &= " where 学号 = '" & cjTable.Rows(i)("学号").ToString.Trim & "'"
            updateCmd &= " and 课堂编号 = '" & ktTable4.Rows(0)("课堂编号").ToString.Trim & "'"
            sqlCmd.CommandText = updateCmd
            sqlCmd.ExecuteNonQuery()
        Next
    End Sub
    Private Sub Button4_Click(sender As System.Object, e As System.EventArgs) Handles
Button4.Click
        Dim updateCmd As String
        updateCmd = "Update 课堂 set 成绩激活 = 1"
        updateCmd &= " where 课堂编号 = '" & ktTable4.Rows(0)("课堂编号").ToString.Trim & "'"
        sqlCmd.CommandText = updateCmd
        sqlCmd.Connection = myConn
        sqlCmd.ExecuteNonQuery()
        DataGridView1.ReadOnly = True
        Button3.Enabled = False
        Button4.Enabled = False
    End Sub
    Private Sub Button5_Click(sender As System.Object, e As System.EventArgs) Handles
Button5.Click
        Form3.ShowDialog()
    End Sub
    Private Sub ComboBox3_Enter(sender As Object, e As System.EventArgs) Handles
ComboBox3.Enter
        TextBox1.Clear()
        TextBox2.Clear()
        DataGridView1.DataSource = Nothing
        ktTable2.Clear()
        sqlStr = "select distinct 课堂名称 from 课堂 where 教师编号 = '" & jsbh & "'"
        sqlStr &= " and 开课年份 = '" & ComboBox1.Text.Trim & "'"
        sqlStr &= " and 开课学期 = '" & ComboBox2.Text.Trim & "'"
        sqlStr &= " and 课堂状态 in (0,2)"
        sqlCmd.CommandText = sqlStr
        sqlCmd.Connection = myConn
        myAdapter.SelectCommand = sqlCmd
        myAdapter.Fill(myDataSet, "ktb2")
        ktTable2 = myDataSet.Tables("ktb2")
        ComboBox3.DataSource = ktTable2
        ComboBox3.DisplayMember = ktTable2.Columns("课堂名称").ToString
    End Sub
End Class
```

3. 学生端设计

学生端的功能为：①查看自己的必修课的课堂情况；②查看选修课堂并选课；③查看自己的选修课的选课情况；④查看课程成绩；⑤修改密码。

学生首先需登录，然后进入学生端主界面，如图 7.25 所示。

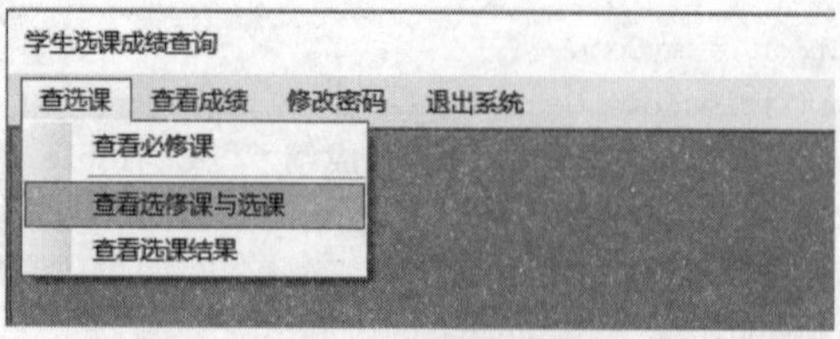

图 7.25　学生端主界面

下面以学生查看选修课与选课为例介绍其实现。当选择"查看选修课与选课"后则显示所有可选择的选修课，如图 7.26 所示，单击某课程，则显示其详细介绍，如图 7.27 所示，单击"选课"按钮，则选修此课。

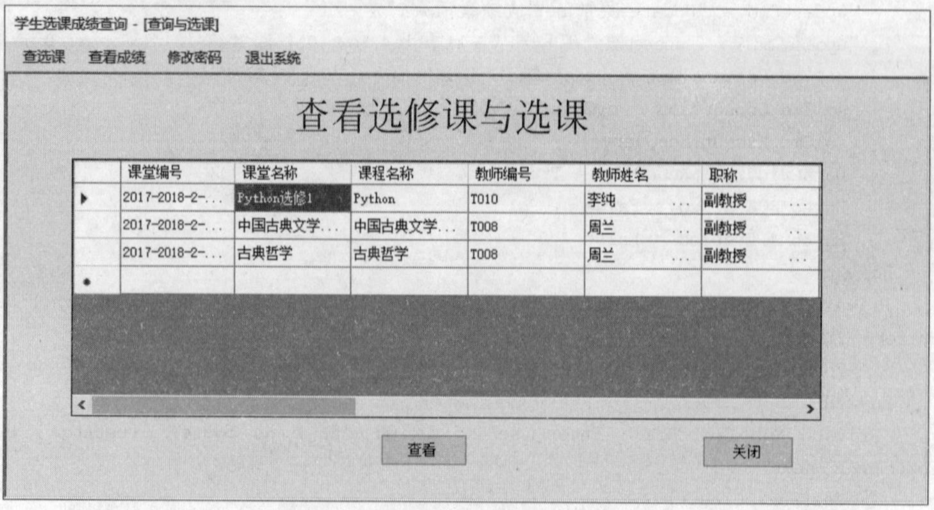

图 7.26　"查看选修课与选课"界面

查看选修课代码如下：

```
Public Class Form7
    Private Sub Button2_Click(sender As System.Object, e As System.EventArgs) Handles Button2.Click
        ktktTable.Clear()
        Me.Close()
    End Sub
    Private Sub Button1_Click(sender As System.Object, e As System.EventArgs) Handles Button1.Click
        ktktTable.Clear()
        sqlStr = "select * from view_课堂  where 课堂状态 = 1 and 课程性质 = '选修'"
        sqlCmd.CommandText = sqlStr
        sqlCmd.Connection = myConn
```

```
        myAdapter.SelectCommand = sqlCmd
        myAdapter.Fill(myDataSet, "kt7b")
        ktktTable = myDataSet.Tables("kt7b")
        DataGridView1.DataSource = ktktTable
    End Sub
    Private Sub DataGridView1_CellContentClick(sender As System.Object, e As System.Windows.
Forms.DataGridViewCellEventArgs) Handles DataGridView1.CellContentClick
        k = e.RowIndex
        If k >= 0 Then
            Form8.ShowDialog()
        End If
    End Sub
End Class
```

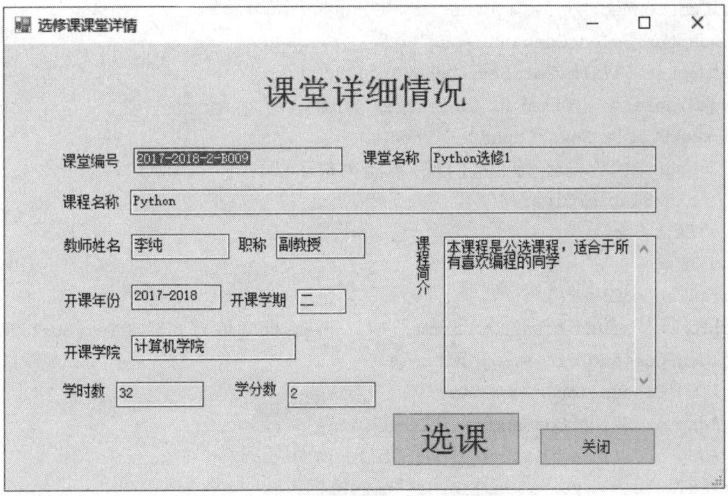

图 7.27 “选修课课堂详情”界面

选课代码如下：

```
Public Class Form8
    Dim bmrs8Table, zdrs8Table, xkqk8Table As New DataTable
    Dim insertCmd As String
    Private Sub Form8_Load(sender As System.Object, e As System.EventArgs) Handles
MyBase.Load
        TextBox1.Text = ktktTable.Rows(k)("课堂编号").ToString
        TextBox2.Text = ktktTable.Rows(k)("课堂名称").ToString
        TextBox3.Text = ktktTable.Rows(k)("课程名称").ToString
        TextBox4.Text = ktktTable.Rows(k)("教师编号").ToString
        TextBox5.Text = ktktTable.Rows(k)("教师姓名").ToString
        TextBox6.Text = ktktTable.Rows(k)("职称").ToString
        TextBox7.Text = ktktTable.Rows(k)("开课年份").ToString
        TextBox8.Text = ktktTable.Rows(k)("开课学期").ToString
        TextBox9.Text = ktktTable.Rows(k)("开课学院").ToString
        TextBox10.Text = ktktTable.Rows(k)("学时数").ToString
        TextBox11.Text = ktktTable.Rows(k)("学分数").ToString
        TextBox12.Text = ktktTable.Rows(k)("课程介绍").ToString
```

```
    End Sub
    Private Sub Button2_Click(sender As System.Object, e As System.EventArgs) Handles
Button2.Click
        bmrs8Table.Clear()
        zdrs8Table.Clear()
        xkqk8Table.Clear()
        Me.Close()
    End Sub
    Private Sub Button1_Click(sender As System.Object, e As System.EventArgs) Handles
Button1.Click
        xkqk8Table.Clear()
        sqlStr = "select * from 临时  where 学号 = '" & xh & "' and 课堂编号 = '" & TextBox1.
Text.Trim() & "'"
        sqlCmd.CommandText = sqlStr
        sqlCmd.Connection = myConn
        myAdapter.SelectCommand = sqlCmd
        myAdapter.Fill(myDataSet, "xkqk8b")
        xkqk8Table = myDataSet.Tables("xkqk8b")
        If xkqk8Table.Rows.Count > 0 Then
            MsgBox("你已经选了这门课,不能再选了!")
            xkqk8Table.Clear()
            Exit Sub
        End If
        bmrs8Table.Clear()
        sqlStr = "select count(*) from 临时  where 课堂编号 = '" & TextBox1.Text.Trim() & "'"
        sqlCmd.CommandText = sqlStr
        sqlCmd.Connection = myConn
        myAdapter.SelectCommand = sqlCmd
        myAdapter.Fill(myDataSet, "bmrs8b")
        bmrs8Table = myDataSet.Tables("bmrs8b")
        zdrs8Table.Clear()
        sqlStr = "select 最多开课人数 from 课堂  where 课堂编号 = '" & TextBox1.Text.Trim() & "'"
        sqlCmd.CommandText = sqlStr
        sqlCmd.Connection = myConn
        myAdapter.SelectCommand = sqlCmd
        myAdapter.Fill(myDataSet, "zdrs8b")
        zdrs8Table = myDataSet.Tables("zdrs8b")
        If bmrs8Table.Rows(0)(0) < zdrs8Table.Rows(0)(0) Then
            insertCmd = "Insert into 临时 Values ('"
            insertCmd &= xh & "','"
            insertCmd &= TextBox1.Text.Trim() & "'"
            insertCmd &= ")"
            sqlCmd.CommandText = insertCmd
            sqlCmd.Connection = myConn
            sqlCmd.ExecuteNonQuery()
            MsgBox("预选成功!")
        Else
            MsgBox("对不起,已经满员了!")
        End If
        bmrs8Table.Clear()
        zdrs8Table.Clear()
```

```
    End Sub
End Class
```

7.6 C++前台应用系统程序的开发

7.6.1 ADO的基本操作

使用C++开发数据库系统前台，一般需要使用编程接口ADO或其他编程接口，参见7.3节。

1. ADO的对象介绍

ADO提供了如下主要对象：Connection对象、Command对象、Parameter对象、RecordSet对象、Fields对象、Error对象、Property对象，通过它们可实现对数据库的各种操作。

(1) Connection对象：用于与指定的数据源连接，见表7.13。

表7.13 Connection对象的主要属性和方法

	名 称	功 能
属性	ConnectionString	获取或设置用于打开数据库的字符串
	Mode	属性可以设置连接的模式
	Provider	可以指定OLE DB提供者
方法	BeginTrans()	开始一个处理事务
	CommitTrans()	提交一个处理事务
	RollbackTrans()	回滚一个处理事务
	Open()	打开与数据库的连接
	Close()	关闭与数据库的连接
	Execute()	执行一个SQL的命令

(2) Command对象：为其他对象的操作提供对数据的操作命令，见表7.14。

表7.14 Command对象的主要属性和方法

	名 称	功 能
属性	CommandText	获取或设置对数据源执行的SQL语句或存储过程
	CommandType	指定命令的类型
方法	CreateParameter()	创建SQL命令参数
	Execute()	执行一个SQL命令

(3) Parameter对象：用于指定Command对象中参数化查询或者存储过程的参数，见表7.15。

表7.15 Parameter对象的主要属性和方法

	名 称	功 能
属性	Name	指定参数的名称
	Value	可以指定参数的值
方法	AppendChunk()	将数据传递到参数里

(4) RecordSet 对象：将一个查询命令的返回结果存放在 RecordSet 记录集中，这个 RecordSet 记录集被保存在本地的内存之中，见表 7.16。

表 7.16　RecordSet 对象的主要属性和方法

	名　称	功　能
属性	BOF	记录指针是否在开头
	EOF	记录指针是否在末尾
方法	AddNew()	在记录集中添加一条新记录
	Update()	将修改的结果写回数据源
	MoveFirst() MoveLast() MoveNext() MovePrevious() Move()	移动记录指针

2. ADO 的使用方法

ADO 操作简单，最基本的操作流程为：初始化 COM 库，引入 ADO 库定义文件；用 Connection 对象连接数据库；利用建立好的连接，通过 Connection、Command 对象执行 SQL 命令，或利用 RecordSet 对象获取结果记录集进行查询、处理等；使用完毕后关闭连接释放对象。

在 C++ 中要使用 ADO 控件，首先必须引入 ADO，在 VC++ 系统目录中有一个名为 msado15.dll 的动态链接库文件，使用 #import 引入，方法为：

```
#import "C:\Program Files\Common Files\System\ado\msado15.dll"\
no_namespace rename("EOF","adoEOF")
```

指令中还将常量 EOF 改名为 adoEOF，避免与其他命名空间冲突。

然后在主函数中初始化 COM 环境：

```
CoInitialize(NULL);
```

定义连接对象和记录集对象并实例化它们：

```
_ConnectionPtr m_pConnection;
_RecordsetPtr m_pRecordset;
m_pConnection.CreateInstance(__uuidof(Connection));
m_pRecordset.CreateInstance(__uuidof(Recordset));
```

然后就可以对数据库进行操作。

程序结束时要释放 COM 环境，方法为：

```
CoUninitialize();
```

对数据库的操作一般按如下三步进行。

(1) 连接数据库。

ADO 与 SQL Server 数据库的连接需要通过_ConnectionPtr 定义一个连接的指针对象并实例化：

```
_ConnectionPtr m_pConnection;
m_pConnection.CreateInstance(__uuidof(Connection));
```

定义一个_bstr_t类型的字符串变量并设置连接字符串：

```
_bstr_t strConnect = "Provider = SQLOLEDB.1;Data Source = localhost或者服务器的IP地址;
Initial Catalog = 数据库名;Persist Security Info = False;User ID = 用户名;Password = 密码";
```

例如：

```
_bstr_t strConnect = "Provider = SQLOLEDB.1;Data Source = localhost;Initial Catalog = 学生成
绩管理系统数据库;Persist Security Info = False;User ID = sa;Password = 123";
```

使用连接对象m_pConnection的Open方法打开连接即可连接到数据库，例如：

```
m_pConnection->Open(strConnect,"","", adModeUnknown);
```

连接对象的Open()方法的语法格式为：

```
Open(ConnectionString, UserID, PassWord, OpenOptions)
```

各参数的解释如下。

① ConnectionString：可选，类型为字符串，包含连接信息，如果设置了ConnectionString属性，该参数可以不设置。

② UserID：可选，字符串，包含建立连接时所使用的用户名。

③ PassWord：可选，字符串，包含建立时所使用的密码。

④ OpenOptions：可选，决定该方法是在连接建立之后（异步）还是连接建立之前（同步）返回，该值可以是常量adConnectionUnsepecified（默认值，同步）或adAsyncConnect（异步）。

(2) 对数据库进行操作。

对数据库进行的主要操作有插入数据、修改数据、删除数据、查询数据等。

对数据库进行操作可将相关联的数据构成内存中的记录集，进行离线操作，然后再回写到数据库中；也可以直接对数据库进行操作。这里有两个非常重要的方法可以构造记录集和进行相应操作：一个是记录集对象的Open方法，一个是连接对象的Execute方法。

记录集对象的Open()方法的语法格式为：

```
记录集对象指针->Open(Source, ActiveConnection, CursorType, LockType, Options)
```

各参数的解释如下。

① Source：可选项，可变体型，Command对象名、SQL语句、表名、存储过程调用或Recordset文件名。

② ActiveConnection：可选项，可变体型，有效Connection对象名，或包含ConnectionString参数的字符串。

③ CursorType：可选项，CursorTypeEnum类型值，确定提供者打开Recordset时应该使用的游标类型，可为表7.17所列常量之一。

表 7.17　CursorTypeEnum 类型常量

常　量	说　明
adOpenForwardOnly	(默认值)打开仅向前类型游标
adOpenKeyset	打开键集类型游标
adOpenDynamic	打开动态类型游标
adOpenStatic	打开静态类型游标

④ LockType：可选项，确定提供者打开 Recordset 时应该使用的锁定(并发)类型的 LockTypeEnum 值，可为表 7.18 所列常量之一。

表 7.18　LockTypeEnum 类型常量

常　量	说　明
adLockReadOnly	(默认值)只读，不能改变数据
adLockPessimistic	保守式锁定(逐个)，提供者完成确保成功编辑记录所需的工作，通常通过在编辑时立即锁定数据源的记录实现
adLockOptimistic	开放式锁定(逐个)，提供者使用开放式锁定，只在调用 Update 方法时才锁定记录
adLockBatchOptimistic	开放式批更新，用于批更新模式(与立即更新模式相对)

⑤ Options：可选，长整型值，用于指示提供者如何分析执行 Source 参数，或从以前保存 Recordset 的文件中恢复 Recordset，可为表 7.19 所列常量之一。

表 7.19　Options 可选项

常　量	说　明
adCmdText	指示提供者应该将 Source 作为命令的文本定义来分析执行
adCmdTable	指示 ADO 生成 SQL 查询以便从在 Source 中命名的表中返回所有行
adCmdTableDirect	指示提供者更改从在 Source 中命名的表中返回的所有行
adCmdStoredProc	指示提供者应该将 Source 视为存储过程
adCmdUnknown	指示 Source 参数中的命令类型为未知
adCmdFile	指示应从在 Source 中命名的文件中恢复保留(保存的)Recordset
adAsyncExecute	指示应异步执行 Source
adAsyncFetch	指示在提取 InitialFetchSize 属性中指定的初始数量后，应该异步提取所有剩余的行。如果所需的行尚未提取，主要的线程将被堵塞直到行重新可用
adAsyncFetchNonBlocking	指示主要线程在提取期间从未堵塞。如果所请求的行尚未提取，当前行自动移到文件末尾

连接对象的 Execute 方法格式为：

```
连接对象指针->Execute(CommandText,RecordsAffected,Options)
```

或

```
记录集对象指针=连接对象指针->Execute(CommandText,RecordsAffected,Options)
```

当要做数据的插入、修改、删除操作时，采用第一种格式。当做数据的查询操作时，这时有结果集返回，必须采用第二种格式。

返回值：返回 Recordset 对象的引用。

Execute 方法各参数的解释如下。

① CommandText：_bstr_t 类型的字符串，包含要执行的 SQL 语句、表名、存储过程或特定提供者的文本。

② RecordsAffected：可选项，长整型变量，提供者向其返回操作所影响的记录数目。

③ Options：可选项，长整型值，指示提供者应如何分析执行 CommandText 参数，Options 常量参见连接对象的 Open 方法的 Options 选项，见表 7.19 。

对查询得到的 Recordset 可以做数据的添加、修改和删除等操作，并且可以将更改后的 Recordset 写回到数据库中。

例如，显示 Recordset 中的数据，可用如下程序段实现：

```
    int i;
//显示字段名
    for(i = 0; i < m_pRecordset -> Fields -> GetCount();i++)
        cout <<(char * )(_bstr_t)m_pRecordset -> Fields -> GetItem(_variant_t((long)i)) ->
Name <<"  ";
    cout << endl;
//显示所有数据
    while(!m_pRecordset -> adoEOF)
    {
        for(i = 0;i < m_pRecordset -> Fields -> GetCount();i++)
            cout << (char * )(_bstr_t)m_pRecordset -> GetCollect(m_pRecordset -> Fields ->
GetItem(_variant_t((long)i)) -> Name)<<"  ";
        cout << endl;
        m_pRecordset -> MoveNext();
    }
```

(3) 数据库处理完毕后要关闭数据库连接。

关闭数据库连接可使用连接对象 m_pConnection 的 Close 方法，例如：

```
if(m_pConnection -> State)
    m_pConnection -> Close();
```

这里先判断连接状况，然后再决定是否关闭连接。

7.6.2 学生成绩管理系统的 C++ 实现

C++编程操作的主要步骤为：启动 VC 6.0，按照图 7.28～图 7.31 操作即可，当出现图 7.31 后即可编程。这样操作最主要的是要包含 stdafx.h 和其.cpp 文件。

1. 教务管理端设计

教务管理端具有如下功能：

1) 排课

(1) 必修课排课；

(2) 选修课排课；

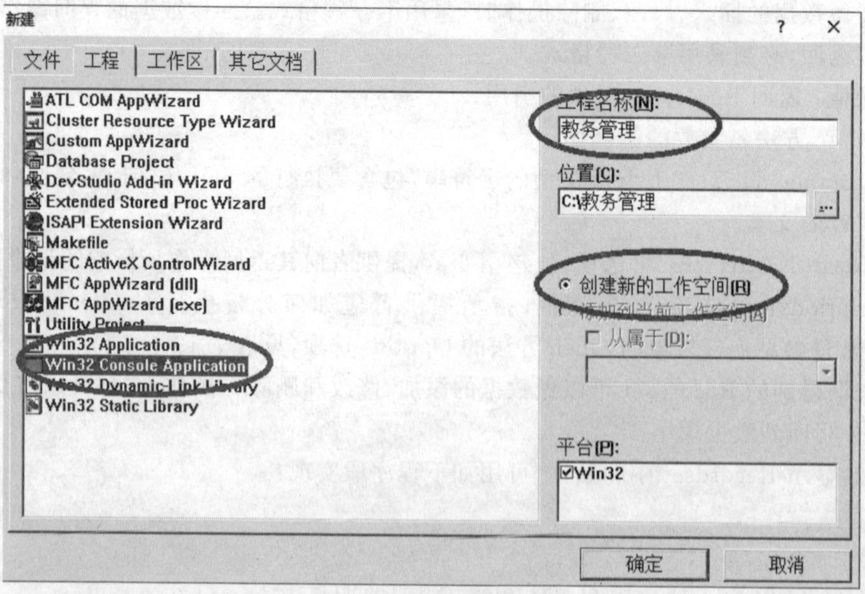

图 7.28 新建工程

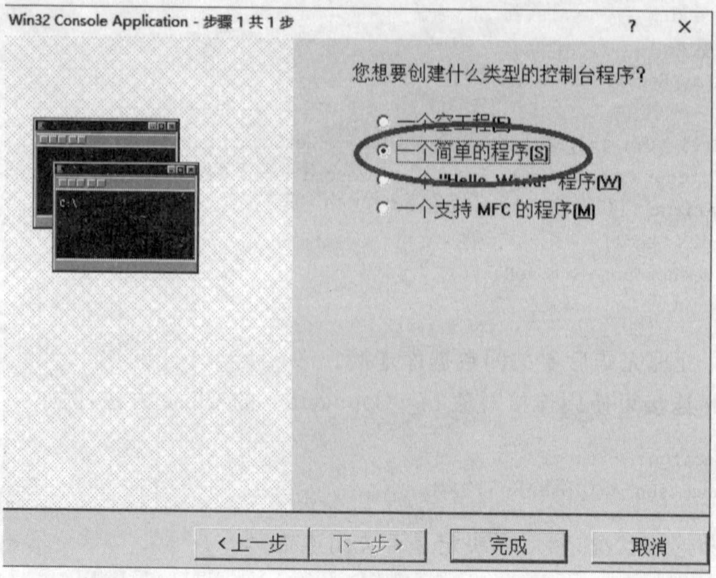

图 7.29 工程类型

(3) 选修课排课确认。

2) 信息录入

(1) 课程信息录入；

(2) 设置选课的开始时间和结束时间；

(3) 课堂成绩激活。

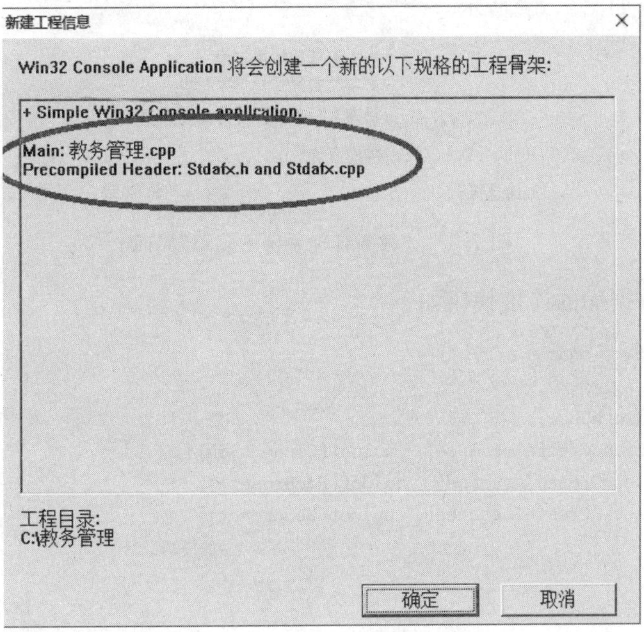

图 7.30　确定界面

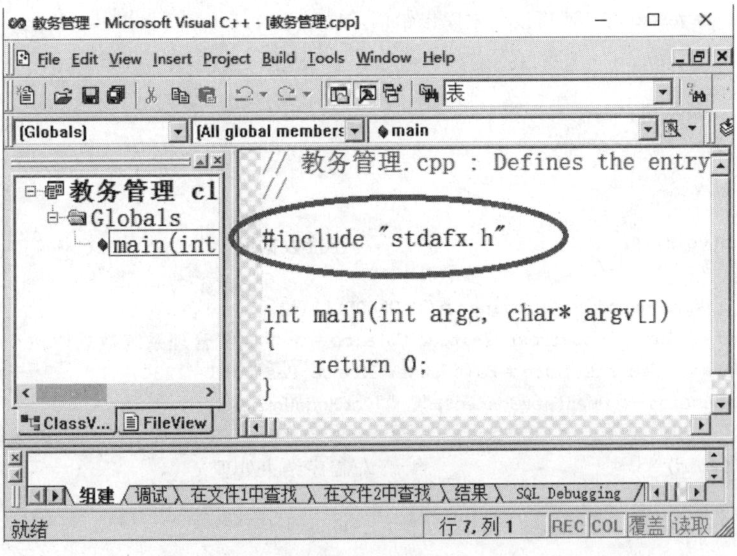

图 7.31　模板界面

3) 数据查询

(1) 课程查询；

(2) 课堂查询；

(3) 教师查询；

(4) 课堂成绩查询；

(5) 教师/学生密码查询。

其主菜单界面如图 7.32 所示。

```
              教务管理系统主菜单
             ======================

    1 ........排课      2 ........信息录入

    3 ........数据查询  0 ........退出系统

请选择:
```

图 7.32 “教务管理系统主菜单”界面

其主函数和数据库的连接代码如下：

```
int main(int argc, char * argv[])
{
    CoInitialize(NULL);
    m_pConnection.CreateInstance(__uuidof(Connection));
    m_pRecordset.CreateInstance(__uuidof(Recordset));
    m_pRecordset1.CreateInstance(__uuidof(Recordset));
    try
    {
        linkdb();
    }
    catch(_com_error &e)
    {
        MessageBox(NULL,"连接数据库出错!","提示",1);
        return 1;
    }
    MainMenuProc();
    final();
    return 0;
}
void linkdb(void)                               //连接数据库
{
    _bstr_t strConnect = "Provider = SQLOLEDB.1;\
        Data Source = localhost;Initial Catalog = 学生成绩管理系统数据库;\
        Persist Security Info = False;User ID = sa;Password = 123";
    m_pConnection -> Open(strConnect,"","",adModeUnknown);
}
void final(void)                                //程序结束处理
{
    if(m_pRecordset -> State)
        m_pRecordset -> Close();
    if(m_pConnection -> State)
        m_pConnection -> Close();
    CoUninitialize();
    system("cls");
    location(11,45);cout<<"你已退出系统,再见了!";
    location(13,45);
}
```

排课子菜单如图 7.33 所示。

```
      排课子菜单
  ==================

  1 ........必修课排课
  --------------------
  2 ........选修课排课
  3 ........选修课排课确认
  0 ........返回主菜单

请选择:
```

图 7.33 “排课子菜单”界面

其部分功能代码如下：

```
void proc12(void)                                    //选修课堂数据录入
{
    char ktbh[16],ktmc[50],kcbh[8],jsbh[10],kknf[10],kkxq[2];
    int kkxq0,rsmin,rsmax;

    system("cls");
    cout <<"必修课堂数据录入(以空格间隔)"<< endl;
    while(1)
    {
        system("cls");
        location(5,50);cout <<"选修课堂数据录入"<< endl;
        location(6,50);cout <<" ================ "<< endl;
        location(9,30);cout <<"课堂名称(quit 退出):";
        location(11,30);cout <<"课程编号:";location(11,70);cout <<"教师编号:";
        location(13,30);cout <<"开课年份(yyyy - yyyy):";location(13,70);cout <<"开课学期
(1 或 2):";
        location(15,30);cout <<"最少开课人数:";location(15,70);cout <<"最多开课人数:";
        location(9,50);cin >> ktmc;if(strcmp(ktmc,"quit") == 0)break;
        location(11,40);cin >> kcbh;location(11,80);cin >> jsbh;
        location(13,51);cin >> kknf;location(13,86);cin >> kkxq0;
        location(15,44);cin >> rsmin;location(15,84);cin >> rsmax;
        sprintf(strSQL,"select count( * ) as 课堂数 from 课堂 where 课堂名称 = '%s'",ktmc);
        m_pRecordset = m_pConnection -> Execute((_bstr_t)strSQL,NULL, adCmdText);
        if(m_pRecordset -> GetCollect("课堂数").intVal > 0)
        {
            MessageBox(NULL,"课堂名称重复了,请换一个课堂名称!","提示",1);
            continue;
        }
        if(kkxq0 == 1)strcpy(kkxq,"一");else strcpy(kkxq,"二");
        sprintf(strSQL,"select count( * ) as 课堂数 from 课堂 where 开课年份 = '%s' and 开课
学期 = '%s'",kknf,kkxq);
        m_pRecordset = m_pConnection -> Execute((_bstr_t)strSQL,NULL, adCmdText);
        strcpy(ktbh,kknf);
        sprintf(ktbh,"%s - %1.1d - B%3.3d",kknf,kkxq0,m_pRecordset -> GetCollect("课堂
数").intVal + 1);
        sprintf(strSQL,"Insert into 课堂 (课堂编号,课堂名称,开课年份,开课学期,教师编号,
课程编号,最少开课人数,最多开课人数,课堂状态) Values ('%s','%s','%s','%s','%s','%s',
'%d','%d','%d')",\
            ktbh,ktmc,kknf,kkxq,jsbh,kcbh,rsmin,rsmax,1);
        m_pConnection -> Execute((_bstr_t)strSQL, NULL, adCmdText);
    }
}

void proc13(void)                                    //选修课排课确认
{
    char kknf[10],kkxq[2];
    int kkxq0,yn,len[7] = {0};

    system("cls");
```

```
    location(5,50);cout<<"选修课排课确认";
    location(6,50);cout<<"=============";
    location(8,30);cout<<"请输入开课年份(yyyy-yyyy):";
    location(8,70);cout<<"开课学期(1或2):";
    location(8,57);cin>>kknf;location(8,86);cin>>kkxq0;
    if(kkxq0==1)strcpy(kkxq,"一");else strcpy(kkxq,"二");
    sprintf(strSQL,"select * from view_课堂 where 开课年份='%s' and 开课学期='%s' and 课
程性质='选修' and 课堂状态=1",kknf,kkxq);
    m_pRecordset=m_pConnection->Execute((_bstr_t)strSQL,NULL, adCmdText);
    location(12,30);cout<<"课堂编号:";location(12,70);cout<<"课堂名称:";
    location(14,30);cout<<"课程名称:";location(14,70);cout<<"报名人数:";
    location(16,30);cout<<"开课教师:";location(16,52);cout<<"职称:";location(16,70);
cout<<"所属学院:";
    while(!m_pRecordset->adoEOF)
    {
        sprintf(strSQL,"select count(*) as 人数 from 临时 where 课堂编号='%s'",rtrim
((char *)(_bstr_t)m_pRecordset->GetCollect("课堂编号")));
        m_pRecordset1=m_pConnection->Execute((_bstr_t)strSQL,NULL, adCmdText);
        location(12,40);cout<<space(len[0]);
        location(12,40);cout<<rtrim((char *)(_bstr_t)m_pRecordset->GetCollect("课堂编
号"));
        len[0]=strlen(rtrim((char *)(_bstr_t)m_pRecordset->GetCollect("课堂编号")));
        location(12,80);cout<<space(len[1]);
        location(12,80);cout<<rtrim((char *)(_bstr_t)m_pRecordset->GetCollect("课堂名
称"));
        len[1]=strlen(rtrim((char *)(_bstr_t)m_pRecordset->GetCollect("课堂名称")));
        location(14,40);cout<<space(len[2]);
        location(14,40);cout<<rtrim((char *)(_bstr_t)m_pRecordset->GetCollect("课程名
称"));
        len[2]=strlen(rtrim((char *)(_bstr_t)m_pRecordset->GetCollect("课程名称")));
        location(14,80);cout<<space(len[3]);
        location(14,80);cout<<m_pRecordset1->GetCollect("人数").intVal;
        len[3]=4;
        location(16,40);cout<<space(len[4]);
        location(16,40);cout<<rtrim((char *)(_bstr_t)m_pRecordset->GetCollect("教师姓
名"));
        len[4]=strlen(rtrim((char *)(_bstr_t)m_pRecordset->GetCollect("教师姓名")));
        location(16,58);cout<<space(len[5]);
        if(m_pRecordset->GetCollect("职称").bVal!=0){
            location(16,58);cout<<rtrim((char *)(_bstr_t)m_pRecordset->GetCollect("职
称"));
            len[5]=strlen(rtrim((char *)(_bstr_t)m_pRecordset->GetCollect("职称")));
        }
        location(16,80);cout<<space(len[6]);
        location(16,80);cout<<rtrim((char *)(_bstr_t)m_pRecordset->GetCollect("开课学
院"));
        len[6]=strlen(rtrim((char *)(_bstr_t)m_pRecordset->GetCollect("开课学院")));
        do{
            location(20,30);cout<<"请输入(2...确认/3...取消):";cin>>yn;
        }while(!(yn==2||yn==3));
        sprintf(strSQL,"Update 课堂 set 课堂状态=%d where 课堂编号='%s'",yn,rtrim
```

```
((char * )(_bstr_t)m_pRecordset -> GetCollect("课堂编号")));
        m_pConnection -> Execute((_bstr_t)strSQL,NULL, adCmdText);
        if(yn == 2)
        {
            sprintf(strSQL,"Insert into 选课成绩(学号,课堂编号) select 学号,课堂编号 from
临时 where 课堂编号 = ' % s'",rtrim((char * )(_bstr_t)m_pRecordset -> GetCollect("课堂编
号")));
            m_pConnection -> Execute((_bstr_t)strSQL,NULL, adCmdText);
        }
        sprintf(strSQL,"delete from 临时 where 课堂编号 = ' % s'",rtrim((char * )(_bstr_t)m_
pRecordset -> GetCollect("课堂编号")));
        m_pConnection -> Execute((_bstr_t)strSQL,NULL, adCmdText);
        m_pRecordset -> MoveNext();
    }
    MessageBox(NULL,"选修课程确认完毕!","提示",1);
}
```

信息录入功能子菜单如图 7.34 所示。

```
                信息录入子菜单
              ====================

        1 ........课程信息录入
        2 ........设置选课的开始时间和结束时间
        3 ........课堂成绩激活
        0 ........返回主菜单

    请选择:
```

图 7.34 “信息录入子菜单”界面

其功能代码如下：

```
void proc21(void)                              //课程录入
{
    char kcbh[8],kcmc[50],kcxz[10],kcjs[1000],xybh[2],xymc[30];
    int xss;
    float xfs;
    while(1)
    {
        system("cls");
        location(5,50);cout <<"课程数据录入"<< endl;
        location(6,50);cout <<" ============ "<< endl;
        location(9,30);cout <<"课程编号(0 退出):";
        location(11,30);cout <<"课程名称:";
        location(13,30);cout <<"学时数:";
        location(13,70);cout <<"学分数:";
        location(15,30);cout <<"课程性质(必修/选修):";
        location(15,70);cout <<"开课学院:";
        location(17,30);cout <<"课程介绍:";
        while(1){
            location(9,47);cout << space(8);
            location(9,47);cin >> kcbh;
            sprintf(strSQL,"select count( * ) as 课程数 from 课程 where 课程编号 = ' % s'",
kcbh);
            m_pRecordset = m_pConnection -> Execute((_bstr_t)strSQL,NULL, adCmdText);
```

```
            if(m_pRecordset->GetCollect("课程数").intVal>0)
            {
                MessageBox(NULL,"此课程编号已经存在,请重输!","提示",1);
                continue;
            }
            else
                break;
        }
        if(strcmp(kcbh,"0")==0)break;
        location(11,40);cin>>kcmc;
        location(13,38);cin>>xss;
        location(13,78);cin>>xfs;
        location(15,51);cin>>kcxz;
        while(1){
            location(15,80);cout<<space(30);
            location(15,80);cin>>xymc;
            sprintf(strSQL,"select * from 学院 where 学院名称='%s'",xymc);
            if(m_pRecordset->State)
                m_pRecordset->Close();
             m_pRecordset->Open(strSQL,_variant_t((IDispatch *)m_pConnection,true),
adOpenStatic,adLockOptimistic, adCmdText);
            if(m_pRecordset->RecordCount==0)
            {
                MessageBox(NULL,"不存在此学院名称,请重输!","提示",1);
                continue;
            }
            else
            {
                strcpy(xybh,(char *)(_bstr_t)m_pRecordset->GetCollect("学院编号"));
                break;
            }
        }
        location(17,40);cin>>kcjs;
        sprintf(strSQL,"Insert into 课程 (课程编号,课程名称,学时数,学分数,课程性质,课程
介绍,学院编号) Values ('%s','%s','%d','%f','%s','%s','%s')",\
            kcbh,kcmc,xss,xfs,kcxz,kcjs,xybh);
        m_pConnection->Execute((_bstr_t)strSQL, NULL, adCmdText);
    }
}
void proc22(void)                                    //选课时间设置
{
    char kssj[12],jssj[12];
    int y,m,d;
    system("cls");
    location(5,50);cout<<"选修课选课时间设置"<<endl;
    location(6,50);cout<<"=================="<<endl;
    location(8,40);cout<<"选课开始时间(年 月 日):";
    location(10,40);cout<<"选课结束时间(年 月 日):";
    location(8,66);cin>>y>>m>>d;strcpy(kssj,setdate(y,m,d));
    location(10,66);cin>>y>>m>>d;strcpy(jssj,setdate(y,m,d));
    sprintf(strSQL,"Update 系统状态 set 值='%s' where 关键字='选课开始时间'",kssj);
```

```
    m_pConnection->Execute((_bstr_t)strSQL, NULL, adCmdText);
    sprintf(strSQL,"Update 系统状态 set 值 = '%s' where 关键字 = '选课结束时间'",jssj);
    m_pConnection->Execute((_bstr_t)strSQL, NULL, adCmdText);
}

void proc23(void)                              //课堂成绩激活设置
{
    char ktbh[16];
    system("cls");
    location(5,50);cout<<"课堂成绩激活设置"<<endl;
    location(6,50);cout<<" ================== "<<endl;
    location(10,40);cout<<"请输入要激活的课堂编号:";cin>>ktbh;
    sprintf(strSQL,"select count(*) as 课堂数 from 课堂 where 课堂编号 = '%s'",ktbh);
    m_pRecordset = m_pConnection->Execute((_bstr_t)strSQL,NULL, adCmdText);
    if(m_pRecordset->GetCollect("课堂数").intVal == 0)
    {
        MessageBox(NULL,"此课堂编号不存在,没能激活!","提示",1);
    }
    else
    {
        sprintf(strSQL,"Update 课堂 set 成绩激活 = 0 where 课堂编号 = '%s'",ktbh);
        m_pConnection->Execute((_bstr_t)strSQL, NULL, adCmdText);
    }
}
```

数据查询功能子菜单如图 7.35 所示。

```
                    数据查询子菜单
                  ====================

          1 ........课程查询   2 ........课堂查询
          3 ........教师查询   4 ........课堂成绩查询
          5 ........教师/学生密码查询
          0 ........返回主菜单

      请选择:
```

图 7.35 “数据查询子菜单”界面

其部分功能代码如下:

```
void proc31(void)                              //课程查询
{
    char *items[6] = {"课程编号","课程名称","学时数","学分数","课程性质","学院名称"},
v[30];
    int i,len[7] = {0};

    system("cls");
    location(3,55);cout<<"课 程 查 询"<<endl;
    location(4,55);cout<<" =========== "<<endl;
    location(7,15);cout<<"可供查询的字段:"<<endl;
    for(i = 0;i<6;i++)
    {
        location(9,20 + i*15);cout<<i + 1<<"."<<items[i];
    }
    location(11,15);cout<<"字段编号为:";location(11,40);cout<<"值为:";
```

```
    do{
        location(11,27);cout<<"      ";
        location(11,27);cin>>i;
    }while(i<1 || i>6);
    i--;
    location(11,46);cin>>v;getchar();
    sprintf(strSQL,"select * from 课程 inner join 学院 on 课程.学院编号 = 学院.学院编号
where %s = '%s'",items[i],v);
    m_pRecordset = m_pConnection->Execute((_bstr_t)strSQL,NULL, adCmdText);
    location(14,30);cout<<"课程编号:";location(14,70);cout<<"课程名称:";
    location(16,30);cout<<"学时数:";location(16,70);cout<<"学分数:";
    location(18,30);cout<<"课程性质:";location(18,70);cout<<"开课学院:";
    location(20,30);cout<<"课程介绍:";
    while(!m_pRecordset->adoEOF)
    {
        location(14,40);cout<<space(len[0]);
        location(14,40);cout<<rtrim((char *)(_bstr_t)m_pRecordset->GetCollect("课程编
号"));
        len[0] = strlen(rtrim((char *)(_bstr_t)m_pRecordset->GetCollect("课程编号")));
        location(14,80);cout<<space(len[1]);
        location(14,80);cout<<rtrim((char *)(_bstr_t)m_pRecordset->GetCollect("课程名
称"));
        len[1] = strlen(rtrim((char *)(_bstr_t)m_pRecordset->GetCollect("课程名称")));
        location(16,38);cout<<space(len[2]);
        location(16,38);cout<<m_pRecordset->GetCollect("学时数").intVal;
        len[2] = 4;
        location(16,78);cout<<space(len[3]);
        location(16,78);cout<<m_pRecordset->GetCollect("学分数").dblVal;
        len[3] = 4;
        location(18,40);cout<<space(len[4]);
        location(18,40);cout<<rtrim((char *)(_bstr_t)m_pRecordset->GetCollect("课程性
质"));
        len[4] = strlen(rtrim((char *)(_bstr_t)m_pRecordset->GetCollect("课程性质")));
        location(18,80);cout<<space(len[5]);
        location(18,80);cout<<rtrim((char *)(_bstr_t)m_pRecordset->GetCollect("学院名
称"));
        len[5] = strlen(rtrim((char *)(_bstr_t)m_pRecordset->GetCollect("学院名称")));
        location(20,40);cout<<space(len[6]);
        if(m_pRecordset->GetCollect("课程介绍").bVal!= 0){
            location(20,40);cout<<rtrim((char *)(_bstr_t)m_pRecordset->GetCollect("课
程介绍"));
            len[6] = strlen(rtrim((char *)(_bstr_t)m_pRecordset->GetCollect("课程介
绍")));
        }
        location(23,30);cout<<"按 Enter 键显示下一课程……";getchar();
        m_pRecordset->MoveNext();
    }
    MessageBox(NULL,"没有了!","提示",1);
}
void proc34(void)                              //课堂成绩查询
{
```

```
    char ktbh[16];
    int k;

    system("cls");
    location(3,45);cout<<"课 堂 成 绩 查 询"<<endl;
    location(4,45);cout<<" ================= "<<endl;
    location(6,40);cout<<"课堂编号: ";cin>>ktbh;getchar();
    sprintf(strSQL,"select * from view_课堂 where 课堂编号 = '%s'",ktbh);
    if(m_pRecordset->State)
        m_pRecordset->Close();
    m_pRecordset->Open(strSQL,_variant_t((IDispatch *)m_pConnection,true),adOpenStatic,
adLockOptimistic, adCmdText);
    if(m_pRecordset->RecordCount == 0)
    {
        MessageBox(NULL,"此课堂不存在!","提示",1);
        return;
    }
    if(m_pRecordset->GetCollect("成绩激活").intVal == 0)
    {
        MessageBox(NULL,"成绩还未激活!","提示",1);
        return;
    }
    location(8,15);cout<<"课程名称: "<<(char *)(_bstr_t)m_pRecordset->GetCollect("课程
名称");
    location(8,45);cout<<"开课教师: "<<(char *)(_bstr_t)m_pRecordset->GetCollect("教师
姓名");
    location(8,65);cout<<"职称: "<<(char *)(_bstr_t)m_pRecordset->GetCollect("职称");
    location(8,80);cout<<"所在学院: "<<(char *)(_bstr_t)m_pRecordset->GetCollect("开课
学院");
    sprintf(strSQL,"select max(成绩) as ma,min(成绩) as mi,avg(成绩) as av from view_成绩
where 课堂编号 = '%s'",ktbh);
    m_pRecordset = m_pConnection->Execute((_bstr_t)strSQL,NULL, adCmdText);
    location(10,20);cout<<"最高成绩: "<<(char *)(_bstr_t)m_pRecordset->GetCollect
("ma");
    location(10,45);cout<<"最低成绩: "<<(char *)(_bstr_t)m_pRecordset->GetCollect
("mi");
    location(10,70);cout<<"平均成绩: "<<(char *)(_bstr_t)m_pRecordset->GetCollect
("av");
    location(12,25);cout<<"班级";location(12,50);cout<<"学号";
    location(12,65);cout<<"姓名";location(12,80);cout<<"成绩";
    sprintf(strSQL,"select * from view_成绩 where 课堂编号 = '%s'",ktbh);
    m_pRecordset = m_pConnection->Execute((_bstr_t)strSQL,NULL, adCmdText);
    while(!m_pRecordset->adoEOF)
    {
        k = 0;
        while(!m_pRecordset->adoEOF && k < 10)
        {
            location(13 + k,25);cout<<(char *)(_bstr_t)m_pRecordset->GetCollect("专业
班级");
            location(13 + k,50);cout<<(char *)(_bstr_t)m_pRecordset->GetCollect("学
号");
```

```
            location(13 + k,65);cout <<(char * )(_bstr_t)m_pRecordset - > GetCollect("姓
名");
            location(13 + k,80);cout << m_pRecordset - > GetCollect("成绩").intVal;
            k++;
            m_pRecordset - > MoveNext();
        }
        location(24,75);cout <<"按 Enter 键显示下一屏……";getchar();
        for(k = 0;k < 10;k++)
        {
            location(13 + k,1);cout << space(100);
        }
    }
}
```

2. 教师端设计

教师端的功能如下：①查看自己的课堂和班级；②查看某课堂的学生名单；③录入/修改学生成绩；④激活某课堂成绩；⑤修改密码。

教师需首先登录才能使用该系统，其登录界面如图 7.36 所示。

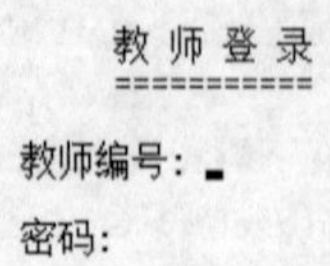

图 7.36 "教师登录"界面

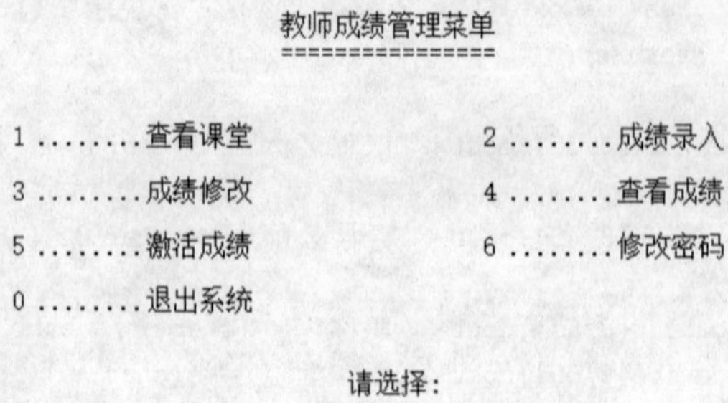

图 7.37 教师端功能菜单

教师端功能菜单如图 7.37 所示，教师端部分功能代码如下：

```
void proc1(void)                                //查看课堂
{
    char kknf[10],kkxq[2],kkxq0[2];
    int len[8] = {0},k;

    system("cls");
    location(3,50);cout <<"查 看 课 堂";
    location(4,50);cout <<" =========== ";
    location(6,30);cout <<"开课年份(yyyy - yyyy):";location(6,70);cout <<"开课学期(1 或
2):";
    location(7,30);cout <<"(直接按 Enter 键表示全部)";location(7,68);cout <<"(直接按 Enter
键表示全学年)";
    location(6,51);cin.getline(kknf,11);location(6,86);cin.getline(kkxq0,2);
    strcpy(kkxq,"");
    if(strcmp(kkxq0,"1") == 0)strcpy(kkxq,"一");
    if(strcmp(kkxq0,"2") == 0)strcpy(kkxq,"二");
    if(strlen(kknf) == 0)
        sprintf(strSQL,"select * from view_课堂 where 教师编号 = '%s' and 课堂状态 in (0,
```

```
2)",jsbh);
    else if(strlen(kkxq) == 0)
        sprintf(strSQL,"select * from view_课堂 where 教师编号 = '%s' and 开课年份 = '%s'
and 课堂状态 in (0,2)",jsbh,kknf);
    else
        sprintf(strSQL,"select * from view_课堂 where 教师编号 = '%s' and 开课年份 = '%s'
and 开课学期 = '%s' and 课堂状态 in (0,2)",jsbh,kknf,kkxq);
    location(9,1);cout <<"课堂编号";
    location(9,20);cout <<"课堂名称";
    location(9,40);cout <<"课程名称";
    location(9,60);cout <<"开课年份";
    location(9,70);cout <<"开课学期";
    location(9,80);cout <<"学时";
    location(9,86);cout <<"学分";
    location(9,92);cout <<"课程性质";
    location(9,102);cout <<"成绩激活";
    location(9,112);cout <<"班级列表";

    m_pRecordset = m_pConnection -> Execute((_bstr_t)strSQL,NULL, adCmdText);
    while(!m_pRecordset -> adoEOF)
    {
        k = 0;
        while(!m_pRecordset -> adoEOF && k < 10)
        {
            location(10 + k,1);cout <<(char *)(_bstr_t)m_pRecordset -> GetCollect("课堂编
号");
            location(10 + k,20);cout <<(char *)(_bstr_t)m_pRecordset -> GetCollect("课堂
名称");
            location(10 + k,40);cout <<(char *)(_bstr_t)m_pRecordset -> GetCollect("课程
名称");
            location(10 + k,60);cout <<(char *)(_bstr_t)m_pRecordset -> GetCollect("开课
年份");
            location(10 + k,73);cout <<(char *)(_bstr_t)m_pRecordset -> GetCollect("开课
学期");
            location(10 + k,81);cout << m_pRecordset -> GetCollect("学时数").intVal ;
            location(10 + k,88);cout << m_pRecordset -> GetCollect("学分数").dblVal;
            location(10 + k,94);cout <<(char *)(_bstr_t)m_pRecordset -> GetCollect("课程
性质");
             location(10 + k,103);cout << iif(m_pRecordset -> GetCollect("成绩激活").
intVal,"已激活","未激活");
            location(10 + k,112);
            if(m_pRecordset -> GetCollect("班级列表").bVal!= 0)
                cout <<(char *)(_bstr_t)m_pRecordset -> GetCollect("班级列表");
            k++;
            cout << endl;
            m_pRecordset -> MoveNext();
        }
        location(23,75);cout <<"按 Enter 键显示下一屏……";getchar();
        for(k = 0;k < 10;k++)
        {
            location(10 + k,1);cout << space(100);
```

```
        }
    }
    if(m_pRecordset->State)
        m_pRecordset->Close();

}
void proc2(void)                                    //课堂成绩录入
{
    char ktbh[18];
    int cj;

    system("cls");
    location(3,45);cout<<"课堂成绩录入";
    location(4,45);cout<<"============";
    location(6,30);cout<<"请输入要录成绩的课堂编号:";cin>>ktbh;
    sprintf(strSQL,"select * from 课堂 where 课堂编号='%s' and 教师编号='%s' and 成绩激
活=0 and 课堂状态 in (0,2)",ktbh,jsbh);
    if(m_pRecordset1->State)
        m_pRecordset1->Close();
    m_pRecordset1->Open(strSQL,_variant_t((IDispatch *)m_pConnection,true),
adOpenStatic,adLockOptimistic,adCmdText);
    if(m_pRecordset1->RecordCount==0)
    {
        MessageBox(NULL,"课堂编号错或成绩已经激活,不能再录入!","提示",1);
        m_pRecordset1->Close();
        return;
    }
    m_pRecordset1->Close();

    sprintf(strSQL,"select * from view_成绩  where 课堂编号='%s' order by 专业班级,学
号",ktbh);
    m_pRecordset=m_pConnection->Execute((_bstr_t)strSQL,NULL,adCmdText);
    location(8,60);cout<<"课程: "<<rtrim((char *)(_bstr_t)m_pRecordset->GetCollect("课
程名称"));

    location(10,25);cout<<"班级";location(10,45);cout<<"学号";
    location(10,60);cout<<"姓名";location(10,75);cout<<"成绩";
    while(!m_pRecordset->adoEOF)
    {
        location(12,5);cout<<space(100);
        location(12,25);cout<<rtrim((char *)(_bstr_t)m_pRecordset->GetCollect("专业班
级"));
        location(12,45);cout<<rtrim((char *)(_bstr_t)m_pRecordset->GetCollect("学
号"));
        location(12,60);cout<<rtrim((char *)(_bstr_t)m_pRecordset->GetCollect("姓
名"));
        location(12,75);cin>>cj;
        sprintf(strSQL,"Update 选课成绩 set 成绩=%d where 学号='%s' and 课堂编号='%s'",\
            cj,rtrim((char *)(_bstr_t)m_pRecordset->GetCollect("学号")),ktbh);
        m_pConnection->Execute((_bstr_t)strSQL,NULL,adCmdText);
        m_pRecordset->MoveNext();
```

```
    }
    MessageBox(NULL,"本课堂成绩录入完毕!","提示",1);
    if(m_pRecordset->State)
        m_pRecordset->Close();
}

void proc3(void)                                    //成绩修改
{
    char ktbh[18],xh[12];
    int cj;

    system("cls");
    location(3,45);cout<<"修 改 成 绩";
    location(4,45);cout<<"===========";
    location(6,30);cout<<"请输入要修改成绩的课堂编号: ";cin>>ktbh;
    sprintf(strSQL,"select * from 课堂 where 课堂编号='%s' and 教师编号='%s' and 成绩激
活=0 and 课堂状态 in (0,2)",ktbh,jsbh);
    if(m_pRecordset1->State)
        m_pRecordset1->Close();
    m_pRecordset1->Open(strSQL,_variant_t((IDispatch *)m_pConnection,true),
adOpenStatic,adLockOptimistic,adCmdText);
    if(m_pRecordset1->RecordCount==0)
    {
        MessageBox(NULL,"课堂编号错或成绩已经激活,不能再修改!","提示",1);
        m_pRecordset1->Close();
        return;
    }
    m_pRecordset1->Close();

    location(12,20);cout<<"班级";location(12,40);cout<<"学号";
    location(12,55);cout<<"姓名";location(12,70);cout<<"原成绩";location(12,80);cout
<<"现成绩";
    while(1)
    {
        location(14,5);cout<<space(100);
        location(10,30);cout<<space(80);
        location(10,30);cout<<"请输入要修改的学生的学号(0结束): ";cin>>xh;
        if(strcmp(xh,"0")==0)break;
        sprintf(strSQL,"select * from view_成绩  where 课堂编号='%s' and 学号='%s'",
ktbh,xh);
        m_pRecordset=m_pConnection->Execute((_bstr_t)strSQL,NULL,adCmdText);
        if(m_pRecordset->adoEOF)
        {
            MessageBox(NULL,"本课堂无此学生!","提示",1);
        }
        else
        {

            location(14,20);cout<<rtrim((char *)(_bstr_t)m_pRecordset->GetCollect("专
业班级"));
            location(14,40);cout<<rtrim((char *)(_bstr_t)m_pRecordset->GetCollect("学
```

```
号"));
                location(14,55);cout << rtrim((char * )(_bstr_t)m_pRecordset -> GetCollect("姓
名"));
                location(14,72);cout << m_pRecordset -> GetCollect("成绩").intVal;
                location(14,82);cin >> cj;
                sprintf(strSQL,"Update 选课成绩 set 成绩 = %d where 学号 = '%s' and 课堂编号 =
'%s'",\
                    cj,rtrim((char * )(_bstr_t)m_pRecordset -> GetCollect("学号")),ktbh);
                m_pConnection -> Execute((_bstr_t)strSQL, NULL, adCmdText);
            }
        }
        if(m_pRecordset -> State)
            m_pRecordset -> Close();
}
void proc4(void)                                    //查看成绩
{
        char ktbh[18];
        int k;

        system("cls");
        location(2,50);cout <<"查 看 成 绩";
        location(3,50);cout <<" =========== ";

        location(5,30);cout <<"请输入要查看成绩的课堂编号: ";cin >> ktbh;getchar();
        sprintf(strSQL,"select * from 课堂 where 课堂编号 = '%s' and 教师编号 = '%s' and 课堂状
态 in (0,2)",ktbh,jsbh);
        if(m_pRecordset1 -> State)
            m_pRecordset1 -> Close();
        m_pRecordset1 -> Open(strSQL, _variant_t((IDispatch *)m_pConnection, true),
adOpenStatic,adLockOptimistic, adCmdText);
        if(m_pRecordset1 -> RecordCount == 0)
        {
            MessageBox(NULL,"课堂编号错!","提示",1);
            m_pRecordset1 -> Close();
            return;
        }
        m_pRecordset1 -> Close();

        location(8,25);cout <<"班级";location(8,45);cout <<"学号";
        location(8,60);cout <<"姓名";location(8,75);cout <<"成绩";
        sprintf(strSQL,"select * from view_成绩 where 课堂编号 = '%s' order by 专业班级,学号",
ktbh);
        m_pRecordset = m_pConnection -> Execute((_bstr_t)strSQL,NULL, adCmdText);
        location(7,60);cout <<"课程: "<< rtrim((char * )(_bstr_t)m_pRecordset -> GetCollect("课
程名称"));
        while(!m_pRecordset -> adoEOF)
        {
            k = 0;
            while(!m_pRecordset -> adoEOF && k < 10)
            {
                location(10 + k,25);cout <<(char * )(_bstr_t)m_pRecordset -> GetCollect("专业
```

```
班级");
            location(10 + k,45);cout <<(char * )(_bstr_t)m_pRecordset - > GetCollect("学
号");
            location(10 + k,60);cout <<(char * )(_bstr_t)m_pRecordset - > GetCollect("姓
名");
            location(10 + k,77);cout << m_pRecordset - > GetCollect("成绩").intVal ;
            k++;
            m_pRecordset - > MoveNext();
        }
        location(23,70);cout <<"按 Enter 键显示下一屏……";getchar();
        for(k = 0;k < 10;k++)
        {
            location(10 + k,1);cout << space(100);
        }
    }
    if(m_pRecordset - > State)
        m_pRecordset - > Close();
}

void proc5(void)                                    //激活成绩
{
    char ktbh[18];

    system("cls");
    location(5,50);cout <<"激 活 成 绩"<< endl;
    location(6,50);cout <<" =========== "<< endl;
    location(9,30);cout <<"请输入要激活成绩的课堂编号: ";cin >> ktbh;
    sprintf(strSQL,"select * from 课堂 where 课堂编号 = '%s' and 教师编号 = '%s' and 成绩激
活 = 0 and 课堂状态 in (0,2)",ktbh,jsbh);
    if(m_pRecordset1 - > State)
        m_pRecordset1 - > Close();
    m _ pRecordset1 - > Open ( strSQL, _ variant _ t (( IDispatch * ) m _ pConnection, true ),
adOpenStatic,adLockOptimistic, adCmdText);
    if(m_pRecordset1 - > RecordCount == 0)
    {
        MessageBox(NULL,"课堂编号错或成绩已经激活!","提示",1);
        m_pRecordset1 - > Close();
        return;
    }
    m_pRecordset1 - > Close();
    sprintf(strSQL,"Update 课堂 set 成绩激活 = 1 where 课堂编号 = '%s'",ktbh);
    m_pConnection - > Execute((_bstr_t)strSQL, NULL, adCmdText);
    MessageBox(NULL,"本课堂成绩激活成功!","提示",1);
}
```

3. 学生端设计

学生端具有的功能包括：①查看自己的必修课的课堂情况；②查看选修课堂并选课；③查看自己的选修课的选课情况；④查看课程成绩；⑤修改密码。

学生首先需登录，然后进入到学生端主界面，如图 7.38 所示。

```
                    学生成绩查询菜单
                    ================

    1 ........查看必修课堂              2 ........查看选修课堂并选课
    3 ........查看选修课堂选课结果      4 ........查看成绩
    5 ........修改密码                  0 ........退出系统

                                                  请选择：
```

图 7.38　学生端功能菜单

其部分主要功能代码如下：

```
void proc2(void)                                    //查看选修课并选课
{
    char ch;
    int len[11] = {0},rsmax;

    sprintf(strSQL,"select * from 系统状态");
    m_pRecordset = m_pConnection -> Execute((_bstr_t)strSQL,NULL, adCmdText);
   if(strcmp(getcurdate(),rtrim((char *)(_bstr_t)m_pRecordset -> GetCollect("值")))> 0)
    {
        MessageBox(NULL,"很遗憾,选课已经结束了!","提示",1);
        m_pRecordset -> Close();
        return;
    }
    m_pRecordset -> MoveNext();
    if(strcmp(getcurdate(),rtrim((char *)(_bstr_t)m_pRecordset -> GetCollect("值")))< 0)
    {
        MessageBox(NULL,"不好意思,选课还没开始呢!","提示",1);
        m_pRecordset -> Close();
        return;
    }
    location(3,40);cout <<"查 看 选 修 课 并 选 课";
    location(4,40);cout <<" ======================= ";
    location(7,25);cout <<"课堂编号:";location(7,65);cout <<"课堂名称:";
    location(9,25);cout <<"课程名称:";
    location(11,25);cout <<"教师姓名:";location(11,65);cout <<"职称:";
    location(13,25);cout <<"开课年份:";location(13,65);cout <<"开课学期:";
    location(15,25);cout <<"学时数:";location(15,65);cout <<"学分数:";
    location(17,25);cout <<"开课学院:";
    location(19,25);cout <<"课程介绍:";
    sprintf(strSQL,"select * from view_课堂  where 课堂状态 = 1 and 课程性质 = '选修'");
    m_pRecordset = m_pConnection -> Execute((_bstr_t)strSQL,NULL, adCmdText);
    while(!m_pRecordset -> adoEOF)
    {
        location(7,35);cout << space(len[0]);
        location(7,35);cout << rtrim((char *)(_bstr_t)m_pRecordset -> GetCollect("课堂编
号"));
        len[0] = strlen(rtrim((char *)(_bstr_t)m_pRecordset -> GetCollect("课堂编号")));
        location(7,75);cout << space(len[1]);
        location(7,75);cout << rtrim((char *)(_bstr_t)m_pRecordset -> GetCollect("课堂名
```

```
称"));
        len[1] = strlen(rtrim((char *)(_bstr_t)m_pRecordset->GetCollect("课堂名称")));
        location(9,35);cout << space(len[2]);
        location(9,35);cout << rtrim((char *)(_bstr_t)m_pRecordset->GetCollect("课程名称"));
        len[2] = strlen(rtrim((char *)(_bstr_t)m_pRecordset->GetCollect("课程名称")));
        location(11,35);cout << space(len[3]);
        location(11,35);cout << rtrim((char *)(_bstr_t)m_pRecordset->GetCollect("教师姓名"));
        len[3] = strlen(rtrim((char *)(_bstr_t)m_pRecordset->GetCollect("教师姓名")));
        location(11,71);cout << space(len[4]);
        if(m_pRecordset->GetCollect("职称").bVal!= 0){
            location(11,71);cout << rtrim((char *)(_bstr_t)m_pRecordset->GetCollect("职称"));
            len[4] = strlen(rtrim((char *)(_bstr_t)m_pRecordset->GetCollect("职称")));
        }
        location(13,35);cout << space(len[5]);
        location(13,35);cout << rtrim((char *)(_bstr_t)m_pRecordset->GetCollect("开课年份"));
        len[5] = strlen(rtrim((char *)(_bstr_t)m_pRecordset->GetCollect("开课年份")));
        location(13,75);cout << space(len[6]);
        location(13,75);cout << rtrim((char *)(_bstr_t)m_pRecordset->GetCollect("开课学期"));
        len[6] = strlen(rtrim((char *)(_bstr_t)m_pRecordset->GetCollect("开课学期")));
        location(15,33);cout << space(len[7]);
        location(15,33);cout << m_pRecordset->GetCollect("学时数").intVal ;
        len[7] = 4;
        location(15,73);cout << space(len[8]);
        location(15,73);cout << m_pRecordset->GetCollect("学分数").dblVal;
        len[8] = 4;
        location(17,35);cout << space(len[9]);
        location(17,35);cout << rtrim((char *)(_bstr_t)m_pRecordset->GetCollect("开课学院"));
        len[9] = strlen(rtrim((char *)(_bstr_t)m_pRecordset->GetCollect("开课学院")));
        location(19,35);cout << space(len[10]);
        if(m_pRecordset->GetCollect("课程介绍").bVal!= 0){
            location(19,35);cout << rtrim((char *)(_bstr_t)m_pRecordset->GetCollect("课程介绍"));
            len[10] = strlen(rtrim((char *)(_bstr_t)m_pRecordset->GetCollect("课程介绍")));
        }
        location(23,78);cout << space(10);
        location(23,70);cout <<"选这门课吗?(y/n)";ch = getchar();
        if(ch == 'y' || ch == 'Y')
        {
            sprintf(strSQL,"select * from 临时 where 学号 = '%s' and 课堂编号 = '%s'",xh, rtrim((char *)(_bstr_t)m_pRecordset->GetCollect("课堂编号")));
            if(m_pRecordset1->State)
                m_pRecordset1->Close();
            m_pRecordset1->Open(strSQL,_variant_t((IDispatch *)m_pConnection,true), adOpenStatic,adLockOptimistic, adCmdText);
```

```
            if(m_pRecordset1 -> RecordCount!= 0)
                MessageBox(NULL,"你已经选过此课了!","提示",1);
            else
            {
                sprintf(strSQL,"select * from 课堂 where 课堂编号 = '%s'",rtrim((char *)
(_bstr_t)m_pRecordset -> GetCollect("课堂编号")));
                if(m_pRecordset1 -> State)
                    m_pRecordset1 -> Close();
                m_pRecordset1 -> Open(strSQL, _variant_t((IDispatch *)m_pConnection,
true),adOpenStatic,adLockOptimistic, adCmdText);
                rsmax = m_pRecordset1 -> GetCollect("最多开课人数").intVal;
                sprintf(strSQL,"select count(*) as 人数 from 临时 where 课堂编号 = '%s'",
rtrim((char *)(_bstr_t)m_pRecordset -> GetCollect("课堂编号")));
                if(m_pRecordset1 -> State)
                    m_pRecordset1 -> Close();
                m_pRecordset1 -> Open(strSQL, _variant_t((IDispatch *)m_pConnection,
true),adOpenStatic,adLockOptimistic, adCmdText);
                if(m_pRecordset1 -> GetCollect("人数").intVal >= rsmax)
                    MessageBox(NULL,"本课堂已满员了,选其他课堂吧!","提示",1);
                else
                {
                    sprintf(strSQL,"Insert into 临时 (学号,课堂编号) Values ('%s','%s')",\
                        xh,rtrim((char *)(_bstr_t)m_pRecordset -> GetCollect("课堂编
号")));
                    m_pConnection -> Execute((_bstr_t)strSQL, NULL, adCmdText);
                }
            }
        }
        m_pRecordset -> MoveNext();
    }
    MessageBox(NULL,"没有可选的课了!","提示",1);
    if(m_pRecordset -> State)
        m_pRecordset -> Close();
}

void proc5(void)                            //更改密码
{
    char mm0[20],mm1[20],mm2[20];

    system("cls");
    location(5,50);cout << "更 改 密 码" << endl;
    location(6,50);cout << " =========== " << endl;
    location(10,40);cout << "原始密码:";
    location(14,40);cout << "新密码:";
    location(16,40);cout << "再输入新密码:";
    location(10,50);cin >> mm0;
    location(14,48);strcpy(mm1,ReadPw());
    location(16,54);strcpy(mm2,ReadPw());
    if(strcmp(mm0,mm)!= 0)
        MessageBox(NULL,"原始密码错!","提示",1);
    else if(strcmp(mm1,mm2)!= 0)
```

```
        MessageBox(NULL,"两次输入的新密码不相同!","提示",1);
    else{
        sprintf(strSQL,"Update 学生 set 密码 = '%s' where 学号 = '%s'",mm1,xh);
        m_pConnection->Execute((_bstr_t)strSQL, NULL, adCmdText);
        strcpy(mm,mm1);
        MessageBox(NULL,"密码更改成功!","提示",1);
    }
}
```

本章小结

一个完整的数据库应用系统由后台数据库和前台操作界面所组成。本章通过一个学生熟悉和感兴趣的示例介绍了一个完整应用系统的功能划分和前台操作界面的设计方法，分别使用了 VB. NET 和 C++Console 作为前台开发工具，方便已学过 VB. NET 和 C++的学生学习，同时也介绍了前后台之间的中间件 ADO 和 ADO. NET 控件的使用方法，还介绍了在不同环境中如何配置服务器和连接 SQL Server 数据库，使同学们能将对数据库的学习学以致用，提高学生学习数据库的兴趣和数据库应用系统的开发能力。

习 题 7

一、单选题

(1) 现代数据库系统常用的体系结构可以是 C/S 架构，下面的哪种语言不适合开发 C/S 架构的系统？________

A. VB. NET　　B. C++　　C. ASP. NET　　D. DELPHI

(2) 下列哪种语言不适合开发 B/S 架构的系统？________

A. ASP. NET　　B. C 语言　　C. PHP　　D. JavaScript

(3) API 可以理解为是一种________和数据库之间的编程接口。

A. 人　　B. 应用程序　　C. 系统程序　　D. 数据库

(4) DataSet 是 ADO. NET 中的一种非常重要的组件。可以将它理解为：它是内存中的________。

A. 数据库　　B. 表　　C. 索引　　D. 视图

(5) DataTable 是 ADO. NET 中的一种非常重要的组件，它类似于数据库中的________。

A. 数据库　　B. 表　　C. 索引　　D. 视图

(6) RecordSet 是 ADO 中的一种非常重要的组件。它在计算机内存中，类似于数据库中的________。

A. 数据库　　B. 表　　C. 索引　　D. 视图

(7) 在 VB. NET 中，________控件可以将整个数据表绑定在其上。

A. TextBox　　B. Label　　C. DataGridView　　D. ListBox

(8) 在 VB. NET 中通常可将________绑定在 ComboBox 控件上。

A. 整个数据库　　B. 整个数据表　　C. 表中的整个列　　D. 表中的某一行

二、填空题

(1) 一个数据库应用系统的开发过程一般需经过________、________、逻辑设计、物理设计、数据库实施和运行维护 6 个阶段。

(2) ADO. NET Data Provider 用于连接数据源、执行命令和获取数据。它包含了 4 个核心对象，它们分别是________、________、DataAdapter 对象和 DataReader 对象。

(3) 数据库的操作过程就像社会上的普通仓库一样，一般需经过________、读写、关闭三部曲。

(4) 在 ADO. NET 中要执行一个非查询命令，可使用 Command 对象的________方法。

(5) 在 VB. NET 中要使用 ADO. NET，必须使用________语句引入相应的命名空间，同样 C++要使用 ADO 也必须使用________语句引入相应的. DLL 文件。

附录A 实验内容

A.1 实验1 SQL Server 2012 环境和库的操作

1. 实验目的

(1) 了解 SQL Server 2012 的安装对软硬件的要求,学会安装方法。

(2) 了解 SQL Server 的配置方法。

(3) 了解 SQL Server 2012 包含的主要组件及其功能。

(4) 熟悉 SQL Server 2012 管理平台的界面及基本使用方法。

(5) 了解数据库创建、查看和删除的方法。

(6) 了解在 SQL Server 2012 管理平台中执行 SQL 语句的方法。

2. 实验内容

(1) 根据软硬件环境的要求,安装 SQL Server 2012。

(2) 通过“开始”→“所有程序”→Microsoft SQL Server 2012→“配置工具”→“SQL Server 配置管理器”命令,打开“SQL Server 配置管理器”窗口,在界面左边的树形目录中选择“SQL Server 服务”,在右边的列表区中选择 SQL Server 并打开其属性窗口。在 SQL Server 属性窗口中可以单击“启动”和“停止”按钮来启动和停止 SQL Server 服务。

(3) 执行“开始”→“所有程序”→Microsoft SQL Server 2012→SQL Server Management Studio 命令,打开 SQL Server 管理平台。

(4) 在 SQL Server 管理平台的对象资源管理器中打开本地服务器的“属性”对话框,查看以下信息:产品、操作系统、平台、版本、语言、内存等。

(5) 创建数据库。

① 使用 SQL Server 管理平台,直接使用系统提供的默认值创建“电影票在线售票系统1”数据库。将创建数据库时的数据库文件相关属性的信息截屏。

② 使用 SQL Server 管理平台创建“电影票在线售票系统 2”数据库。要求如下:

在创建数据文件之前先在 D 盘中创建名为 DB 的文件夹。

数据文件有两个,如表 A.1 所示。

表 A.1 数据库数据文件参数

数据文件逻辑名称	数据文件名	文件组	存放位置	文件初始大小	最大大小	自动增长的增量
hubdata1	hubdata1. mdf	主文件组	D:\DB	5MB	100MB	1MB
hubdata2	hubdata2. ndf	Data	D:\DB	1MB	无限制	10%

事务日志文件有两个，如表 A.2 所示。

表 A.2　数据库日志文件参数

日志文件逻辑名称	日志文件名	存放位置	文件初始大小	最大大小	自动增长的增量
hub_log1	Hub_log1.ldf	D:\DB	5MB	1000MB	1MB
hub_log2	Hub_log2.ldf	D:\DB	1MB	无限制	10%

将创建数据库时的数据库文件相关属性的信息截屏放置在下面空白处。

③ 比较“电影票在线售票系统 1”数据库和“电影票在线售票系统 2”数据库，并说明它们的区别。

④ 使用 CREATE DATABASE 语句创建“电影票在线售票系统”数据库。请写下完整的创建数据库的 SQL 语句。

(6) 查看数据库。

① 使用 SQL Server 管理平台查看“电影票在线售票系统”数据库、“电影票在线售票系统 1”数据库和“电影票在线售票系统 2”数据库并截屏。

② 使用系统存储过程 sp_helpdb 查看“电影票在线售票系统”数据库、“电影票在线售票系统 1”数据库和“电影票在线售票系统 2”数据库的基本信息，将系统存储过程使用的方法记录下来。

③ 将“电影票在线售票系统”数据库分别与“电影票在线售票系统 1”数据库和“电影票在线售票系统 2”数据库进行比较，用表格说明其相同点和不同点。

(7) 查看数据库文件。

① 根据数据库文件的相关信息，到相应的文件夹中找到与“电影票在线售票系统”数据库、“电影票在线售票系统 1”数据库和“电影票在线售票系统 2”数据库对应的数据库数据文件和日志文件。

② 查看这三个数据库的数据文件和日志文件的文件大小，检查是否与创建这些文件时定义的文件初始大小一致。

(8) 备份数据库。

使用 SQL Server 管理平台备份“电影票在线售票系统”数据库，需要备份为.bak 文件，文件名自定义。

(9) 删除数据库。

① 使用 SQL Server 管理平台删除“电影票在线售票系统”数据库。

② 使用 DROP DATABASE 语句删除“电影票在线售票系统 1”数据库和“电影票在线售票系统 2”数据库。

(10) 还原数据库。

使用在第(8)步中备份的.bak 文件还原“电影票在线售票系统”数据库并查看。

3. 实验思考

(1) SQL Server 管理平台的作用是什么？如何进入 SQL Server 管理平台？

(2) SQL Server 配置管理器的作用是什么？如何进入 SQL Server 配置管理器？

(3) 查询编辑器窗口的作用是什么？如何打开查询编辑器窗口？

(4) 改变查询编辑器的当前数据库，可以使用什么方法？

(5) 使用 SQL Server 管理平台创建和删除数据库和使用 SQL 语句创建、删除数据库的效果是一样的吗？

(6) 备份数据库有何意义？

A.2　实验 2　SQL Server 数据表的管理

1. 实验目的

(1) 掌握使用 SQL Server 管理平台和 Transact-SQL 语句创建和修改表的方法；

(2) 掌握使用 SQL Server 管理平台和 Transact-SQL 语句定义和删除约束的方法；

(3) 掌握使用 SQL Server 管理平台和 Transact-SQL 语句对表中数据进行插入、修改和删除的方法。

2. 实验内容

1) 创建数据库

使用 SQL Server 管理平台（SQL ServerManagement Studio）或 CREATE DATABASE 语句创建“电影票在线售票系统”数据库。

2) 创建表

(1) 在 SQL Server 管理平台中创建“影厅”表。

启动 SQL Server Management Studio，在左侧的“对象资源管理器”面板中展开“电影票在线售票系统”数据库结点，右击“表”结点，在弹出的快捷菜单中选择“新建表”命令，在右侧的“表设计器”窗口中设置表结构。“影厅”表的结构如图 A.1 所示。

列名	数据类型	允许 Null 值
影厅编号	char(5)	☐
影厅名称	varchar(30)	☑
影厅类别	char(10)	☑
排数	int	☑
列数	int	☑

图 A.1　“影厅”表的结构

“影厅编号”为“影厅”表的主键。设置主键的方法是：单击“影厅编号”左侧的小方块，此时该行呈蓝色，表示已选中。单击工具栏上的“设置主键”按钮，“影厅编号”列左侧就会出现图标，设置完成。

设置完成后，单击工具栏上的“保存”按钮，在弹出的对话框中设置表的名称为“影厅”。

注意：创建完成后，在“电影票在线售票系统”数据库的“表”结点下应可以看见新建的表。如果看不到，可右击“表”结点，在弹出的快捷菜单中选择“刷新”命令。

(2) 在 SQL Server 管理平台中创建“影片”表，“影片”表的结构如图 A.2 所示。

约束要求：

① “影片编号”为“影片”表的主键；

② “片名”具有非空值约束。

列名	数据类型	允许 Null 值
影片编号	int	☐
片名	char(30)	☐
类别	varchar(40)	☑
导演	varchar(100)	☑
主演	varchar(100)	☑
片长	int	☑

图 A.2 “影片”表的结构

(3) 使用 CREATE TABLE 语句创建“会员”表。

单击工具栏上的“新建查询”按钮 新建查询(N) ,打开“查询编辑器”;在工具栏上的“当前数据库”下拉列表框 master 中选择“电影票在线售票系统”数据库(刚开始时显示为 master);在“查询编辑器”中输入语句来建立“会员”表。语句编写完成后,单击工具栏上的“执行”按钮 ! 或按 F5 键来执行语句。“会员”表的结构如图 A.3 所示。

列名	数据类型	允许 Null 值
会员编号	char(18)	☐
出生日期	date	☑
性别	char(2)	☑
积分	int	☑

图 A.3 “会员”表的结构

约束要求:

① “会员编号”为“会员”表的主键;

② “性别”只能取值“男”或“女”,为此检查约束取名“CK_会员_性别”;

③ “积分”具有默认值 0。

注意:在“查询编辑器”中执行的语句都是对当前数据库操作的。系统默认的当前数据库为 master,因此必须改变当前数据库才能把“会员”表创建到“电影票在线售票系统”数据库中。

(4) 使用 CREATE TABLE 语句创建“电影票”表,“电影票”表的结构如图 A.4 所示。

列名	数据类型	允许 Null 值
票号	char(22)	☐
会员编号	char(18)	☑
影厅编号	char(5)	☑
影片编号	int	☑
放映日期	date	☑
放映时间	time(0)	☑
价格	int	☑
行号	int	☑
列号	int	☑

图 A.4 “电影票”表的结构

约束要求:

① “票号”为“电影票”表的主键;

② “会员编号”为外键,对应的主键为“会员”表的“会员编号”列,为此外键约束取名“FK_电影票_会员”。

3）添加数据

(1) 在 SQL Server 管理平台中为“影厅”表添加数据。

在“对象资源管理器”中右击“影厅”表，在弹出的快捷菜单中选择“编辑前 200 行”命令，在右侧的“表编辑器”中为表添加数据。“影厅”表中的数据如图 A.5 所示。

影厅编号	影厅名称	影厅类别	排数	列数
001	1号厅	普通厅	12	16
002	2号厅	3D厅	11	17
003	VIP厅	3D厅	5	6

图 A.5 “影厅”表的数据

注意：输入数据时要一行一行地输入，输入完一行所有的数据再输入下一行。

(2) 在 SQL Server 管理平台中为“影片”表添加数据，“影片”表中的数据如图 A.6 所示。

影片编号	片名	类别	导演	主演	片长
1	疯狂动物城	动画，动作，冒险	拜恩·霍华德	金妮弗·古德温	130
2	荒野猎人	冒险，剧情，惊悚	亚利桑德罗·冈萨雷斯	莱昂纳多·迪卡普里奥	120

图 A.6 “影片”表的数据

(3) 使用 INSERT 语句为“会员”表添加数据，“会员”表中的数据如图 A.7 所示。

会员编号	出生日期	性别	积分
00024	1993-04-06	女	745
00025	1991-05-25	男	794

图 A.7 “会员”表的数据

(4) 使用 INSERT 语句为“电影票”表添加数据，“电影票”表中的数据如图 A.8 所示。

票号	会员编号	影厅编号	影片编号	放映日期	放映时间	价格	行号	列号
00008	00024	001	1	2018-04-07	14:35:00	35	10	4
00009	00025	001	1	2018-04-07	14:35:00	35	10	5
00106	00024	002	2	2018-05-01	20:39:00	28	7	12

图 A.8 “电影票”表的数据

4）修改表结构

(1) 在 SQL Server 管理平台中为“影厅”表的“影厅名称”字段添加非空值约束。

在“对象资源管理器”面板中右击“影厅”表节点，在弹出的快捷菜单中选择“设计”命令，在右边的“表设计器”窗口中进行设置，设置完成后需保存。

注意：如果操作过程中出现如图 A.9 所示的对话框就表示系统不允许更改表结构。

解决方法是：选择菜单“工具”→“选项”→“设计器”→“表设计器和数据库设计器”，将“阻止保存要求重新创建表的更改”(右侧)取消勾选即可。

(2) 使用 ALTER TABLE 语句将“影片”表的“类别”字段的数据类型由 varchar(40)改为 varchar(50)。

(3) 使用 ALTER TABLE 语句为“影片”表添加“简介”字段，数据类型为 text。

(4) 使用 ALTER TABLE 语句删除“影片”表的“简介”字段。

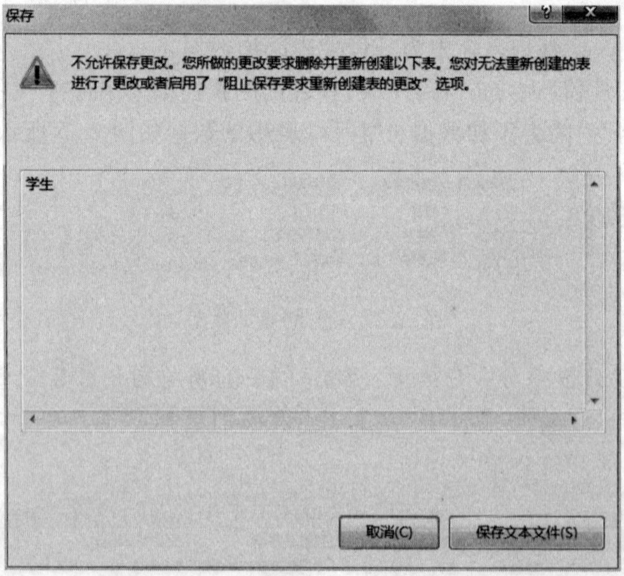

图 A.9 “保存”对话框

5）添加/删除约束

(1) 使用 ALTER TABLE 语句设置“电影票”表的“影厅编号”字段为外键，对应的主键为“影厅”表的“影厅编号”字段，为此约束取名“FK_电影票_影厅”。

约束添加完成后，执行下面的 INSERT 语句，查看执行效果：

```
INSERT INTO 电影票
VALUES ('00107', '00025', '004', 2, '2018-5-01', '20:39:00', 28, 7, 13)
```

(2) 使用 ALTER TABLE 语句添加唯一性约束，使得“影厅”表的“影厅名称”唯一，为此约束取名“UQ_影厅_影厅名称”。

约束添加完成后，执行下面的 INSERT 语句，查看执行效果：

```
INSERT INTO 影厅 VALUES ('004', 'VIP 厅', '4D 厅', 4, 5)
```

(3) 使用 ALTER TABLE 语句添加检查约束，使得“电影票”表的“价格”值必须>0，为此约束取名“CK_电影票_价格”。

约束添加完成后，执行下面的 INSERT 语句，查看执行效果：

```
INSERT INTO 电影票
VALUES ('00108', '00025', '003', 2, '2018-5-01', '20:39:00', 0, 7, 13)
```

(4) 使用 ALTER TABLE 语句为“会员”表的“性别”字段添加一个默认约束，默认值为“男”，为此约束取名“DF_会员_性别”。

约束添加完成后，执行下面的 INSERT 语句，查看执行效果：

```
INSERT INTO 会员 (会员编号,出生日期,积分)
VALUES ('00026', '1999 - 09 - 09', 10)
```

6) 更新和删除数据

(1) 使用 UPDATE 语句将会员编号为“00024”的会员的积分加 10 分。

(2) 使用 UPDATE 语句将所有电影票的价格减少 2 元。

(3) 删除会员编号为“00024”的会员的所有电影票。

7) 删除表

(1) 试着使用 DROP TABLE 语句删除“影厅”表,会发现无法删除成功,为什么?

(2) 使用 DROP TABLE 语句删除“电影票”表。

3. 实验思考

(1) 在 SQL Server 中能使用 ALTER TABLE 语句修改列名吗?

(2) 请说明主键约束和唯一性约束的区别和共同点。

(3) DROP TABLE 和 DELETE 语句的区别是什么?

A.3 实验 3 关系数据查询语言

1. 实验目的

(1) 掌握使用 SELECT 语句进行单表查询的使用方法;

(2) 掌握使用 SELECT 语句进行多表查询的使用方法;

(3) 掌握使用 SELECT 语句进行子查询的使用方法。

2. 实验内容

执行给定的 SQL 脚本文件(SQL 脚本见附录 B 或老师给定),生成“电影票在线售票系统”数据库、数据表和数据,库中表结构如下:

影院(影院 ID,影院名称,地址,电话,星级,密码)
影厅(影院 ID,影厅 ID,影厅名称,类别,排数,列数)
影片(影片 ID,片名,票价,类别,导演,出版公司,主演,片长,简介)
会员(会员 ID,出生日期,性别,职业,星座,VIP 等级,积分)
电影票(票号,排片 ID,会员 ID,价格,排号,列号)
排片(排片 ID,影院 ID,影厅 ID,影片 ID,放映日期,放映时间)

根据以上库、表结构,使用 SELECT 语句完成下面的各个查询。

(1) 从影院表中提取各个影院的所有信息。

(2) 从数据源中提取所有影院的名称、电话(不包括电话的区号)组成一个影院电话表。

(3) 列出片长在 2 小时以上的影片的名字和它们的片长。

(4) 查询积分在 500~899 的会员的 ID 号和各自的积分。

(5) 查询今天晚上 19:00~23:00 有哪些影片(列出影片 ID、放映日期和放映时间)可供观赏。

(6) 查询显示所有喜剧片。

(7) 查询区号是三位的所有影院的电话号码和影院的名称(“-”字符为区号和固定电话的本机号码之间的连接符)。

(8) 白羊座、狮子座、射手座的人待人热情、爽朗,查询属于这三个星座的会员的 ID 号、性别、职业和星座。

(9) 查找职业为 NULL 的会员的所有信息(包括除密码、职业外的所有其他属性值)。

(10) 将片长在 120 分钟以上的影片的影片 ID、片名、导演和主演等信息永久保存到当前数据库的新数据表 SupperFilm 中。

(11) 统计“电影票在线售票系统”中总共有多少部影片以及观看全部影片所需的时间。

(12) 按性别统计会员的人数。

(13) 根据会员的 VIP 等级,统计各个 VIP 等级的人数、平均积分、最高积分、最低积分,并要求按照表 A.3 所示,将 VIP 等级转换为 VIP 尊称显示。

表 A.3 VIP 尊称对照表

VIP 等级	VIP 尊称
0	普通
1	黄金
2	钻石
3	骨灰

(14) 按照性别、VIP 等级统计会员的人数。

(15) 查询各种职业(不包含无职业者)的会员的人数。

(16) 从影片表中按照票价的降序提取所有影片的名字、导演、主演及它们的票价。

(17) 按照星座名字的字典序(对 SQL 中文字数据默认的排序规则的简单理解)显示所有会员的 ID 和各自的星座。

(18) 十二星座依次是:白羊座、金牛座、双子座、巨蟹座、狮子座、处女座、天秤座、天蝎座、射手座、摩羯座、水瓶座、双鱼座。按照这个星座顺序显示所有会员的 ID 和各自的星座。

(19) 提取票价最贵的三部影片(并列第三的影片也要包含在结果中),要求显示片名和票价。

(20) 提取职业为工人和其他职业的人数。

(21) 显示在两个影院(影院 ID 号分别为 001 和 002)均放映过的影片的 ID 号。

(22) 十二星座依次是:白羊座、金牛座、双子座、巨蟹座、狮子座、处女座、天秤座、天蝎座、射手座、摩羯座、水瓶座、双鱼座,查询什么星座的人没有出现在会员表中。

(23) 将所有未纳入排片计划的影片的影片 ID、片名、票价、类别、第一导演、第一主演等信息保存在新表未排片中,并要求按第一导演的升序、第一主演的降序排列。

(24) 查询“中影国际影城”所有 3D 厅、4D 厅的名称、类别、座位数。

(25) 查询每一个 3 星以上影院所有 3D 厅和 4D 厅的座位总数,要求显示影院 ID 和座位总数。

(26) 查询为电影事业的蓬勃发展贡献度较少的职业有哪些(标准:贡献低于 400 元的职业)以及它们的贡献金额。

(27) 统计“中影国际影城”去年四个季度的收入情况,要求输出每个季度的名称和收入,并按季度名称的自然升序排列。

(28) 统计每部影片的观看人次数和吸金总额,要求显示影片 ID、片名、观看人次数(注意人次数和人数的区别)和吸金总额。

(29) ★查询每一个影院的总收入和所有影院的总收入平均值的比对情况,要求显示各个影院的ID号和总收入、所有影院的平均收入(作为比对值)。

(30) ★统计每部影片的观看人次数和吸金总额,要求显示影片ID、片名和观看人次数(注意人次数和人数的区别)。

(31) ★查询比“耀莱成龙国际影城”的3D厅的总收入还要高的其他影院有哪些(要求显示影院ID、影院名称、影院星级和影院3D厅总收入)?

(32) ★查询比VIP等级为3的所有会员的年龄都要大的其他VIP等级的有职业的会员的ID号、年龄、性别、星座、VIP等级和积分。

(33) ★会员ID为00004和00005的会员是龙凤胎兄妹,他们经常在一起聊有关电影的话题。请查询00005会员看过,而00004会员没看过的电影的影片ID和片名。

(34) ☆统计所有影片(包括还没有卖出电影票的影片)的营业收入和观看人次数,要求列出每一部影片的ID号、影片的营业收入和观看人次数,并按影片ID的降序排列。

提示:

有“☆”号的题请用外部查询完成;

有“★”号的题请用子查询完成。

3. 实验思考

(1) 外连接查询和内连接查询有什么区别?什么时候使用外连接查询?外连接查询可以使用＞、＞＝、＜、＜＝等做连接条件的运算符吗?

(2) 交叉连接需要连接条件吗?

A.4 实验4 索引和视图

1. 实验目的

(1) 学会使用SQL Server管理平台和Transact-SQL语句CREATE INDEX创建索引的方法。

(2) 学会使用SQL Server管理平台查看索引的方法。

(3) 学会使用SQL Server管理平台和Transact-SQL语句DROP INDEX删除索引的方法。

(4) 掌握使用SQL Server管理平台和Transact-SQL语句CREATE VIEW创建视图的方法。

(5) 了解对索引和视图更名的系统存储过程sp_rename的用法。

(6) 掌握使用Transact-SQL语句ALTER VIEW修改视图的方法。

(7) 了解删除视图的Transact-SQL语句DROP VIEW的用法。

2. 实验内容

执行给定的SQL脚本文件(SQL脚本见附录B或老师给定),生成“电影票在线售票系统”数据库、数据表和数据,完成下列各操作。

(1) 分别使用SQL Server管理平台和Transact-SQL语句为“电影票在线售票系统”数据库的“影院”表和“会员”表创建主键索引。

(2) 使用SQL Server管理平台按“影厅”表的“影厅名称”列创建普通索引。

(3) 分别使用SQL Server管理平台和Transact-SQL语句为“电影票在线售票系统”数

据库的“影片”表的“导演”字段创建一个非聚集索引，命名为 director_index。

(4) 为“电影票在线售票系统”数据库的“影厅”表的“影院 ID”和“影厅名称”字段创建一个复合唯一索引，命名为 Cinema _id_a_ind。

(5) 分别使用 SQL Server 管理平台和系统存储过程 sp_helpindex 查看“影厅”表和“影片”表上的索引信息。

(6) 使用 SQL Server 管理平台对“排片”表创建一个聚集索引和唯一索引。

(7) 使用系统存储过程 sp_rename 将索引 director_index 更名为 director_ind。

(8) 分别使用 SQL Server 管理平台和 Transact-SQL 语句 DROP INDEX 删除索引 director_ind。再次使用系统存储过程 sp_helpindex 查看“影片”表上的索引信息。

(9) 在“电影票在线售票系统”数据库中，使用 Transact-SQL 语句 CREATE VIEW 建立一个名为 v_member 的视图，使视图显示学生会员 ID、职业、性别、星座、VIP 等级，并利用视图查询会员 ID 为“00002”的会员情况。

(10) 基于“电影票在线售票系统”数据库，建立一个名为 v_membe_i 的视图，该视图可查询会员某个时间段看电影的情况，包括会员 ID、观看时间、影片名称、影片价格、折扣率等。通过该视图，计算 00002 会员 2017 年因折扣省了多少钱。

(11) 使用 Transact-SQL 语句 ALTER VIEW 修改视图 v_membe_i，使其具有列名会员 ID、观看时间、影片名称、影片价格、折扣率和 VIP 等级。

(12) 使用系统存储过程 sp_rename 将视图 v_membe_i 更名为 v_membe_info。

(13) 利用视图 v_membe_info 为“会员”表添加一行数据：会员 ID 为 00028、性别为“女”、职业为“教师”、VIP 等级为 0。

(14) 利用视图 v_membe_info 删除会员 ID 为 00017 的会员记录。

(15) 利用视图 v_membe_info 修改会员 ID 为 00016 的会员的积分为 84。

(16) 使用 Transact-SQL 语句 DROP VIEW 删除视图 v_membe_info。

3. 实验思考

(1) 比较通过视图和基表操作表中数据的异同。

(2) 可更新视图必须满足哪些条件？

(3) 什么是索引？SQL Server 2012 中有聚集索引和非聚集索引，简单叙述它们的区别。

(4) 能否在视图上创建索引？

A.5 实验 5 Transact-SQL 程序设计

1. 实验目的

(1) 掌握 Transact-SQL 的数据类型、常量变量、表达式等概念和使用方法。

(2) 掌握程序中注释的基本概念和使用方法。

(3) 掌握程序中的流程控制语句的使用方法。

(4) 掌握 SQL Server 2012 中各种存储过程的定义和调用方法。

2. 实验内容

执行给定的 SQL 脚本文件(SQL 脚本见附录 B 或老师给定)，生成“电影票在线售票系统”数据库、数据表和数据，完成下列操作。

（1）选择“电影票在线售票系统”数据库，打开查询编辑器，输入以下代码：

```
DECLARE @film_name varchar(10)
SELECT @film_name = 片名
    FORM 影片
    WHERE 片名 LIKE '功夫%'
SELECT @film_name
```

观察显示的结果，思考@film_name 赋值的是 SELECT 结果集中的哪个数据。

（2）定义 int 型局部变量@pricemax 和@pricemin，在“影片”表中查找最高票价和最低票价，分别赋给@pricemax 和@pricemin 并显示。

```
DECLARE @pricemax int, @pricemin int
SELECT @pricemax = max(票价), @pricemin = min(票价)
    FROM 影片
SELECT @pricemax, @pricemin
```

（3）使用 SET 命令将查询的结果集记录数目赋值给 int 型局部变量@row。在下面代码中的下画线处填上适当的内容，以完成上述操作。

```
DECLARE @row ________
SET ________ = (SELECT COUNT(*) FROM 会员)
________@rows                    -- 显示@rows 的值
```

（4）以下代码在“影院”表中插入新记录：

```
DECLARE @intCId int,@intErrorCode int
INSERT INTO 影院(影院 ID,影院名称,地址,电话,星级,密码)
    VALUES('006','百老汇影城', '武汉亚贸广场 6 楼','87854279',3,'123')
SELECT @intCId = @@identity,@intErrorCode = @@error
SELECT @intCId,@intErrorCode
```

将该代码段连续执行两次，观察两次显示的信息及“影院”表中数据的变化，思考为什么前后两次执行时显示的信息会不同。

（5）在“电影票在线售票系统”数据库的“会员”表中，以“职业”为分组条件，分别汇总各职业的会员人数。

（6）在“电影票”表中，使用适当函数找出 00002 号会员所买电影票的最高票价、最低票价和平均票价。

（7）定义一个 datetime 型局部变量@studate，以存储当前日期。计算“会员”表中的会员的年龄，并显示会员的会员 ID、年龄。在以下代码的下画线处填入适当内容，以实现上述功能。

```
DECLARE ________ datetime
SET @memberdate = ________              -- 给@memberdate 赋值为当前日期
SELECT 会员 ID,________(@memberdate) -- year(出生日期) AS 年龄
    FROM 会员
```

（8）编写代码查询会员编号为 00001 的会员所看电影的总票价，如果总票价大于等于 200，则显示“你看了不少电影，要抓紧时间学习哦!”，如果总票价为 100～200，则显示“你看

电影数量适中,劳逸结合”,否则显示“你看电影太少,该放松一下了!!”。

```
IF ((SELECT SUM(价格) FROM 电影票  WHERE 会员 ID = '00001')>= 200)
   PRINT '你看了不少电影,要抓紧时间学习哦!'
ELSE IF((SELECT SUM(价格) FROM 电影票  WHERE 会员 ID = '00001')>= 100)
   PRINT '你看电影数量适中,劳逸结合'
ELSE
   PRINT '你看电影太少,该放松一下了!!'
```

(9) 查询“影片”表。如果片长大于等于 120,显示字符“A”;如果片长大于等于 105 小于 120,显示字符“B”;其他显示字符“C”。在以下代码的下画线处填入适当内容完成上述功能。

```
SELECT  片名,票价,等级 =
  CASE
    ________片长>= 120 THEN  'A'
    WHEN 片长>= 105 AND 片长< 120 ________ 'B'
    ELSE  'C'
  END
FROM 影片
```

(10) 计算“影片”表票价的平均值。如果小于 40,则票价增加其值的 5%;如果票价的最高值超过 65,则终止该操作。在以下代码下画线处填入适当的内容以完成上述功能。

```
WHILE (SELECT ________(票价) FROM 影片)< 40
BEGIN
  UPDATE 影片
    SET 票价 = 票价 * 1.05
  If(SELECT MAX(票价) FROM 影片)>________
    BREAK
  ELSE
    ________
END
```

(11) 输入以下代码,创建存储过程 film_info,执行时通过输入影院名称,可以查询该影院播放的所有影片。

```
CREATE PROCEDURE film_info @name varchar(40)
AS
SELECT a.影院 ID,影院名称,放映日期,放映时间
    FROM 影院 a INNER JOIN 排片 ta ON a.影院 ID = ta.影院 ID
    WHERE 影院名称 = @name
```

使用 EXECUTE 命令执行存储过程 film_info,其参数值为“华夏国际影城”。

如果存储过程 film_info 执行时没有提供参数,要求能按默认值查询(设影院名称为“中影国际影城”),如何修改该过程的定义?

(12) 使用“电影票在线售票系统”数据库中的“电影票”表、“排片”表、“影片”表进行如下操作:

① 创建一个存储过程 member_film,查询会员 ID 为 00003 的会员所看电影的影片名称、票价、放映日期和放映时间。

② 执行存储过程 member_film，查询会员 ID 为 00003 的会员所看电影的影片名称、票价、放映日期和放映时间。

③ 使用系统存储过程 sp_rename 将存储过程 member_film 更名为 m_film。

(13) 使用“电影票”表、“排片”表、“影片”表进行如下操作：

① 创建一个带参数的存储过程 member_film_p，当任意输入一个会员的 ID 时，将从三个表中返回该会员所看电影的影片名称、票价、放映日期和放映时间。

② 执行存储过程 member_film_p，查询会员 ID 为 00004 的会员所看电影的影片名称、票价、放映日期和放映时间。

③ 使用系统存储过程 sp_helptext，查看存储过程 member_film_p 的文本信息。

(14) 使用“会员”表进行如下操作：

① 创建一个加密的存储过程 mem_en，查询所有男会员的信息。

② 执行存储过程 mem_en，查看返回会员的情况。

③ 使用 Transact-SQL 语句 DROP PROCEDURE 删除存储过程 mem_en。

(15) 使用“电影票”表进行如下操作：

① 创建一个存储过程 ticket_mem，当输入一个会员的会员 ID 时，通过返回输出参数获取该会员购买电影票的总票价。

② 执行存储过程 ticket_mem，输入会员 ID 00005，显示该会员购买电影票的总票价。

3. 实验思考

(1) Transact-SQL 语言的运算符主要有哪些？

(2) 流程控制语句与其他编程语言提供的语句有何差别？

(3) 区分局部变量与全局变量的不同，思考全局变量的用处。

(4) 什么函数能将字符串前和字符串尾的空格去掉？

(5) 存储过程和直接写 SELECT 语句相比，有哪些好处？

附录 B 数据库脚本

B.1 第 1～7 章示例中使用的不带数据的数据库脚本

```
CREATE DATABASE [学生成绩管理系统数据库] ON  PRIMARY
( NAME = N'学生成绩管理系统数据库', FILENAME = N'd:\学生成绩管理系统数据库.mdf', SIZE =
5MB , MAXSIZE = UNLIMITED, FILEGROWTH = 1MB )
 LOG ON
( NAME = N'学生成绩管理系统数据库_log', FILENAME = N'd:\学生成绩管理系统数据库_log.LDF',
SIZE = 5MB , MAXSIZE = 2048GB , FILEGROWTH = 10 % )
GO
USE [学生成绩管理系统数据库]
GO
CREATE TABLE 系统状态
(
    关键字 char(20) PRIMARY KEY,
    值 char(20)
)
CREATE TABLE 学院
(
    学院编号 char(2) PRIMARY KEY,
    学院名称 char(30) NOT NULL,
    学院电话 char(12),
    学院地址  char(50),
)
CREATE TABLE 学生
(
    学号 char(10) PRIMARY KEY,
    姓名 char(20) NOT NULL,
    性别 char(2),
    籍贯 char(20),
    出生日期 date,
    专业班级 char(30) NOT NULL,
    入学时间 date,
    学制 int NOT NULL DEFAULT 4,
    学院编号 char(2) NOT NULL FOREIGN KEY REFERENCES 学院(学院编号),
    密码 char(20) DEFAULT '111'
)
CREATE TABLE 课程
```

```
(
    课程编号 char(8) PRIMARY KEY,
    课程名称 varchar(50) NOT NULL,
    学时数 int NOT NULL,
    学分数 float NOT NULL,
    课程性质 char(10) NOT NULL DEFAULT '必修',
    课程介绍 text NOT NULL,
    学院编号 char(2) NOT NULL FOREIGN KEY REFERENCES 学院(学院编号),
)
CREATE TABLE 教师
(
    教师编号 char(10) PRIMARY KEY,
    姓名 char(20) NOT NULL,
    性别 char(2),
    出生日期 date,
    职称 char(20),
    学院编号 char(2) NOT NULL FOREIGN KEY REFERENCES 学院(学院编号),
    密码 char(20) DEFAULT '123456'
)
CREATE TABLE 课堂
(
    课堂编号 char(16) PRIMARY KEY,
    课堂名称 varchar(50) NOT NULL UNIQUE,
    开课年份 char(10) NOT NULL,
    开课学期 char(2) NOT NULL,
    教师编号 char(10) NOT NULL FOREIGN KEY REFERENCES 教师(教师编号),
    课程编号 char(8) NOT NULL FOREIGN KEY REFERENCES 课程(课程编号),
    班级列表 char(80),
    课堂状态 int NOT NULL DEFAULT 0,
    最少开课人数 int,
    最多开课人数 int,
    成绩激活 int NOT NULL DEFAULT 0
)
CREATE TABLE 选课成绩
(
    学号 char(10) FOREIGN KEY REFERENCES 学生(学号),
    课堂编号 char(16) NOT NULL FOREIGN KEY REFERENCES 课堂(课堂编号),
    成绩 int,
    PRIMARY KEY (学号,课堂编号)
)
CREATE TABLE 临时
(
    学号 char(10) NOT NULL FOREIGN KEY REFERENCES 学生(学号),
    课堂编号 char(16) NOT NULL FOREIGN KEY REFERENCES 课堂(课堂编号)
)
CREATE VIEW view_课堂(课堂编号,课堂名称,课程名称,教师编号,教师姓名,职称,开课年份,开课学
期,课堂状态,班级列表,学时数,学分数,课程性质,开课学院,课程介绍,成绩激活)
AS
SELECT 课堂编号,课堂名称,课程名称,课堂.教师编号,姓名,职称,开课年份,开课学期,课堂状态,
班级列表,学时数,学分数,课程性质,学院.学院名称,课程介绍,成绩激活 FROM 课堂
 INNER JOIN 课程 ON 课堂.课程编号 = 课程.课程编号
```

```
 INNER JOIN 教师 ON 课堂.教师编号 = 教师.教师编号
 INNER JOIN 学院 ON 学院.学院编号 = 教师.学院编号
GO
CREATE VIEW view_成绩(学号,姓名,专业班级,课堂编号,课程名称,开课年份,开课学期,学时数,学分数,课程性质,成绩,成绩激活 )
AS
SELECT 选课成绩.学号,姓名,专业班级,课堂.课堂编号,课程名称,开课年份,开课学期,学时数,学分数,课程性质,成绩,成绩激活
FROM 选课成绩 INNER JOIN 课堂 ON 选课成绩.课堂编号 = 课堂.课堂编号
INNER JOIN 课程 ON 课堂.课程编号 = 课程.课程编号
INNER JOIN 学生 ON 选课成绩.学号 = 学生.学号
GO
CREATE PROC ckkc @xh char(10),@kknf char(10),@kkxq char(2),@kcxz char(10)
AS
SELECT 课堂名称,课程名称,学时数,学分数,课程性质,课程介绍,姓名,职称,学院名称
FROM 课堂 INNER JOIN 课程 ON 课堂.课程编号 = 课程.课程编号
INNER JOIN 教师 ON 课堂.教师编号 = 教师.教师编号
INNER JOIN 学院 ON 课程.学院编号 = 学院.学院编号
WHERE 课堂编号 IN (SELECT 课堂编号 FROM 选课成绩 WHERE 学号 = @xh)
AND 开课年份 = @kknf
AND 开课学期 = @kkxq
AND 课程性质 = @kcxz
GO
```

B.2 附录 A 的实验内容中使用的不带数据的数据库脚本

```
CREATE DATABASE 电影票在线售票系统
GO
USE 电影票在线售票系统
GO
CREATE TABLE 影院(
    影院 ID char(3) NOT NULL,
    影院名称 char(20) NOT NULL,
    地址 varchar(100) NOT NULL,
    电话 char(20) NOT NULL,
    星级 int NOT NULL DEFAULT 0,
    密码 char(20) NOT NULL DEFAULT '123456',
  CONSTRAINT PK _影院 PRIMARY KEY CLUSTERED (影院 ID ASC)
)
CREATE TABLE 影厅(
    影院 ID char(3) NOT NULL,
    影厅 ID char(5) NOT NULL,
    影厅名称 varchar(30) NOT NULL,
    类别 char(10) NOT NULL,
    排数 int NOT NULL,
    列数 int NOT NULL,
```

```
    CONSTRAINT PK_影厅 PRIMARY KEY CLUSTERED (影院 ID ASC,  影厅 ID ASC)
)
CREATE TABLE 影片(
    影片 ID int IDENTITY(1,1) NOT NULL,
    片名 char(30) NOT NULL,
    票价 int NOT NULL,
    类别 varchar(50) NULL,
    导演 varchar(100) NULL,
    出版公司 varchar(50) NULL,
    主演 varchar(100) NULL,
    片长 int NULL,
    简介 text NULL,
   CONSTRAINT PK_影片 PRIMARY KEY CLUSTERED (影片 ID ASC)
)
CREATE TABLE 会员(
    会员 ID char(18) NOT NULL,
    密码 char(20) NOT NULL,
    出生日期 date NULL,
    性别 char(2) NULL,
    职业 char(20) NULL,
    星座 char(6) NULL,
    VIP 等级 int NOT NULL DEFAULT 0,
    积分 int NOT NULL DEFAULT 0,
   CONSTRAINT PK__会员 PRIMARY KEY CLUSTERED (会员 ID ASC)
)
CREATE TABLE VIP 折扣(
    VIP 等级 int NOT NULL,
    折扣率 float NOT NULL,
   CONSTRAINT PK__VIP 折扣 PRIMARY KEY CLUSTERED (VIP 等级 ASC)
)
CREATE TABLE 排片(
    排片 ID int IDENTITY(1,1) NOT NULL,
    影院 ID char(3) NOT NULL,
    影厅 ID char(5) NOT NULL,
    影片 ID int NOT NULL FOREIGN KEY REFERENCES 影片(影片 ID),
    放映日期 date NOT NULL,
    放映时间 time(0) NOT NULL,
    CONSTRAINT PK_排片 PRIMARY KEY CLUSTERED (排片 ID ASC),
    FOREIGN KEY (影院 ID,影厅 ID)REFERENCES 影厅(影院 ID,影厅 ID)
)
CREATE TABLE 电影票(
    票号 char(22) NOT NULL,
    会员 ID char(18) NULL,
    排片 ID int NOT NULL,
    价格 int NOT NULL,
    排号 int NOT NULL,
    列号 int NOT NULL,
    CONSTRAINT PK_电影票 PRIMARY KEY NONCLUSTERED (票号 ASC),
    FOREIGN KEY (排片 ID)REFERENCES 排片(排片 ID)
)
```

参考文献

[1] 周苏，王文. 大数据导论[M]. 北京：清华大学出版社，2016.

[2] 朝乐门. 数据科学[M]. 北京：清华大学出版社，2016.

[3] 王珊，萨师煊. 数据库系统概论[M]. 5 版. 北京：高等教育出版社，2014.

[4] 刘卫国，奎晓燕. 数据库技术与应用——SQL Server 2008 [M]. 北京：清华大学出版社，2014.

[5] 李雁翎. 数据库技术及应用实践教程——SQL Server[M]. 4 版. 北京：高等教育出版社，2014.

[6] 雷景生. 数据库原理及应用[M]. 2 版. 北京：清华大学出版社，2015.

[7] Abraham Silberschatz. 数据库系统概念[M]. 杨通青，等译. 北京：机械工业出版社，2003.

[8] 赵杰，等. SQL Server 数据库管理、设计与实现教程[M]. 北京：清华大学出版社，2004.

图书资源支持

感谢您一直以来对清华版图书的支持和爱护。为了配合本书的使用，本书提供配套的资源，有需求的读者请扫描下方的"书圈"微信公众号二维码，在图书专区下载，也可以拨打电话或发送电子邮件咨询。

如果您在使用本书的过程中遇到了什么问题，或者有相关图书出版计划，也请您发邮件告诉我们，以便我们更好地为您服务。

我们的联系方式：

地　　址：北京市海淀区双清路学研大厦 A 座 707

邮　　编：100084

电　　话：010－62770175－4520

资源下载：http://www.tup.com.cn

电子邮件：huangzh@tup.tsinghua.edu.cn

QQ：81283175（请写明您的单位和姓名）

资源下载、样书申请

书圈

用微信扫一扫右边的二维码，即可关注清华大学出版社公众号"书圈"。